Christian Kruisz, Regina Hitzenberger

Physik verstehen

Ein Lehrbuch für Mediziner und Naturwissenschafter

2. überarb. Auflage

facultas.wuv

Mag. Dr. Christian Kruisz, Lehrer am TGM Wien (Schule der Technik);
Univ.-Prof. Dr. Regina Hitzenberger, Lehrende an der Fakultät für Physik der Universität Wien.

Bibliografische Information der Deutschen Nationalbibliothek

Die Deutsche Nationalbibliothek verzeichnet diese Publikation in der Deutschen Nationalbibliografie; detaillierte bibliografische Daten sind im Internet über http://dnb.d-nb.de abrufbar.

2. überarb. Auflage 2011

Satz + Druck: Facultas Verlags- und Buchhandels AG
Einbandgestaltung: Atelier Reichert, Stuttgart
Umschlagbild: Contrast
Printed in Austria

UTB-Bestellnummer: ISBN 978-3-8252-8286-8

Vorwort zur zweiten Auflage

Wir danken allen LeserInnen, die uns Kommentare und Anregungen geschickt haben. Wir haben diese Dinge in der zweiten Auflage berücksichtigt, so weit sie dem Umfang des Buches entsprechen.

Mein (R. H.) besonderer Dank gilt meinem Kollegen Axel Berner für die vielen spannenden Gespräche und seine stete Bereitschaft, stundenlang physikalische Themen zu diskutieren.

Christian Kruisz Regina Hitzenberger

Vorwort

Wir haben dieses Buch aus mehreren Gründen geschrieben. Der erste und wichtigste Grund ist, dass wir viele Jahre hindurch in der Lehre mit Studierenden der Physik und anderer naturwissenschaftlicher Fächer gesehen haben, dass viele von ihnen Probleme mit der Einführungsphysik haben. In den Schulen wird Physik unterrichtet, aber je nach Schultyp mehr oder weniger intensiv. Die Studierenden haben daher ein recht unterschiedliches Vorwissen. Einigen macht der erste Studienabschnitt gar keine Probleme und andere verzweifeln daran. Wenn Sie zu den ersteren gehören, hoffen wir, dass sich für Sie Altbekanntes hier in einem neuen Licht zeigt. Wenn Sie zu den letzteren gehören, dann möchten wir dazu beitragen, dass Sie die Vorlesungen leichter verstehen können, weil Sie hier die Grundlagen finden, die zumeist einfach vorausgesetzt werden. Das ist der Hauptzweck des Buches: Ihnen den Anfang des Physikstudiums zu erleichtern, und, wenn Sie nicht Physik studieren, Ihnen das Lernen für die Prüfung im Nebenfach Physik zu erleichtern.

Wir haben aber auch persönliche Gründe, dieses Buch zu schreiben. Für viele Studierende anderer Fächer ist es ein Schock, wenn sie im ersten Jahr an der Uni mit Physik zu tun haben. Die Haltung „igitt, Physik“ oder „oh nein, nicht schon wieder“ kennen wir gut, und wir verstehen sie auch. Auch wir waren einmal im ersten Semester, und eine von uns (R. H.) hat am Anfang sicher nicht Physik studieren wollen (es war ein ungeliebtes Nebenfach) und zwar aus genau diesem Grund: Igitt, Physik! Die Faszination kam später, und dann war alles ganz anders.

Für uns ist Physik faszinierend – es gibt nichts Schöneres, als mit offenen Augen durch die Welt zu gehen und dabei Physik zu sehen und zu denken. Die erste Viertelstunde eines Tages reicht: wir stehen auf (ein kompliziertes Problem der Statik und Dynamik, noch komplizierter durch die „lange Leitung" einer verschlafenen Regelzentrale), gehen ins Bad (gleicher Problemkreis), stehen unter der Dusche (hydrostatischer Druck, Bernoulligleichung), die Seife flutscht aus der Hand (Gleitreibung, oberflächenaktive Substanzen), der Duschvorhang klebt plötzlich am Rücken (Elektrostatik, Hydrodynamik, freie Konvektion, Kapillarität), das flauschige Handtuch ist nach dem Abtrocknen feucht und kalt (Kapillarität, Verdunstungsenthalpie) etc. Wir wollen Sie nicht weiter langweilen, aber Physik ist überall und das „Hinschauen", Nachdenken, Ausprobieren und Verstehen wollen gehören untrennbar dazu. Wenn auch nur einige von Ihnen nach dem Lesen des Buches Physik nicht mehr als „igitt", sondern als „gar nicht so uninteressant" empfinden, haben wir eine wichtige Aufgabe erfüllt. Wir reden nämlich gern darüber, was uns fasziniert, und wir freuen uns, wenn andere auch auf den Geschmack kommen. Auf technische Sprache verzichten wir – niemand redet im Alltag so, wie viele Fachbücher geschrieben sind.

Viele Menschen verstehen Physik vor allem als Formeln und Formelsprache. Das ist sehr schade, denn Physik ist viel mehr als der Formalismus. Formeln sind nur eine Art Kurzschrift, mit der Zusammenhänge dargestellt werden können. Natürlich muss man diese formale Sprache beherrschen, wenn man in der Physik aus Bekanntem Neues ableiten will, wenn man Erklärungen finden, neue Beziehungen zeigen oder etwas einfach darstellen will. Ableitungen sind daher sehr wichtig und für Berechnungen geht es ohne Formeln überhaupt nicht. Für den Anfang stellen die Formeln aber oft eine Hürde dar, die dann zur Einstellung „oh je, das verstehe ich ohnedies nicht" oder zu „Physik ist ja so schwer" führen. Wie wollen Ihnen hier die Konzepte zeigen, die hinter oder eigentlich in den Formeln stehen, und die für uns die Physik ausmachen. Formeln kommen natürlich vor, aber sie stehen nicht im Vordergrund.

In der Physik gibt es viele genau definierte Größen, und bei einigen sieht man dort, wo sie eingeführt werden, nicht sofort, warum sie nötig sind. Neue Größen werden nur dann eingeführt, wenn sie sich als nützlich erweisen, und sie werden ohne viel Federlesen geändert bzw. wieder gestrichen, wenn sie nicht oder nicht mehr nützlich sind. PhysikerInnen sind faul (man kann es auch pragmatisch nennen) und versuchen, alles so kurz und so prägnant wie möglich darzustellen. Für diesen Zweck sind Formeln unschlagbar – kürzer kann man Zusammenhänge nicht darstellen! Versuchen Sie einmal, eine Formel mit mehr als ein paar Symbolen in einem Satz zu schreiben. Sie brauchen sicher mehrere Zeilen dafür und oft reicht ein Satz nicht aus.

Jetzt sollte eine Anleitung folgen, wie dieses Buch benützt werden soll. Das lassen wir bleiben. Wir mögen nicht belehrt werden und wir wollen niemanden belehren.

Wir hoffen, dass Sie uns auf dem Streifzug durch die Konzepte der Physik folgen, die manchmal nötigen Formalismen mit Geduld ertragen und in Ihrem Studium (Haupt- oder Nebenfach) die Inhalte dieses Buches nutzen können.

Christian Kruisz Regina Hitzenberger

Inhaltsverzeichnis

1 Aufbau der Materie

Wir beginnen dieses Buch nicht wie üblich mit dem Kapitel „Mechanik“, sondern beschäftigen uns zuerst mit dem Aufbau der Materie. Die vielleicht wichtigste Erkenntnis der Physik ist die, dass die Materie aus Molekülen besteht, die wiederum aus Atomen aufgebaut sind. Ohne diese Basis kann man natürlich auch (in Grenzen) Physik betreiben, wie z. B. die klassische Mechanik. Physik im Sinn einer quantitativen Wissenschaft gibt es seit dem ausgehenden Mittelalter, und viele große Geistesleistungen bei der Beschreibung von Naturphänomenen stammen aus einer Zeit, in der Moleküle und Atome unbekannt waren. Sogar am Ende des 19. Jahrhunderts war die Molekülhypothese noch bei weitem nicht allgemein unter den NaturwissenschafterInnen anerkannt. Es gab auch damals, kurz vor der Entdeckung der modernen Physik (Atomphysik, Quantenphysik, Relativitätstheorie), etliche WissenschafterInnen, die von der Existenz von Molekülen nicht überzeugt waren. Heute allerdings ist das anders, und die Begriffe „Atom“ und „Molekül“ gehören zum allgemeinen Wortschatz in unserer Gesellschaft. Nicht jeder/jede weiß vielleicht so genau, was diese Begriffe wirklich bedeuten, aber wir verwenden sie heute, ohne viel darüber nachzudenken. Wir wollen es in diesem Buch allerdings genauer angehen und diese Grundlagen der Physik hier am Anfang behandeln. Wenn Ihnen Begriffe wie „Kraft“ und „Energie“ nicht so geläufig sind, so verweisen wir Sie auf das Kapitel 2 (Mechanik), in dem diese Grundbegriffe der Physik erklärt werden.

1.1 Atome und Moleküle

Wenn wir ein Stück Kreide teilen, dann erhalten wir zwei Stücke. Teilen wir weiter, bekommen wir immer kleinere Stücke, und irgendwann sind die Stücke nur mehr so groß wie Staubkörner. Können wir sie noch weiter teilen? Ist ein Material prinzipiell unendlich teilbar oder nicht? So eine Frage hat nur zwei mögliche Antworten: „ja“ und „nein“. Die „alten Griechen“ (die waren aber auch nicht älter als wir – Aristoteles wurde nur knapp über vierzig Jahre alt) gaben im 4. Jh. v. Chr. beide: ja, Stoffe lassen sich immer weiter teilen (Aristoteles), und: nein, es gibt kleinste Einheiten von Stoffen, die unteilbar (atomos) sind (Demokrit). Welche Antwort war richtig? Die Antwort von Aristoteles lässt sich leicht widerlegen (gießen Sie einmal Ölsäure auf eine mit Pulver bestäubte Wasseroberfläche. Der

Fleck, der sich bildet, hat einen definierten Durchmesser. Wäre der Stoff Ölsäure unendlich teilbar, müsste die gesamte Wasseroberfläche davon bedeckt werden, egal wie wenig Ölsäure Sie verwendet haben). Die Antwort von Demokrit stimmt, auch wenn das, was wir **Atome** nennen, sehr wohl teilbar ist. Trotzdem endet die Teilbarkeit, und es gibt kleinste Bausteine der Materie, die nicht weiter geteilt werden können.

Atome

Bevor wir den Aufbau von Atomen behandeln, müssen wir noch etwas anderes in Betracht ziehen. Wenn Sie ein Metall (z. B. ein Stück Eisen) in immer kleinere Bestandteile zerlegen, werden Sie als kleinste Bausteine Atome dieses Metalls (hier im Beispiel Eisenatome) finden. Wenn Sie ein Stück Eis in immer kleinere Bestandteile zerlegen, finden Sie keine „Eisatome", sondern **Moleküle**, die aus je zwei Wasserstoffatomen und einem Sauerstoffatom bestehen, d. h. Sie finden H_2O-Moleküle. Dieselben Moleküle finden Sie in flüssigem Wasser und auch im Wasserdampf – Wasser in jedem Zustand (fest, flüssig und gasförmig) besteht aus derselben Molekülsorte, nämlich H_2O. Moleküle sind Bausteine der Materie, die aus zwei oder mehr Atomen bestehen. Das Wassermolekül ist ein recht einfaches Molekül. Kohlenwasserstoffe sind schon komplizierter, und biochemische Moleküle wie Enzyme oder die DNA sind hochkomplizierte Moleküle mit mehreren hundert bzw. mehreren tausend Atomen.

Moleküle

Wir brauchen hier am Anfang noch einen weiteren Begriff, nämlich den des (chemischen) Elements. **Elemente** bestehen aus Atomen gleicher chemischer Eigenschaften. Wasserstoff ist z. B. ein Element. Für ChemikerInnen ist das Periodensystem der Elemente absolut unentbehrlich, aber auch für PhysikerInnen ist es sehr wichtig. Im **Periodensystem der Elemente** werden die Elemente einerseits ihrer Ordnungszahl (Zahl der Protonen im Kern, s. u.) nach aufsteigend angeordnet, und andererseits werden Elemente ähnlicher chemischer Eigenschaften in **Gruppen** zusammengefasst. Derzeit sind 118 Elemente bekannt, von denen nur 92 (von Wasserstoff bis Uran) auch in der Natur vorkommen. **Transurane** (Atome mit höherer Ordnungszahl) sind künstlich erzeugte Elemente. Obwohl es in der Natur 92 Elemente gibt, sind die meisten von ihnen nur in kleinen Mengen vorhanden. Zu den häufigsten Elementen zählen Wasserstoff, Helium, Sauerstoff, Kohlenstoff und Stickstoff. Die ganze Vielfalt der Materie und ihrer Moleküle besteht nur aus Kombinationen von diesen 92 Elementen. Es ist faszinierend, wie wenig Elemente eigentlich nötig sind für die gigantische Komplexität von belebter und unbelebter Materie.

Elemente

Periodensystem der Elemente

Gruppen

Transurane

1.2 Wichtige Einheiten in der Atomphysik

In der Atomphysik werden Größen und Einheiten verwendet, die im Umgang mit makroskopischen Systemen nicht verwendet werden. Die Massen von Atomen sind winzig klein verglichen mit den Massen von Gegenständen in unserer Umwelt. Sandkörner, die so klein sind, dass Sie sie gerade noch sehen können (Durchmesser ca. 0,1 mm), haben Massen in der Größenordnung von 10^{-9} kg, das sind Millionstel Gramm. Die Siliziumatome in diesem Sandkorn haben aber nur eine Masse von je ca. $5 \cdot 10^{-26}$ kg, und das ist sehr, sehr wenig! Das Sandkorn hat etwa die 10^{17}-fache Masse eines Siliziumatoms. Hier sehen wir zwei Tatsachen: **Atomare Massen sind sehr klein** und auch kleine Mengen von Substanzen enthalten sehr viele Atome (oder Moleküle). Für beide Größen (atomare Massen und Stoffmenge) wurden eigene Einheiten eingeführt. Auch die Energien, die in der Atomphysik vorkommen, sind winzig im Vergleich mit makroskopischen Energien (z. B. dem Energiegehalt einer Wurstsemmel oder der Energie, die Sie brauchen, um vom Erdgeschoss in den ersten Stock zu gehen), und so wurde auch für die Energie in der Atomphysik eine eigene Einheit eingeführt.

atomare Masseneinheiten

Die Masse von Atomen wird in **atomaren Masseneinheiten** (Zeichen: u oder amu) angegeben. Dabei wird Kohlenstoff als Ausgangspunkt genommen (genauer ^{12}C, s. u.) und eine atomare Masseneinheit definiert als 1/12 der Masse eines Atoms ^{12}C.

$$1\,u = 1{,}6605402 \cdot 10^{-27}\,kg$$

Im Periodensystem der Elemente ist für jedes Element auch die Massenzahl (s. u.) angegeben, die in etwa der Zahl der atomaren Masseneinheiten entspricht. Wenn Sie die Masse eines Atoms ausrechnen wollen, müssen Sie nur diese Massenzahl mit dem Wert von 1 amu (d. h. mit $1{,}66 \cdot 10^{-27}$ kg) multiplizieren.

Stoffmenge

Für **Stoffmenge** gibt es eine eigene SI-Einheit, das **Kilomol** (kmol). Eigentlich ist die „richtige" SI-Einheit für die Stoffmenge nicht Kilomol (kmol), sondern Mol (mol). 1 mol ist definiert als die Zahl der Atome, die in 0,012 kg des Kohlenstoffisotops ^{12}C (siehe unten) enthalten ist. In diesem Buch verwenden wir aber immer kg als Einheit für Masse, und daher verwenden wir kmol für die Stoffmenge. Diese Einheit gibt eine Information über die Anzahl von Teilchen (Atome, Moleküle, Ionen), die in einer Menge einer Substanz vorhanden sind. Die Zahl der Teilchen in einem kmol ist durch die **Avogadro'sche Zahl N_A** (im deutschen Sprachraum oft auch als

Avogadro'sche Zahl

Loschmidt-Zahl

Loschmidt-Zahl L bezeichnet) angegeben. Ein Kilomol einer Substanz enthält diese Zahl von Teilchen.

$$N_A = 6{,}022136 \cdot 10^{26} \text{ /kmol}$$

molare Masse

In vielen Fällen, z. B. zur Synthese von Substanzen in der Chemie, benötigt man die **molare Masse** von Substanzen, d. h. die Masse pro mol (oder kmol). Für die Reaktion $2\ H_2 + O_2 \rightarrow 2\ H_2O$ benötigen Sie zwei mol molekularen Wasserstoff und ein mol molekularen Sauerstoff, um zwei mol Wasser zu erhalten. Bei Atomen lässt sich die molare Masse leicht aus der Massenzahl des Elements errechnen, die Sie im Periodensystem angegeben finden. Sie müssen nur die Massenzahl mit 1 kg/kmol (oder 1 g/mol) multiplizieren. Kohlenstoff ^{12}C hat eine molare Masse von 12 kg/kmol (oder 12 g/mol). Bei Molekülen müssen wir die Massenzahlen aller beteiligten Atome zusammenzählen und dann mit 1 kg/kmol oder g/mol multiplizieren. Wasser (H_2O) enthält zwei Atome Wasserstoff ($2 \cdot 1$) und ein Atom Sauerstoff (16), also hat Wasser eine molare Masse von $(2 \cdot 1 + 16) = 18$ kg/kmol bzw. 18 g/mol. Die molare Masse ist also an sich leicht zu berechnen, auch wenn es für komplizierte Moleküle manchmal recht aufwändig wird.

Vorsicht, hier ist eine sehr beliebte Fehlermöglichkeit! In Büchern finden Sie oft die Begriffe Mol und mol (nein, kein Tippfehler) für Stoffmengen. Eine alte Konvention besagte, dass die Einheit „mol“ $6{,}022 \cdot 10^{23}$ Teilchen enthält und die Einheit „Mol“ dem kmol entspricht, also 1000-mal so viele Teilchen enthält. Die entsprechenden molaren Massen sind dann in kg/Mol (oder kg/kmol) bzw. g/mol anzugeben. Da passieren dann immer wieder Verwechslungen, die sich auf Prüfungsnoten nicht gut auswirken und in Labors vielleicht schlimme Über- oder Unterdosierungen zur Folge haben. Bitte aufpassen!

Elektronvolt

Die dritte wichtige Einheit in der Atomphysik ist das **Elektronvolt** (eV), da das Joule (die SI-Einheit für Energie) eine viel zu große Einheit ist und die Zahlenangaben in J sehr klein wären. Das eV ist auch eine sehr praktische Einheit, wenn Elektronen in elektrischen Feldern beschleunigt werden, denn 1 eV ist die Energie, die eine Elementarladung (ein Elektron) erhält, die eine Potenzialdifferenz von 1 Volt durchlaufen hat. Die Umrechnung von eV in J ist ganz einfach, denn man muss nur den Wert der Elementarladung ($e = 1{,}6 \cdot 10^{-19}$ C) mit 1 V multiplizieren.

$$1 \text{ eV} = 1{,}6 \cdot 10^{-19} \text{ J}$$

Die Energie, die nötig ist, um ein Elektron aus einem Metallatom zu entfernen (d. h. die **Ionisierungsenergie**) beträgt etwa 4 bis 5 eV. Die Energien, die bei radioaktiven Zerfällen oder Kernspaltungen auftreten, sind aber viel größer und so ist das Mega-Elektronvolt (MeV, 1 MeV = 10^6 eV) die passende Einheit in der Kernphysik.

Ionisierungsenergie

1.3 Atome und Atommodelle

Aus Experimenten der Beugung von Röntgenstrahlen an Kristallen war schon Ende des 19. Jh. der **Durchmesser von Atomen** bekannt. Er liegt im Bereich zwischen 0,1 und 0,4 nm. Anfang des 20. Jh. ergaben die Versuche u. a. von Rutherford, dass fast alle Materie der Atome im Kern konzentriert ist und dass dieser Kern positiv geladen ist. Da Atome im Normalfall nach außen hin neutral sind, muss die positive Ladung des Kerns durch eine gleich große negative Ladung im Äußeren des Atoms (der Hülle) ausgeglichen werden. Auch die **Größe der Kerne** konnte aus den Versuchen abgeschätzt werden – ihr Durchmesser liegt etwa im Größenbereich von 10^{-15} m. Atome sind also ca. 100.000-mal größer als ihre Kerne. Die ersten Atommodelle gingen davon aus, dass der positive Kern von negativen Elektronen umkreist wird. Zwischen dem Kern und den Elektronen wäre dann keine Materie, d. h. der Raum wäre leer. Merken Sie etwas davon, dass der Sessel, auf dem Sie sitzen, eigentlich nur aus leerem Raum besteht (Sie nebenbei auch)? Natürlich nicht – Atome verhalten sich nach außen wie kaum deformierbare Kugeln.

Durchmesser von Atomen

Größe der Kerne

Im Lauf der letzten zwei Jahrhunderte wurden mehrere Atommodelle entwickelt. Dieser Prozess ist ein spannendes Kapitel der Geschichte der Naturwissenschaften, aber wir wollen uns hier nur auf ein „altes“ und das heute gültige Modell beschränken.

1.3.1 Das Atommodell von Bohr

Beginnen wir mit dem **Bohr’schen Atommodell**, das zwar längst überholt ist (und auch zur Zeit seiner Entstehung ein paar arge „Löcher“ aufwies), aber es ist relativ anschaulich und enthält auch einige Elemente der klassischen Mechanik.

Bohr’sches Atommodell

In diesem Modell besteht ein Atom aus einem positiv geladenen Kern und negativ geladenen Elektronen, die auf stabilen Bahnen um den Kern kreisen. Das Ganze ist angelehnt an das Bild von Planeten, die um eine Sonne kreisen (na ja, die Bahnen von Planeten sind Ellipsen, aber so pingelig wollen wir nicht sein). Die Bahnen der Planeten sind stabil, da die Kräfte auf die Planeten (die Gravitation, die in Richtung der Sonne wirkt, und die Trägheitskraft, die nach außen wirkt) einander aufheben. Genauso stellte man sich damals die Bahnen der Elektronen vor. Die elektrische Anziehungskraft zwischen positivem Kern und negativen Elektronen wirkt „nach innen", während die Trägheitskraft (Zentrifugalkraft) diese Kraft genau kompensiert.

Hier gibt es aber ein ernstes Problem. Die Bewegung auf gekrümmten Bahnen ist eine beschleunigte Bewegung (Kap. 2.5). Aus dem Gebiet des Elektromagnetismus war zu Bohrs Zeiten schon bekannt, dass beschleunigte Ladungen elektromagnetische Wellen aussenden, d. h. sie strahlen Energie ab. Für die Elektronen auf den Kreisbahnen würde das bedeuten, dass sie durch Energieabstrahlung immer langsamer werden und schließlich in den Kern stürzen, was sie aber nicht tun. Um diese Diskrepanz zwischen Erwartung (Abstrahlung) und Erfahrung (keine Abstrahlung) aufzuheben, stellte Bohr zwei Postulate auf, die einerseits das Problem mit der fehlenden Energieabstrahlung beseitigen und andererseits Erkenntnisse der Quantentheorie schon einbauen. Diese **Bohr'schen Postulate** besagen:

Bohr'sche Postulate

1. Die Elektronen können sich nur auf ganz bestimmten stabilen Bahnen bewegen. Elektronen, die sich auf diesen **„erlaubten" Bahnen** bewegen, strahlen keine Energie ab. (Punktum! Das war ein kühner Schritt, denn wieso sie nichts abstrahlen, konnte niemand erklären.)

   Der Radius r dieser stabilen Bahnen ist durch die Bedingung gegeben, dass der Bahndrehimpuls (siehe Kap. 2.5) der Elektronen gequantelt ist, d. h. ganzzahlige Vielfache des Planck'schen Wirkungsquantums h beträgt.

$$2\pi\, m_e v\, r = n\, h$$

Planck'sches Wirkungsquantum

   In der Formel steht v für die Geschwindigkeit und m_e für die Masse des Elektrons ($9{,}1 \cdot 10^{-31}$ kg), h für das **Planck'sche Wirkungsquantum** ($6{,}63 \cdot 10^{-34}$ J s) und n für eine natürliche Zahl (n = 1, 2, 3, …). Aus der Bedingung, dass die elektrische Anziehungskraft gleich der Zentrifugalkraft sein muss, erhält man eine zweite Gleichung für die Unbekannten v und r und kann daher beide Größen angeben.

2. Wenn ein Elektron von einer erlaubten Bahn zur nächsten „springt", muss es entweder Energie aufnehmen (dann gelangt es in die Bahn mit der nächst höheren Energie) oder Energie abgeben (dann geht es in die Bahn mit der nächst niedrigeren

Energie). Im Grundzustand befindet sich das Elektron auf der innersten Bahn, d. h. der Bahn mit der kleinsten potenziellen Energie. Die **Energiedifferenz zwischen zwei Bahnen** ist proportional zu h. Welche Bahnen möglich sind, kann aus den Absorptions- und Emissionsspektren des Elements abgelesen werden (siehe Kap. 7.3). Einer Frequenz f des von einem Element emittierten (oder absorbierten) Lichts entspricht die Energiedifferenz ΔE zwischen zwei Bahnen.

Energiedifferenz

$$\Delta E = h\,f$$

Mit diesem Modell (Abb. 1.1) konnten zwar das Wasserstoffatom (hat nur ein Proton und ein Elektron) sehr gut erklärt und die Absorptions- und Emissionsspektren des Wasserstoffatoms beschrieben werden, aber für andere Atome mit mehr als einem Elektron war es nicht anwendbar. Es hatte noch einen weiteren Schönheitsfehler: Das Wasserstoffatom wäre nach diesem Modell nicht kugelförmig (was z. B. aus Experimenten mit Wasserstoffgas hervorging), sondern scheibenförmig. Trotzdem war das Bohr'sche Atommodell ein wichtiger Meilenstein in der Entwicklung von Atommodellen und hat dazu noch den Vorzug, dass wir es uns leichter vorstellen können als das heute gültige Atommodell, das Schalenmodell.

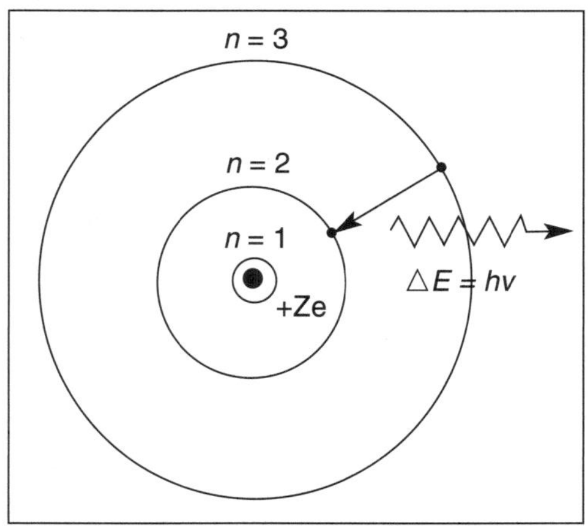

Abb. 1.1: Bohr'sches Modell des Wasserstoffatoms. Die Kreise entsprechen den erlaubten Bahnen.

1.3.2 Das Schalenmodell

Das Schalenmodell ist viel komplizierter als das Bohr'sche Modell. Es ist nur mehr mit quantenmechanischen bzw. wellenmechanischen Konzepten zu verstehen. In der Chemie werden Sie viel darüber hören, denn chemische Reaktionen und vor allem die organische Chemie können nur über das **Schalenmodell** verstanden

Schalenmodell

werden. Hier geben wir nur eine sehr stark verkürzte Darstellung – in Vorlesungen über Physik als Nebenfach wird es meist ausgelassen (mit dem Verweis auf die Chemie) und im Physikstudium kommt es in höheren Semestern sehr gründlich vor. Dazu brauchen Sie aber ausführliche Kenntnisse der theoretischen Physik.

Orbitale
Schalen

Im Schalenmodell gibt es keine Bahnen der Elektronen mehr, sondern Schalen und **Orbitale** (Gebiete mit hoher Aufenthaltswahrscheinlichkeit für Elektronen). Diese Orbitale und **Schalen** sind nicht scharf begrenzt (so wie die Schalen einer Zwiebel), sondern die Aufenthaltswahrscheinlichkeit wird durch mathematische Funktionen beschrieben, deren Werte je nach Art des Orbitals in gewissen Raumgebieten maximal sind und in anderen Gebieten exponentiell abfallen. Die Elektronen werden auch nicht mehr als kleine Kugeln betrachtet, deren Ort und Geschwindigkeit man feststellen könnte (in der Quantenwelt gibt es das nicht).

Hauptquantenzahl
Drehimpulsquantenzahl
magnetische Quantenzahl
Spinquantenzahl

Das einfachste Orbital, das der Bahn des Elektrons im Wasserstoffatom im Grundzustand entsprechen würde, hat die Form einer Kugel. Die Zahlen n (= 1, 2, 3, …) des Bohr'schen Atommodells werden durch weitere Zahlen ergänzt. Im Schalenmodell ist n die **Hauptquantenzahl**, die die Nummer der Schale angibt. Dazu kommen die **Drehimpulsquantenzahl** λ, die die verschiedenen Orbitale bezeichnet, die **magnetische Quantenzahl** m, die Information über die Orientierung der Orbitale im Raum gibt, und die **Spinquantenzahl** s, die den Eigendrehimpuls des Elektrons angibt. Während λ und m ganze Zahlen sind (λ kann bei gegebenem n die Werte $\lambda = 0, 1, 2, \ldots, n-1$ annehmen und m bei gegebenem λ die Werte $-\lambda, \ldots, 0, \ldots, +\lambda$), kann s nur die Werte +1/2 und –1/2 annehmen. Die Auffüllung der Schalen und Orbitale mit Elektronen erfolgt nach ganz genau definierten Regeln. Die wichtigste davon ist das **Pauli-Verbot** (benannt nach Wolfgang Pauli): Ein Orbital darf keine Elektronen enthalten, deren Quantenzahlen genau gleich sind. Gamow bringt in seinem Buch „Mr. Tomkins seltsame Reise durch Kosmos und Mikrokosmos" (Vieweg + Teubner, 2000) das Bild eines Pater Pauli, der über die Moral der Elektronen wacht …

Pauli-Verbot

Sehen wir uns die Regeln zur Auffüllung der Schalen kurz an. Zuerst wird die innerste Schale (n = 1) aufgefüllt. Hier sind λ und m beide null, und so bleibt nur s übrig. Da s nur die Werte +1/2 und –1/2 annehmen kann, haben in dieser Schale nur zwei Elektronen Platz (denken Sie an Pater Pauli …). Die nächste Schale hat n = 2. Hier hat λ den Wert 1 und m kann die Werte –1 und +1 annehmen. Mit den zwei Werten von s haben in dieser Schale 8 Elektronen Platz. Für n = 3 wird es dann richtig kompliziert, und das lesen Sie besser in einem Buch über Chemie nach (z. B. im Buch „Chemie verstehen“ von Wawra, Dolznig und Müllner, UTB: facultas.wuv, 5. A.).

1.4 Der Atomkern

Der Atomkern besteht aus positiven **Protonen** p^+ und neutralen **Neutronen** n^0, die beide **Nukleonen** (Kernteilchen) genannt werden. Atome mit gleicher Zahl von Protonen haben gleich viele Elektronen (außer sie sind ionisiert), und da die Elektronen die chemischen Eigenschaften bedingen, haben diese Atome gleiche chemische Eigenschaften. Die Zahl der Protonen, die **Kernladungszahl Z**, definiert also das Element. Z wird auch **Ordnungszahl** genannt, da es die Nummer des Elements (die Ordnung) im Periodensystem der Elemente angibt. Da Protonen und Neutronen ungefähr gleiche Massen haben, ist die **Massenzahl A** des Kerns gegeben durch die Summe der Protonenzahl Z und der Neutronenzahl N. Die Symbole für Atome werden so geschrieben:

Protonen
Neutronen
Nukleonen

Kernladungszahl
Ordnungszahl

Massenzahl

$$^{A}_{Z}X$$

wobei X das Element angibt. Im Grunde braucht man Z nicht anzugeben, da man für X ohnedies das **Elementsymbol** schreibt, also z. B. O für Sauerstoff, N für Stickstoff, Ca für Kalzium usw.

Elementsymbol

Elemente werden durch ihre Kernladungszahl definiert, denn die Zahl der Protonen ist für Atome **eines** Elements immer gleich. Die Zahl der Neutronen kann bei Atomen desselben Elements verschieden sein, und damit ist auch die Massenzahl der Atome eines Elements nicht unbedingt gleich. Atome mit gleicher Ordnungszahl (oder Kernladungszahl) Z, aber unterschiedlicher Neutronenzahl N bzw. Massenzahl A heißen **Isotope** eines Elements. Praktisch alle natürlich vorkommenden Elemente sind Gemische von zwei oder mehreren Isotopen.

Elemente

Isotope

Der Begriff Isotop kommt im Alltagsleben eigentlich immer nur in Verbindung mit Radioaktivität vor, und so schleicht sich leicht die Vorstellung ein, Isotope seien radioaktiv. Das ist aber falsch – bei fast allen natürlich vorkommenden Elementen sind die stabilen, d. h. nicht radioaktiven Isotope sehr viel häufiger als die radioaktiven. Das radioaktive Isotop des Kohlenstoffs (^{14}C, ein β-Strahler) hat nur einen Anteil von ca. 10^{-10} % am gesamten natürlich vorkommenden Kohlenstoff, der zu 98,9 % aus ^{12}C und zu 1,1 % aus ^{13}C besteht. Von ^{14}C haben Sie sicher schon gehört (Altersbestimmung von organischen Resten), aber von ^{13}C wahrscheinlich noch nicht (stabile Isotope sind ja eher „langweilig“, denn da tut sich nichts …).

Sogar das einfachste Atom, das Wasserstoffatom, hat drei natürlich vorkommende Isotope, die mit eigenen Namen bezeichnet werden (bei anderen Atomen haben die Isotope keine eigenen Namen, und das ist auch gut so, denn so viele verschiedene Namen müssten erst vergeben werden und wir müssten sie uns dann auch noch merken): ^{1}H („normaler" **Wasserstoff**), ^{2}H oder D (**Deuterium**) und ^{3}H oder T (**Tritium**). Nur T ist radioaktiv (es ist ein β-Strahler). Auch hier sind die Anteile am natürlich vorkommenden Wasserstoff sehr verschieden. Das Isotop ^{1}H trägt 99,985 % bei, D die „restlichen" 0,015% und T kommt nur in Spuren vor ($<10^{-12}$ %).

Wasserstoff
Deuterium
Tritium

Da der Begriff Isotop nur Atome desselben Elements bezeichnet, wird seit einigen Jahrzehnten der Begriff **Nuklid** verwendet, um eine Atomkernart zu bezeichnen, die sich in der Zusammensetzung von anderen Atomkernarten unterscheidet, d. h. eine bestimmte Ordnungszahl Z und Massenzahl A hat. Wir können also auch von Nukliden sprechen, wenn wir (beliebige) Atomkerne meinen.

Nuklid

1.5 Kernbausteine

Protonen
Neutronen
Nukleonen

Der Atomkern besteht aus **Protonen** und **Neutronen.** Protonen und Neutronen werden als **Nukleonen** bezeichnet. Neutronen haben etwas mehr Masse als Protonen. Fassen wir hier kurz ein paar Eigenschaften der Atombestandteile zusammen und stellen sie den Eigenschaften von Elektronen gegenüber.

Tab. 1.1: Eigenschaften von Nukleonen und dem Elektron

	Masse	Ladung	Einheitsladungen
Elektron e^-	$9{,}1 \cdot 10^{-31}$ kg $5{,}49 \cdot 10^{-4}$ u	$-1{,}60217733 \cdot 10^{-19}$ C	−1
Proton p^+	$1{,}67262 \cdot 10^{-27}$ kg 1,007276 u	$+1{,}60217733 \cdot 10^{-19}$ C	+1
Neutron n	$1{,}67493 \cdot 10^{-27}$ kg 1,008663 u	0	0

Fällt Ihnen hier etwas auf? Denken Sie an die Definition der atomaren Masseneinheit. Sowohl Proton als auch Neutron haben etwas mehr Masse als 1 u. Wie gibt es das? Der Kern des Isotops ^{12}C besteht aus 6 Protonen und 6 Neutronen, was zusammen eine Masse von 12,095634 u ergibt und nicht 12 u, wie man eigentlich aus der Definition erwarten könnte. Anscheinend ist hier Masse beim Zusammenbau des Kerns aus seinen Einzelbestandteilen „verschwunden".

1.6 Massendefekt und Bindungsenergie

Gehen wir noch einmal zum Atomkern zurück. Er besteht aus positiv geladenen Protonen und neutralen Neutronen. Die positiven Ladungen drängen sich auf allerkleinstem Raum zusammen – Kerne haben Durchmesser von ca. 10^{-14} m – und müssten einander extrem stark abstoßen. Warum fliegt ein Kern nicht sofort auseinander? Er tut es nicht, also muss er durch irgendeine Kraft zusammengehalten werden. Diese Kraft ist die **starke Kraft**, die auch **starke Wechselwirkung** genannt wird. (Sagen Sie besser nicht „starke Kernkraft", denn unter „Kernkraft" stellen sich viele Menschen etwas anderes vor.)

starke Kraft
starke Wechselwirkung

Diese starke Kraft ist z. B. 100-mal stärker als die elektrische Wechselwirkung (d. h. die Anziehungs- bzw. Abstoßungskraft zwischen elektrischen Ladungen; Kap. 5.5), aber sie wirkt nur über sehr kleine Distanzen. Ihre Reichweite beträgt ca. $2 \cdot 10^{-15}$ m, während die elektrische Wechselwirkung oder die Gravitation theoretisch unendliche Reichweite haben.

Die Nukleonen im Atomkern sind durch die starke Kraft aneinander gebunden. Der Kern hat also eine **Bindungsenergie**. Wenn wir bei einem Kern die Massen der Nukleonen zusammenzählen und mit der Masse eines Kerns vergleichen, so hat der Kern etwas weniger Masse. Diese fehlende Masse entspricht der Bindungsenergie des Kerns, die mit der einzigen Formel berechnet wird, die auch T-Shirts ziert und die wahrscheinlich alle kennen, auch wenn sie sich für Physik nicht im geringsten interessieren,

Bindungsenergie

$$E = mc^2 \quad \text{bzw.} \quad E = \Delta mc^2$$

wobei E die Energie, m die Masse, bzw. Δm die fehlende Masse (der **Massendefekt**), und c die Lichtgeschwindigkeit bezeichnet. Diese von Einstein aufgestellte Formel gibt an, dass Energie und Masse äquivalent sind, bzw. ineinander übergehen können. Die Äquivalenz von Masse und Energie gehört zu den Grunderkenntnissen der modernen Physik, und so ist es nur recht und billig, dass gerade diese Formel so bekannt ist.

Massendefekt

Aus dem Massendefekt kann nun für jedes Nuklid berechnet werden, wie groß seine Bindungsenergie ist. Das sagt aber nicht so recht etwas darüber aus, ob das Nuklid relativ zu anderen besonders stark oder eher schwach gebunden ist. Daher wird üblicherweise die Bindungsenergie durch die Zahl der Nukleonen dividiert. Die **Bindungsenergie pro Nukleon** sagt viel mehr über die Bindungsverhältnisse in den Kernen aus (Abb. 1.2).

Bindungsenergie pro Nukleon

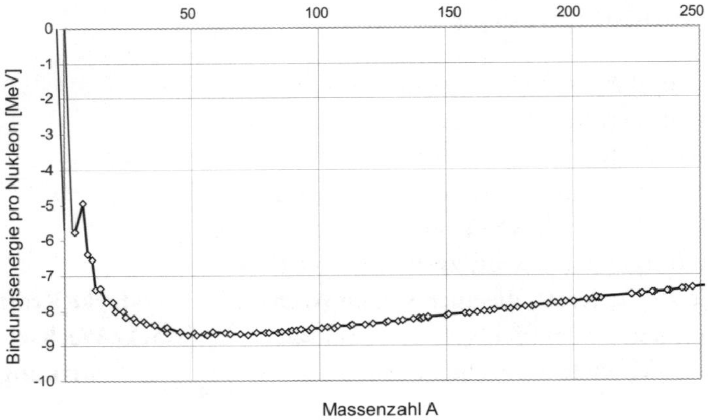

Abb. 1.2: Bindungsenergie pro Nukleon abhängig von der Massenzahl A der Nuklide

Dieses Bild ist sehr wichtig, denn aus ihm kann man ablesen, ob bei einer Verschmelzung oder Spaltung von Kernen Energie benötigt oder frei wird. Ob eine bestimmte Kernreaktion auch tatsächlich stattfinden kann, hängt allerdings noch von anderen Parametern ab. Um das Bild richtig zu lesen, müssen wir uns zuerst noch um eine weitere Konvention kümmern: Bindungsenergien haben negative Vorzeichen. Je stärker die Bindungsenergie, desto „negativer" ist ihr Zahlenwert. Eine Bindung mit –5 MeV Bindungsenergie ist stärker als eine Bindung mit –4 MeV.

Wenn kein Massendefekt auftritt, ist die Bindungsenergie gleich null. Das ist z. B. beim ^{1}H-Kern der Fall, denn er hat nur ein Proton, und da wird nichts gebunden. Genauso kann man die Energie eines „zerlegten" Kerns gleich null setzen. Setzt man jetzt die Bestandteile zu einem Kern zusammen, so wird Energie frei (die Bindungsenergie). Man kann es auch umgekehrt betrachten: Um einen Kern in seine Bestandteile zu zerlegen, muss man ihm genau diese Energie zuführen, um die Bindungsenergie zu überwinden.

Kernfusion

Die Energie„gewinnung" durch **Kernfusion** beruht auf der unterschiedlichen Bindungsenergie pro Nukleon der leichten Kerne. Solche Fusionsreaktionen laufen z. B. in Sternen ab. Wasserstoff wird in Helium und in späteren Stadien Helium in andere, höhere Nuklide umgewandelt, wobei gigantische Energiemengen freigesetzt werden.

Wasserstoffbombe

Auch in der **Wasserstoffbombe** findet eine Kernfusion statt. Die langsame, kontrollierte Fusion in Fusionsreaktoren, die seit den 1950er Jahren als „Kraftwerke der Zukunft bezeichnet werden", ist noch immer in weiter Ferne. Irgendwie schiebt sich bei den Prognosen über die kommerzielle Nutzung der Fusion der Zeithorizont immer weiter hinaus …

Die Kurve hat bei Massenzahlen von etwa 50 einen sehr flachen Bereich und ein Maximum der Bindungsenergie pro Nukleon von – 8,8 MeV bei A = 56 (d. h. im Bereich um Eisen). Zu größeren Massenzahlen hin wird die Kurve wieder steiler. Bei der Spaltung eines massereichen Kerns in zwei oder mehrere leichte Kerne kann ebenfalls Energie frei werden. Hier liegt der Grund, warum bei **Kernspaltung** Energie „gewonnen" werden kann, d. h. hier ist die physikalische Basis sowohl für Kernreaktoren z. B. in Kraftwerken als auch für Atombomben.

Kernspaltung

1.7 Der radioaktive Zerfall

Nicht alle Nuklide sind „in alle Ewigkeit" stabil. Wenn die energetischen Verhältnisse im Kern ungünstig sind, wird er irgendwann einmal zerfallen. Falls ein Kern zu groß ist, kann ihn die starke Wechselwirkung nicht „auf ewig" zusammenhalten. Auch Kerne mit zu vielen oder zu wenigen Neutronen sind instabil.

Beim radioaktiven Zerfall kann ein Kern in zwei kleinere Kerne (und etliche andere Teilchen) zerfallen. So eine **spontane Spaltung** kann nur bei sehr massereichen Kernen (d. h. Kerne mit Ordnungszahlen über 92) auftreten. Bei den meisten Nukliden werden beim Zerfall nur kleine Anteile des Kerns abgegeben, die dann mit sehr hoher Energie den Kern verlassen. Der Kern selbst wird bei dieser Art Zerfall in einen anderen umgewandelt. In vielen Fällen ist so ein neu umgewandelter Kern noch energetisch ungünstig und gibt überschüssige Energie in Form von elektromagnetischer Strahlung ab oder er zerfällt weiter.

spontane Spaltung

1.7.1 Verschiedene Zerfallsarten

Die erste Möglichkeit, die wir besprechen, ist der **Alphazerfall**. Dabei gibt der Kern ein hochenergetisches **α-Teilchen** ab, d. h. einen ^{4}He-Kern mit 2 Protonen und 2 Neutronen. Dadurch sinkt die Ordnungszahl des Elements um 2 und die Massenzahl um 4. Die Energie der α-Teilchen hängt nur vom zerfallenden Nuklid ab, d. h. alle α-Teilchen, die beim Zerfall von Kernen eines bestimmten Isotops entstehen, haben dieselbe Energie. Schematisch kann man einen α-Zerfall so darstellen:

Alphazerfall
α-Teilchen

$$^{A}_{Z}X \rightarrow \, ^{A-4}_{Z-2}Y + \, ^{4}_{2}\alpha$$

^{226}Ra (Radium) z. B. ist ein α-Strahler und geht beim Zerfall in ^{222}Rn (Radon) über. Das α-Teilchen, das dabei frei wird, hat eine

Energie von 4,9 MeV. Aber auch ^{222}Rn ist ein α-Strahler, der in ^{218}Polonium übergeht (siehe 1.7.3, Zerfallsreihen).

α-Teilchen haben eine „große" Masse (sie enthalten 4 Nukleonen) und sind doppelt positiv geladen, da sie 2 Protonen enthalten. Wenn α-Strahlen auf Materie treffen, werden sie von den Elektronenhüllen der Atome kaum abgelenkt, aber sie reißen bei jedem Zusammenstoß mit einem Atom Elektronen aus der Hülle und geben so einen Teil ihrer Energie ab. Nach einer relativ kurzen Strecke (in biologischem Material etliche 10 µm, je nach Energie) hat ein α-Teilchen bis zu 10^5 Ionenpaare erzeugt und bleibt „stecken". Hier liegt der Grund für die Schädlichkeit von radioaktiver Strahlung (egal, ob α-, β- oder γ-Strahlung): Durch die Ionisierung können freie Radikale entstehen, Zellen mutieren, Enzyme deaktiviert oder die DNA beschädigt werden.

β-Zerfall

β-Teilchen

Gehen wir bei den griechischen Buchstaben weiter, so kommt nach α das β. Beim **β-Zerfall** wandelt sich im Kern ein Neutron in ein Proton und ein Elektron um (die Gesamtladung muss vor und nach dem Zerfall gleich sein). Das Elektron wird mit hoher Energie aus dem Kern herausgeschleudert. Elektronen, die beim Kernzerfall entstehen, heißen **β-Teilchen** (genauer: **β^--Teilchen**). Da der Kern ein Proton „neu" erhält, steigt die Ordnungszahl um 1. Die Massenzahl bleibt gleich, denn in Summe wurde ja nur ein Neutron in ein Proton umgewandelt.

$$^{A}_{Z}X \rightarrow {}^{A}_{Z+1}Y + {}^{0}_{-1}\beta + \overline{\nu}_e$$

Das letzte Symbol in der Zerfallsgleichung steht für ein „Elektron-Anti-Neutrino", d. h. ein Anti-Neutrino, das zusätzlich erzeugt wird. Das bekannte Kohlenstoffisotop ^{14}C ist ein β-Strahler. ^{14}C gibt ein β-Teilchen (und das Anti-Neutrino) ab und geht in ^{14}N (Stickstoff) über. Da auch das Anti-Neutrino Energie „mitnimmt", ist ein β-Zerfall nicht monoenergetisch, d. h. die von β-Strahlern emittierten β-Teilchen haben nicht alle die gleiche Energie.

β^+-Zerfall

Positron

Beim β-Zerfall gibt es noch eine weitere Art: den **β^+-Zerfall**. Er tritt bei Nukliden auf, die zu viele Protonen haben. Bei diesem Zerfall wandelt sich im Kern ein Proton in ein Neutron und ein **Positron** (e^+ oder hier β^+) um. (Positronen haben dieselbe Masse wie Elektronen, aber sie tragen eine positive Elementarladung und sind die Antiteilchen der Elektronen.) Die Ordnungszahl des Kerns sinkt um 1 (er verliert ein Proton), aber die Massenzahl bleibt gleich. (Achtung: Freie Protonen können aber nicht in Neutronen und Positronen zerfallen, da die Masse von freien Protonen kleiner als die

Masse von freien Neutronen sind. Diese Umwandlung geht nur bei im Kern gebundenen Protonen. Beliebte Fangfrage bei Prüfungen!) Mit Hilfe der Positron-Emissions-Tomographie z. B. kann die Aktivität von Gehirnen in Echtzeit untersucht werden. Man könnte so feststellen, welche Areale Ihres Gehirns besonders aktiv werden, wenn Sie das Wort „Physik“ hören (hoffentlich das Lust- und nicht das Frustzentrum, wenn es das geben sollte …).

Auch β-Strahlen ionisieren die Materie, auf die sie auftreffen. Da sie viel weniger Masse haben als α-Strahlen, werden sie von den Elektronenhüllen der Atome abgelenkt und bewegen sich auf einer Zick-Zack-Bahn, entlang derer sie Ionenpaare hinterlassen. Wenn sie so ihre gesamte Energie abgegeben haben, bleiben auch sie stecken. Die Reichweite von β-Strahlen in biologischem Material ist größer (in der Größenordnung von cm) als die von α-Strahlen gleicher Energie.

Gammazerfall

Mit α- und β-Zerfall ist oft noch ein **Gammazerfall** verbunden. Nach Aussendung eines α- oder β-Teilchens kann ein Kern zu viel Energie enthalten. Die „überschüssige“ Energie wird in Form eines elektromagnetischen Quants, eines **γ-Quants**, abgegeben. An der Ordnungs- und Massenzahl des emittierenden Kerns ändert sich nichts – er hat ja „nur“ Energie abgegeben.

γ-Quant

$$^{A}_{Z}X \rightarrow \, ^{A}_{Z}X + \, ^{0}_{0}\gamma$$

Die γ-Quanten haben eine genau definierte Energie, die der Energiedifferenz zwischen dem Ausgangs- und dem Grundzustand des Kerns entspricht. Das Spektrum der γ-Strahlung ist also ein (für das Isotop) charakteristisches Linienspektrum.

Auch γ-Strahlen sind ionisierende Strahlung. Wenn sie durch Materie gehen, geben sie Energie ab und verlieren an Intensität. Im Gegensatz zu den massebehafteten α- und β-Strahlen bleiben sie aber nicht stecken, sondern werden exponentiell abgeschwächt – ihre Intensität wird theoretisch nie null, aber in der Praxis sind auch γ-Strahlen „vollkommen abgeschirmt“, wenn man sie nicht mehr messen kann. Nach einem Weg x durch das Material beträgt die Intensität I(x) nur mehr

$$I(x) = I_0 \exp(-\mu x)$$

wenn die ursprüngliche Intensität I_0 war. Das μ ist ein materialabhängiger Absorptionskoeffizient. Bei biologischem Material wird z. B. die Intensität von γ-Strahlung auf einer Strecke von ca. 65 cm auf 1 % abgeschwächt (Energie vergleichbar wie bei den Beispielen oben; in der Größenordnung von 1 MeV).

Neutronenstrahlung

Bei Kernreaktionen werden auch manchmal **Neutronen** emittiert, z. B. beim spontanen Zerfall eines sehr großen Kerns. Die Ordnungszahl des Kern bleibt dabei gleich, aber die Massenzahl nimmt um 1 ab. Freie Neutronen, d. h. Neutronen, die sich nicht in einem Kern befinden, sind nicht stabil. Sie zerfallen (mit einer Halbwertszeit von ca. 15 Minuten, s. u.) in ein Proton und ein Elektron. Achtung! Im Kern gebundene Neutronen zerfallen nicht (wenn sie es täten, gäbe es keine stabile Materie).

Strahlenschutz

Da **Strahlenschutz** wichtig ist, noch ein kurzer Abschnitt zur Abschirmung von radioaktiven Strahlen. Die Frage „Wie schütze ich mich vor radioaktiver Strahlung?“ hat keine einfache Antwort. α-Strahlen aus typische Zerfällen werden schon durch wenige cm Luft oder durch normale Kleidung abgeschirmt. Für β-Strahlen braucht man vielleicht etliche 10 cm bis etliche m Luft. α- oder β-Strahler sollen aber nicht im Körper direkt aufgenommen und eingebaut werden, denn da können sie erheblichen Schaden anrichten. γ-Strahlen werden nur exponentiell geschwächt, und viele α- und β-Zerfälle sind auch mit der Emission von γ-Quanten verbunden. Materialien sind umso bessere Absorber für α-, β- und γ-Strahlen, je massereicher sie sind, d. h. je größer die Dichte eines Materials, desto besser. In Strahlenlabors werden Abschirmungen meist aus Bleiziegeln aufgebaut, da Blei eine recht hohe Dichte (11.350 kg/m^3) hat. Gold hat eine noch höhere Dichte (19.320 kg/m^3), ist aber doch etwas teuer (Geldgeber werden sich kaum davon überzeugen lassen, dass man für eine Abschirmung unbedingt ein paar Goldbarren braucht. Im Innern der Tresore von Ft. Knox ist man aber sicher gut gegen radioaktive Strahlung geschützt – wenn man je hineinkommt ...). Zur Abschirmung von Neutronenstrahlen sind Materialien mit vielen Wasserstoffatomen (wie z. B. H_2O, Paraffin, Fettsäuren) gut geeignet. Neutronen wechselwirken nämlich als neutrale Teilchen nicht mit den Hüllen der Atome. Wenn ein Neutron allerdings auf einen Kern trifft, der fast die gleiche Masse hat wie der Kern eines H-Atoms, der ja nur aus einem einzigen Proton besteht, so überträgt das Neutron seine Energie und seinen Impuls an das Proton und bleibt „stecken“, während das Proton „wegfliegt“ und dann so wie α- und β-Strahlen Ionen erzeugt und dabei gebremst wird. Dadurch ergibt sich auch die überraschende Tatsache, dass ein Glas Wasser Neutronenstrahlen sehr gut absorbiert. γ-Strahlen „merken“ das Glas Wasser nicht einmal.

1.7.2 Das Zerfallsgesetz

Nehmen wir an, wir könnten einen einzelnen instabilen Kern betrachten – wie lange müssen wir warten, bis dieser Kern zerfällt? Darauf gibt es grundsätzlich keine Antwort. Das einzige, das angegeben werden kann, ist die Wahrscheinlichkeit, dass dieser Kern in einer Sekunde zerfällt. Diese Wahrscheinlichkeit ist durch die **Zerfallskonstante** λ beschrieben (Einheit: s^{-1}). Von Zerfallskonstanten haben Sie wahrscheinlich nur im Physikunterricht gehört (wenn überhaupt), aber der Begriff **Halbwertszeit** ($\tau_{1/2}$) ist viel bekannter.

Zerfallskonstante

Halbwertszeit

Wenn eine Probe eine bestimmte Menge eines radioaktiven Isotops enthält, in der genügend viele Kerne vorliegen, so ist nach der Halbwertszeit nur mehr die Hälfte dieser Menge vorhanden. „Genügend viele" Kerne sind nötig, damit die Statistik auch angewendet werden kann. Wenn nur ein paar Kerne da sind, kann es sein, dass sich gerade diese Kerne „mehr Zeit lassen" (oder auch „weniger Zeit lassen") zu zerfallen, und dann stimmt es nicht mehr. In den meisten Fällen sind aber genügend viele Kerne da, denn selbst wenn eine Probe nur Mikrogramm des Isotops enthält, sind das noch immer *sehr* viele Kerne (die Loschmidt-Zahl bzw. Avogadro-Konstante ist ja sehr groß – mehr darüber im Kapitel 4.2).

Nach der Halbwertszeit ist nur mehr die Hälfte des Isotops vorhanden. Und nach der doppelten Halbwertszeit? Dann ist die Hälfte der Hälfte, d. h. ein Viertel vorhanden. Nach der dreifachen Halbwertszeit? Die Hälfte des Viertels, d. h. ein Achtel, usw. (Abb. 1.3).

Abb. 1.3: Abnahme der Zahl der Kerne eines radioaktiven Nuklids mit der Zeit

Mathematisch wird der radioaktive Zerfall durch das **Zerfallsgesetz** beschrieben. Nach einer bestimmten Zeit t sind von ursprünglich N_0 Kernen nur mehr N Kerne vorhanden.

Zerfallsgesetz

$$N(t) = N_0 \exp(-\lambda t)$$

Die Halbwertszeit $\tau_{1/2}$ (Einheit: Sekunde) lässt sich leicht aus dem Zerfallsgesetz ableiten. Wir tun das hier nicht, sondern schreiben gleich die Formel hin:

$$\tau_{1/2} = \frac{\ln 2}{\lambda}$$

Aktivität
Becquerel
Curie

Für radioaktive Proben gibt man allerdings nicht die Zahl der Kerne N des Isotops an, denn die lässt sich nur sehr schwer messen, sondern die **Aktivität** A, d. h. die Zahl der Zerfälle pro Sekunde. Die Aktivität A hat eine eigene SI-Einheit, das **Becquerel** (Bq). 1 Bq = 1 s^{-1}. Bis 1985 wurde die Einheit **Curie**, Ci, verwendet, die $3{,}7 \cdot 10^{10}$ Bq entspricht (der Aktivität von 1 g ^{226}Ra).

Aktivität

Die **Aktivität** A einer Probe, die N Kerne des Isotops mit Zerfallskonstante λ enthält, ist durch

$$A = N\lambda$$

gegeben und kann gemessen werden, z. B. mit einem Geigerzähler. Da die Aktivität der Zahl der Kerne proportional ist, kann man das **Zerfallsgesetz** auch so schreiben:

Zerfallsgesetz

$$A(t) = A_0 \exp(-\lambda t)$$

d. h. die Aktivität einer Probe, die eine radioaktive Substanz enthält, nimmt mit der Zeit exponentiell ab. Wie lange dauert es, bis die Aktivität einer Probe auf null gesunken ist? Theoretisch unendlich lange, denn die negative Exponentialfunktion wird nie null. In der Praxis dauert es so lange, bis kein Kern des radioaktiven Nuklids (und seiner evtl. Tochternuklide) mehr vorhanden ist, oder ganz pragmatisch: bis sich die Aktivität der Probe nicht mehr vom natürlichen Hintergrund (emittiert von radioaktiven Nukliden in unserer Umwelt bzw. aus der kosmischen Strahlung) unterscheidet. (Eine beliebte Fangfrage bei Prüfungen …)

Wenn wir schon bei Prüfungen sind, noch eine weitere Falle, die leider sehr häufig zuschnappt. Die Halbwertszeit von ^{14}C z. B. beträgt 5730 Jahre. Niemand gibt eine so lange Zeit gerne in Sekunden an (können Sie sich unter $1{,}8 \cdot 10^{10}$ Sekunden etwas vorstellen?) Wenn Sie jetzt die Halbwertszeit in Jahren in die Formel einsetzen, erhalten Sie die Zerfallskonstante auch in Jahren. Falls Sie als Einheit für λ Jahr^{-1} angeben, ist noch kein Fehler passiert, aber beim nächsten Schritt müssen Sie genau aufpassen. Für die Berechnung der Aktivität (in Bq, d. h. s^{-1}) *müssen* Sie die Zerfallskonstante in s^{-1} nehmen, sonst ist Ihr Ergebnis „nur“ um einen Faktor 31536000 falsch (und zwar zu hoch). Auf Prüfungsnoten wirkt sich dieser Fehler sehr ungünstig aus, aber noch viel schlimmer ist es, wenn Sie vielleicht einmal tatsächlich abschätzen müssen, ob die Aktivität einer Probe ihren Anforderungen genügt oder nicht. Also bitte: *immer* die Halbwertszeit in Sekunden umrechnen, bevor Sie irgendetwas anderes damit berechnen!

1.7.3 Die Zerfallsreihen

Im Abschnitt 1.7.1 wurde schon erwähnt, dass manchmal ein Tochternuklid, das beim Zerfall eines radioaktiven Kerns entsteht, ebenfalls nicht stabil ist. Das ^{222}Radon, das beim α-Zerfall von ^{226}Radium entsteht, ist z. B. selbst wieder ein α-Strahler. Besonders bei Kernen mit großer Massenzahl gibt es regelrechte Ketten von Zerfällen, bei denen die Tochternuklide selbst wieder in radioaktive Nuklide zerfallen. Diese **Zerfallsreihen** können recht kompliziert sein. Besonders bekannt sind die **Uran-Radium-Reihe** (Abb. 1.4), die **Uran-Actinium-Reihe** und die **Thorium-Reihe**. Diese Reihen sind nach den Ausgangskernen benannt und enden bei stabilen Nukliden (z. B. Blei). Vielleicht erscheint Ihnen so eine Zerfallsreihe als etwas nur theoretisch Interessantes, aber für die Altersbestimmung von Gesteinen sind Zerfallsreihen ein nützliches Instrument – aus dem Verhältnis der Häufigkeiten verschiedener Isotope kann auf das Alter von Gesteinen geschlossen werden.

Zerfallsreihen
Uran-Radium-Reihe
Uran-Actinium-Reihe
Thorium-Reihe

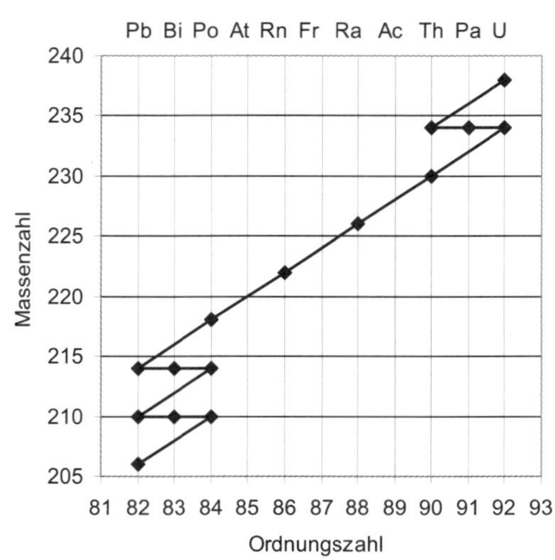

Abb. 1.4: Die Uran-Radium-Reihe als Beispiel für eine radioaktive Zerfallsreihe

2 Mechanik

2.1 Eine Zusammenfassung zu Beginn

Ein Physikbuch beginnt mit dem Kapitel Mechanik; zum einen ist uns die Mechanik als Lehre von den Bewegungen und den Kräften, die diese Bewegungen hervorrufen, aus dem Alltag recht vertraut. Zum anderen haben sich die PhysikerInnen lange genug mit der Mechanik auseinandergesetzt, dass ein solides Gedankengebäude aus Begriffen, Definitionen und Folgerungen errichtet werden konnte, das nur einen kleinen (?) Nachteil hat: Es wird zumeist dazu verwendet, viele Begriffe zu definieren, die dann recht dicht auf die Lernenden einprasseln. Vollständig entziehen können wir uns dem leider nicht, wir haben die Mechanik wenigstens nicht an den Anfang des Buches gestellt. Seien Sie daher ein wenig nachsichtig: Bevor man sich mit den Geschwindigkeiten der Gasmoleküle in der Thermodynamik beschäftigt oder der Ausbreitung von Feldern in der Elektrodynamik widmet, muss wohl oder übel definiert werden, was unter „Geschwindigkeit" überhaupt zu verstehen ist.

Die Mechanik lässt sich – insbesondere für eilige LeserInnen – in nur drei Axiomen (den Newton'schen Axiomen; Kap. 2.4.1) und vier kurzen Kernsätzen zusammenfassen. Diese vier so genannten „Erhaltungssätze" sind Erfahrungstatsachen; Beschreibungen der uns umgebenden Natur und deren Gesetzmäßigkeiten, formuliert in der Sprache und mit den Begriffen der Physik.

- Energieerhaltung: In einem abgeschlossenen System ist die Summe aller Energien konstant.
- Impulserhaltung: In einem abgeschlossenen System ist die Summe aller Impulsänderungen null, der Gesamtimpuls daher konstant.
- Drehimpulserhaltung: In einem abgeschlossenen System ist die Summe aller Änderungen des Drehimpulses null, der Gesamtdrehimpuls also konstant.
- Erhaltung des Massenmittelpunkts: In einem freien System, also ohne Einwirkung äußerer Kräfte, kann durch innere Kräfte der Massenmittelpunkt nicht verschoben werden.

Dabei bedeutet „abgeschlossenes System" ein System, über dessen Grenzen weder Energie noch Masse ausgetauscht werden können (siehe Kap. 4).

Jene LeserInnen, denen der Inhalt der Newton'schen Axiome und dieser Erhaltungssätze, die verwendeten Begriffe wie System, Energie, Impuls oder Drehimpuls sowie die Folgerungen aus den Erhaltungssätzen bekannt sind, mögen die folgenden Abschnitte bitte überblättern; sie werden nichts Neues erfahren. Alle anderen möchten wir bitten, uns auf dem folgenden Streifzug durch die Mechanik zu begleiten.

2.2 Bewegungen und ihre Ursachen (Kinematik und Dynamik)

Welche Arten von Bewegungen kann ein Objekt ausführen? Wie kann die Bewegung eines Körpers festgestellt werden? Welche Beschreibungsgrößen für Bewegungen sind sinnvoll? Gibt es einfache Gesetzmäßigkeiten, durch deren Kenntnis man sich bei der Beschreibung von Bewegungen viel Mühe und Arbeit sparen kann? Wodurch werden Bewegungen bewirkt? Lassen sich auch für Bewegungen Größen definieren, mit denen allgemein gültige Zusammenhänge einfach formuliert werden können?

Diese Fragen werden wir in diesem Kapitel behandeln. In der Kinematik wird allgemein die Bewegung von Punkten oder Körpern im Raum beschrieben und in der Dynamik die Bewegung von Körpern unter der Einwirkung von Kräften.

Wenn man sich mit Bewegungen beschäftigt, ist es offensichtlich notwendig, den Ort bzw. die Lage des interessierenden Objektes zu einem bestimmten Zeitpunkt zu messen und nach Ablauf einer Zeitspanne zu prüfen, ob sich Ort bzw. Lage des Körpers verändert haben.

Zeit

Bezugssystem

Auf den Begriff **Zeit** und deren Messung kann daher ebenso nicht verzichtet werden wie auf die Notwendigkeit, den Ort bzw. die Lage des Körpers unzweifelhaft zu zwei verschiedenen Zeitpunkten festzulegen. Dazu verwendet man ein **Bezugssystem**, z. B. ein rechtwinkeliges Koordinatensystem, in dem durch die Angabe von drei Raumkoordinaten (x-, y- und z-Koordinate) eine unverwechselbare Festlegung möglich ist (Abb. 2.1). Ein anderes mögliches Bezugssystem ist jenes, das Sie von Landkarten kennen, also Längengrade, Breitengrade und die Höhe über dem Meeresspiegel.

Um die Beschreibung von Bewegungen so einfach wie möglich zu gestalten, verzichten wir (zu Beginn) auf die Erörterung komplizierter Bewegungsabläufe. Wir beschränken uns auf möglichst einfache Bewegungsarten, aus denen man aber auch sehr komplizierte

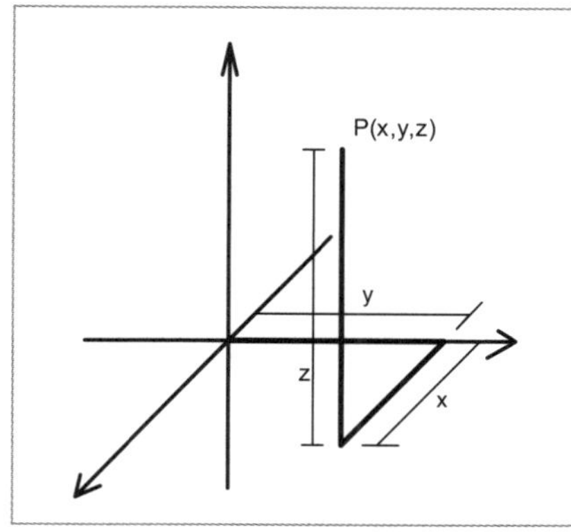

Abb. 2.1: Bezugssystem

Bewegungen zusammensetzen kann: die Translation und die Rotation.
Den meisten Interessierten werden die „Fachausdrücke" bei der Translation aus dem Alltag bekannt vorkommen; für jene der Rotation gilt dies oft viel weniger. Daher wollen wir versuchen, im Folgenden zunächst die Translation zu beschreiben und Ihnen dann in derselben Reihenfolge die entsprechenden Größen der Rotation vorzustellen; dies soll die Mühe sparen, sich dieselben Begriffe zweimal erarbeiten zu müssen.

2.3 Kinematik der Translation

Unter der Translation oder Verschiebung eines Körpers versteht man jene Bewegung, bei der die Bahnen aller Punkte des Körpers gleich lang und parallel zueinander sind. Stellen Sie sich der Einfachheit halber vor, Sie schieben ein Physikbuch von sich weg (allerdings ohne es zu drehen!), dann erfährt das Physikbuch eine Translation.

Richtungsänderungen sind bei der Translation nicht erlaubt, d. h. die Bewegung verläuft geradlinig.

(Puristen unter den Physikern werden uns jetzt zu Recht vorwerfen, dass genau genommen von der Bewegung von Massenpunkten, also massenbehafteten Punkten ohne Ausdehnung – was auch immer das ist – die Rede sein sollte, wir werden aber im Sinne der Verständlichkeit auf überkorrekte Notation verzichten.)

Translation
Veränderung des Ortes

Die **Translation** ist also an einer **Veränderung des Ortes** des Körpers (Buches) erkennbar. Wie in der Physik üblich, wird diese Verschiebung durch einen Vektor gekennzeichnet, Anfangs- und Endpunkt des Vektors ergeben sich aus der Anfangs- und Endlage des

Körpers, die Richtung des Vektors beschreibt die Richtung der Bewegung.

gleichförmige Translation

Eine sehr einfache Verschiebung ist die **gleichförmige Translation**; gleichförmig bezieht sich dabei auf den zeitlichen Verlauf: Sie schieben das Physikbuch z. B. in jeder Sekunde einen Zentimeter weiter von sich weg.

Übersetzt in die Sprache der Physik bedeutet das, dass der Körper (das Buch) in gleichen Zeitabschnitten Δt (t steht für Zeit, Δ für eine Veränderung – die absolute Zeitangabe wie z. B. 29.10.1999, 18:50 bis 18:51 ist ja nicht wesentlich, sondern wichtig ist, dass 60 Sekunden vergangen sind) dieselbe Verschiebung $\Delta\vec{s}$ erfährt. Die Verschiebung ist also zur Zeit t proportional (je mehr Zeit vergeht, desto weiter entfernt ist das Buch). Als Proportionalitätsfaktor wird, wie im Alltag üblich, die **Geschwindigkeit** $\vec{v}$ verwendet:

Geschwindigkeit

$\vec{s} = \vec{v} \cdot t$ bzw. umgekehrt $\vec{v} = \Delta\vec{s} / \Delta t$

Sie sehen, wir verwenden einerseits Größen, die erst durch die Festlegung einer Richtung **und** eines absoluten Wertes vollständig angegeben sind, d. h. Vektoren, gekennzeichnet durch den Pfeil über dem Buchstaben. Andererseits benutzen wir Skalare, bei denen eine Richtungsangabe nicht sinnvoll ist. Zeit oder auch Temperatur sind Skalare, während bei einer Geschwindigkeit neben der Größe auch die Richtung wesentlich ist – es macht ja einen Unterschied, ob Sie vor einem Hund davonlaufen oder sich ihm in den Rachen werfen …

Neben der Definition ist aber für PhysikerInnen auch die Einheit wesentlich. Eine physikalische Größe ist erst dann korrekt festgelegt, wenn der Zahlenwert **und** die Einheit angegeben sind, in der der Zahlenwert zu verstehen ist; es macht ja doch einen Unterschied, ob man unter der Zeitangabe 1 eine Sekunde oder ein Jahr versteht. Als Kurzform für den Satz „Die Einheit von … ist" verwendet man in der Physik [ ], d. h. für die Geschwindigkeit: [v] = 1 m/s.

Bei der gleichförmigen Translation ist die Geschwindigkeit konstant (Sie schieben ja das Physikbuch pro Zeiteinheit um dasselbe Stück von sich weg).

Zur grafischen Darstellung dieser Bewegung (ein Bild sagt mehr als tausend Worte) verwendet man ein Geschwindigkeits-Zeit-Diagramm bzw. ein Weg-Zeit-Diagramm (siehe Abb. 2.2).

Wenn sich bei einer Bewegung die Geschwindigkeit verändert, heißt dies umgangssprachlich Beschleunigung oder Bremsung. In der

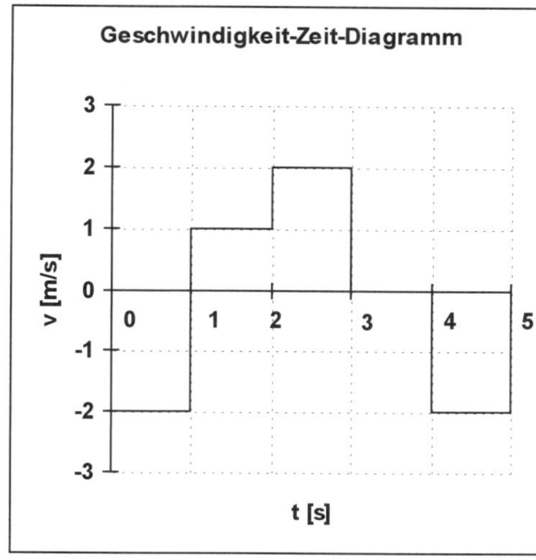

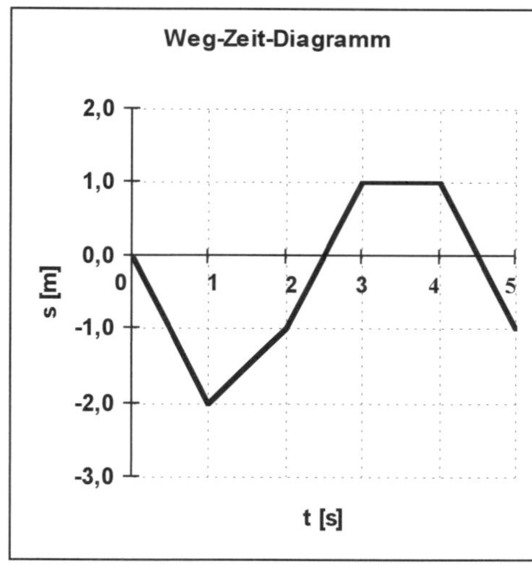

Abb. 2.2: Geschwindigkeits-Zeit- und Weg-Zeit-Diagramm bei einer gleichförmigen Translation

Physik spricht man von einer **ungleichförmigen Translation**, bei der eine Beschleunigung auftritt. Dabei müssen wir aber immer im Kopf haben, dass Vektoren (z. B. der Geschwindigkeitsvektor) sowohl einen Betrag als auch eine Richtung haben. Bei der Translation darf sich die Richtung der Geschwindigkeit nicht ändern, also kann sich nur der Betrag der Geschwindigkeit ändern. Diese Beschleunigung kann positiv sein (dann wird die Geschwindigkeit größer) oder negativ (im umgekehrten Fall). Jedenfalls bedeutet **Beschleunigung** $\vec{a}$ eine Änderung der Geschwindigkeit in der Zeit, also

ungleichförmige Translation

Beschleunigung

$$\vec{a} = \Delta\vec{v}/\Delta t$$

gleichmäßig beschleunigte Translation

Die einfachste Bewegung mit Geschwindigkeitsänderung ist die **gleichmäßig beschleunigte Translation**, also jene Verschiebung, bei der sich die Geschwindigkeit „gleichmäßig" verändert. Die Geschwindigkeit vergrößert oder verkleinert sich pro Zeiteinheit um dasselbe Maß. Der Proportionalitätsfaktor, die Beschleunigung, bleibt konstant: $\vec{v} = \vec{a} \cdot t$

Bei einer beschleunigten Bewegung ist also die Momentangeschwindigkeit des Körpers im Laufe der Bewegung nicht mehr konstant. Was bedeutet dies für den zurückgelegten Weg?

Gehen wir von einer positiven gleichmäßigen Beschleunigung aus dem Stillstand aus, dann ruht der Körper zu Beginn (d. h. $\vec{v}_0 = 0$ zur Zeit $t = 0$) und hat nach der Zeitspanne t die Geschwindigkeit $v_t = \vec{a} \cdot t$. Die mittlere Geschwindigkeit über den Zeitraum t (also das zeitliche Mittel über die Geschwindigkeit) ist der Mittelwert der Geschwindigkeit, also $\bar{\vec{v}} = \frac{\vec{v}_0 + \vec{v}_t}{2} = \frac{\vec{a} \cdot t}{2}$ (In der physikalischen Zeichensprache bedeutet der gerade Querstrich über einem Zeichen (hier über $\vec{v}$) die Bildung eines zeitlichen Mittels.)

In $\vec{s} = \vec{v} \cdot t$ eingesetzt folgt dann für den Weg bei der gleichförmig beschleunigten Bewegung aus dem Stillstand: $\vec{s} = \frac{\vec{a} \cdot t}{2} \cdot t = \frac{\vec{a}}{2} \cdot t^2$

Lassen Sie uns noch ein wenig mehr Mathematik betreiben: Obiger Zusammenhang lässt sich nach der Zeit t auflösen: $t = \sqrt{2s/a}$ und wegen $v = a \cdot t = a \cdot \sqrt{2s/a} = \sqrt{2a \cdot s}$ folgt für die Geschwindigkeit eines Körpers, der die Strecke s gleichmäßig mit a beschleunigt zurückgelegt hat: $v = \sqrt{2a \cdot s}$ (siehe Abb. 2.3).

Gibt es eine derartige gleichmäßig beschleunigte Translation auch in der Realität oder waren die bisherigen Überlegungen nur theoretischer Natur?

Erdbeschleunigung
freier Fall

Sie erfahren in diesem Moment eine gleichmäßige Beschleunigung in Richtung des Erdmittelpunktes, die **Erdbeschleunigung** $\vec{g}$. Ohne die feste Unterlage, auf der Sie sitzen, stehen oder liegen, würden Sie einen **freien Fall** erfahren. (Wir vernachlässigen der Einfachheit halber die Luftreibung, deren Einfluss beim Fallen vom Sessel oder Bett Ihre Verletzungen nicht erheblich verringert.) Die Gesetzmäßigkeiten, die für den freien Fall gelten, müssen wir uns (und das ist einer der großen Vorteile des Arbeitens mit Formeln) nicht nochmals überlegen. In Anbetracht der vorherigen Erkenntnisse können

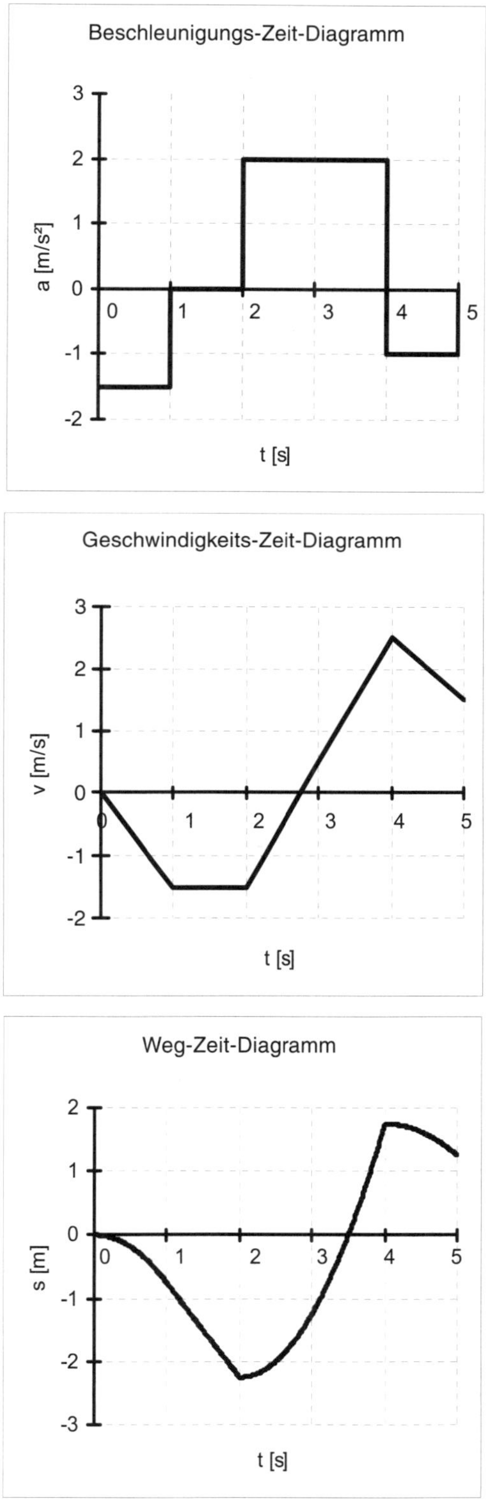

Abb. 2.3: Beschleunigungs-Zeit-, Geschwindigkeits-Zeit- und Weg-Zeit-Diagramm bei einer gleichmäßig beschleunigten Translation

wir für die spezielle gleichmäßig beschleunigte Translation „freier Fall“ einfach schließen:

	$s = \frac{a}{2} \cdot t^2$		$H = \frac{g}{2} \cdot t^2$		Fallhöhe H nach der Zeit t
Aus	$v = a \cdot t$	folgt mit $a = g$	$v = g \cdot t$	für	Fallgeschwindigkeit nach t
	$v = \sqrt{2a \cdot s}$		$v = \sqrt{2g \cdot H}$		Geschwindigkeit nach der Fallhöhe H

2.4 Dynamik der Translation

2.4.1 Kraft

Die Erklärung der Ursache von (beschleunigten) Translationen ist ein Paradebeispiel der naturwissenschaftlichen Methode der Beobachtung der uns umgebenden Natur, der Reduktion der Beschreibungsgrößen und der Formulierung von offensichtlichen Zusammenhängen:

1. Newton'sches Axiom

- **1. Newton'sches Axiom**: Ein Körper bleibt im Zustand der Ruhe oder der gleichförmig geradlinigen Bewegung, solange keine Kraft auf ihn wirkt.

  Kraft

  Die Ursache für eine Beschleunigung (eine Vergrößerung oder Verkleinerung der Geschwindigkeit) eines Körpers ist also ein äußerer Einfluss, der als neue Größe, als **Kraft** auf den Körper definiert wird, und zwar im

2. Newton'sches Axiom

- **2. Newton'schen Axiom** (dynamisches Grundgesetz der Translation): Im Fall konstanter Masse gilt: Kraft = Masse • Beschleunigung:

  Masse

  dynamisches Grundgesetz der Translation

  Der äußere Einfluss Kraft bewirkt nicht bei jedem Körper dieselbe Beschleunigung, Körper unterscheiden sich in ihrer Trägheit. Als Maß der Trägheit definiert und verwendet man die **Masse** eines Körpers (m, [m] = 1 kg, SI-Basisgröße) und benutzt diese und die bereits bekannte Beschleunigung, um die Kraft $\vec{F}$ (im so genannten **dynamischen Grundgesetz der Translation**) festzulegen:

$$\vec{F} = m \cdot \vec{a}, \quad [F] = [m] \cdot [a] = 1\,\text{kg} \cdot 1\,\text{m/s}^2 = 1\,\text{N}$$

Skalar

Da die Beschleunigung als Vektor und die Masse als **Skalar** eingeführt sind, ist die Kraft das Ergebnis einer Multiplikation eines Vektors mit einer Zahl, also wieder ein Vektor. Es können daher alle Regeln der Vektorrechnung auch auf Kräfte angewendet werden, insbesondere die Zerlegung in Teilkräfte bzw. die Addition von Teilkräften zu einer Gesamtkraft.

3. Newton'sches Axiom

- **3. Newton'sches Axiom**: Übt ein Körper 1 auf einen Körper 2 die Kraft $\vec{F}_{12}$ aus, dann übt der Körper 2 auf den Körper 1 die Kraft $\vec{F}_{21}$ aus. Die Kräfte sind gleich groß, aber entgegengesetzt gerichtet. So wie die Erde Sie anzieht, üben auch Sie eine anziehende Kraft auf die Erde aus; die Größe dieser Kraft ist $F = Const \cdot \frac{m_{Erde} \cdot m_{LeserIn}}{r^2}$. Const bezeichnet hier die Gravitationskonstante. Die Beschleunigungen lassen sich durch Umformen der Formel ermitteln: Auf die Erde wirkt die Beschleunigung $a_{Erde} = Const \cdot \frac{m_{LeserIn}}{r^2}$, auf Sie $a_{LeserIn} = Const \cdot \frac{m_{Erde}}{r^2}$. Wegen des nicht nicht vernachlässigbaren Unterschiedes in den Massen (um etwa einen Faktor 10^{23}) werden Sie deutlich stärker zur Erde hin beschleunigt als diese zu Ihnen hin – die Kräfte sind allerdings gleich groß!

Bezugssystem

Für die Beschreibung der Lage von Körpern genauso wie für die Geschwindigkeit und die Beschleunigung ist ein **Bezugssystem** notwendig. Aufgrund der Definition gilt dies für Kräfte ebenso, je nach Bezugssystem können Kräfte daher unterschiedlich beurteilt werden:

Lassen Sie uns wieder das Beispiel Physikbuch heranziehen: Wenn Sie in einem Auto sitzen, das sich mit gleichförmiger Geschwindigkeit bewegt, hat ihr Buch, das Sie in den Händen halten, vom Straßenrand aus betrachtet eine gleichförmige Geschwindigkeit, von Ihrem Sitzplatz aus ist es in Ruhe. Gemäß dem 1. Newton'schen Axiom wirkt also in keinem der beiden Bezugssysteme eine Kraft auf das Buch. Vollführt das Auto eine Notbremsung (beschleunigt also), wird das Buch aus Ihren Händen rutschen und am Armaturenbrett oder Vordersitz einschlagen, während Sie, vom Sicherheitsgurt gehalten, weiter auf Ihrem Platz sitzen. Vom Straßenrand aus betrachtet hat sich das Buch weiterhin mit gleichförmiger Geschwindigkeit bewegt (keine Kraftwirkung), Sie erkennen aber eine Beschleunigung des Buches von Ihnen weg und wissen, dass diese Beschleunigung durch eine Kraft verursacht sein muss. Das Auftreten dieser Kraft ist offensichtlich vom Bezugssystem abhängig.

Trägheitskräfte

In beschleunigten Bezugssystemen (z. B. im bremsenden Auto) können durch die Geschwindigkeitsänderung des Systems bedingte **Trägheitskräfte** auftreten, die in nicht beschleunigten Systemen zur Beschreibung derselben Bewegung nicht notwendig sind.

2.4.2 Arbeit und Energie

Arbeit ist einer jener Begriffe, bei dessen Verwendung man deutlich zwischen umgangssprachlichem und physikalischem Kontext unterscheiden muss:

Arbeit

In der Physik versteht man unter **Arbeit** das Wirken einer Kraft längs eines Weges, mathematisch formuliert das skalare Produkt aus den Vektoren Kraft und Weg, also

$$W = \vec{F} \cdot \vec{s} = F s \cos\alpha$$

(α bezeichnet den Winkel zwischen Kraft- und Wegvektor). Sind die Vektoren parallel, wird $W = F \cdot s$; stehen sie normal aufeinander, ist $W = 0$ (da $\cos 90° = 0$), sind sie antiparallel, wird $W = -F \cdot s$. Der Winkel zwischen Kraft- und Wegvektor entscheidet also, ob von der Kraft Arbeit am Körper verrichtet wird ($0 \leq \alpha < 90°$), die Arbeit null ist oder der Körper Arbeit gegen die einwirkende Kraft verrichtet ($90 < \alpha \leq 180°$).

Bleiben wir beim Buch, das Sie, Ihre Gewissensbisse und die Reibung (siehe nächster Abschnitt) durch Ihre Muskelkraft überwindend, von sich wegschieben: Zunächst haben Weg und Kraft dieselbe Richtung, Sie verrichten also positive Arbeit und entfernen das Buch von sich. Da Ihr Schreibtisch an der Wand steht, stoßen Sie irgendwann an; die möglichen Wegrichtungen sind dann nach links oder rechts. Üben Sie allerdings die Kraft weiterhin in derselben Richtung wie zuvor aus, kann sich (Sie können die Wand nicht durchdringen) das Buch nicht weiter entfernen; Sie leisten auch bei noch so großem Kraftaufwand und Anstrengung physikalisch keine Arbeit. Umgangssprachlich können Sie auch als Arbeit bezeichnen, das Buch zum Schreibtisch zu tragen; physikalisch leisten Sie (wenn Sie beim Tragen die Entfernung des Buches zum Boden nicht verändern) keine Arbeit (ihre Kraft wirkt nach oben, gegen die Schwerkraft, der Weg steht normal dazu). Heben Sie das Buch dagegen vom Boden auf, leisten Sie jedenfalls Arbeit.

Was passiert mit der Arbeit, die Sie (beim Aufheben des Buches) geleistet haben? Offensichtlich verbleibt sie im Buch, das die Arbeit (z. B. beim Hinunterfallen) später wieder verrichten kann. Diese gespeicherte Arbeit oder auch Arbeitsfähigkeit nennt man **Energie**.

Energie

Beim Aufheben des Buches in die Höhe h haben Sie das Gewicht des Buches ($\vec{G} = m \cdot \vec{g}$) überwunden, die derart im Buch gespeicherte Arbeit ist also $E_{pot} = m \cdot g \cdot h$ (**potenzielle Energie**).

potenzielle Energie

Nehmen wir einmal an, Ihr Tisch ist reibungsfrei und „riesig". Wenn Sie dem Buch einen ordentlichen Schubs geben, leisten Sie Arbeit, denn beim Schubs wirkt eine Kraft F (Ihre) entlang eines Wegs s (der Strecke, auf der Sie das Buch beschleunigen). Anschließend flutscht das Buch reibungsfrei mit einer konstanten Geschwindigkeit über den Tisch. Da sich die Höhe nicht ändert, ist die gespeicherte Arbeit keine potentielle Energie, sondern sie schlägt sich als **kinetische Energie** nieder: $W = F \cdot s = m \cdot a \cdot s$. Nach $(v = \sqrt{2a \cdot s})$ folgt daher für die kinetische Energie bei der Beschleunigung aus der Ruhe $E_{kin} = m \cdot v^2/2$.

kinetische Energie

Zum Abschluss definieren wir hier noch den Begriff **Leistung** P als Arbeit W (oder Energie) pro Zeit t: $P = \frac{W}{t}$ /Einheit: J/s oder W [Watt]).

2.4.3 Impuls

Lassen Sie uns wieder bei einer Alltagserfahrung beginnen: Sie können ein Glas auf einer Serviette über den Tisch ziehen oder mit derselben Kraft die Serviette unter dem Glas hervorziehen, ohne den Ort des Glases zu verändern. Sie müssen dazu nur die Zeit, in der Sie Ihre Kraft einsetzen, variieren.

In die Sprache der Physik übersetzt bedeutet dies, dass die Wirksamkeit einer Kraft offensichtlich von der Dauer ihrer Einwirkung abhängt, dass das Produkt aus $\vec{F} \cdot \Delta t$ maßgeblich ist. Aus $\vec{F} = m \cdot \vec{a} = m\frac{\Delta \vec{v}}{\Delta t}$ können wir durch Multiplikation mit Δt schließen: Für das Wirken einer Kraft ist das Produkt $m \cdot \vec{v}$ wesentlich; dieses wird als **Impuls** $\vec{p}$ definiert:

Impuls

$$\vec{p} = m \cdot \vec{v}$$

Hier sehen Sie auch die in der Physik üblichere Definition von Kraft: Kraft ist definiert als zeitliche Änderung des Impulses. Da die Masse m sich nicht mit der Zeit ändert, können wir das m zur Geschwindigkeit geben und bekommen: $\vec{F} = m\frac{\Delta \vec{v}}{\Delta t} = \frac{\Delta(m\vec{v})}{\Delta t} = \frac{\Delta \vec{p}}{\Delta t}$.

2.5 Kinematik der Rotation

Unter der Rotation oder Drehung eines Körpers versteht man jene Bewegung, bei der die Bahnen aller Punkte des Körpers konzentrische Kreise um eine gemeinsame Achse sind. Für das Physikbuch bedeutet dies, Sie drehen es (allerdings ohne es zu schieben!), dann erfährt das Physikbuch eine Rotation.

Rotation

Veränderung der Orientierung

Die **Rotation** ist also an einer **Veränderung der Orientierung** (auch Lage genannt) des Körpers (Buches) erkennbar: Ausgangs- und Endlage des Körpers unterscheiden sich durch einen Winkel φ. Dieser Winkel wird allerdings nicht im üblichen Gradmaß (eine ganze Drehung entspricht einem Winkel von 360°) angegeben, sondern als Bogenlänge am Einheitskreis: Als Maß für die Größe des Winkels wird die Länge des zurückgelegten Kreisbogens b dividiert (normiert) durch den Radius des Kreises r verwendet: $\varphi = b/r$. Als Einheit verwendet man den Radiant (1 rad = [b]/[r] = 1 m/1 m), der zur Kennzeichnung einer dimensionslosen Zahl als Winkel nützlich ist.

Außerdem erhält ein Winkel in der Physik auch eine Richtung, ist also ein Vektor, der in Richtung der Drehachse zeigt, um die die Rotation erfolgt (in nebenstehender Abbildung also normal auf die Ebene, die durch den bewegten Radiusvektor aufgespannt wird).

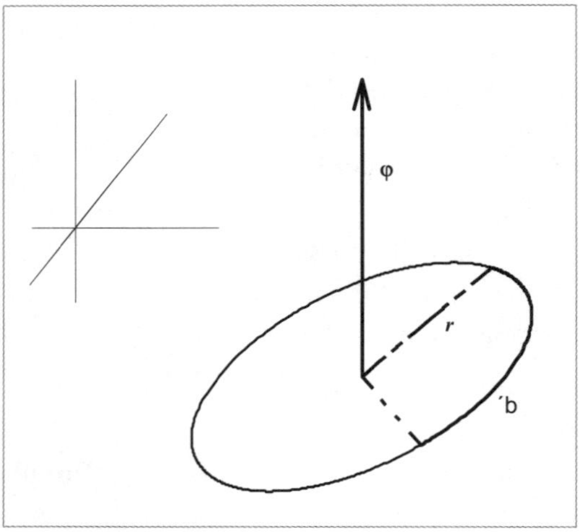

Abb. 2.4: Das Winkelmaß Radiant: Der Winkel φ ist ein Vektor, dessen Länge durch φ = b/r festgelegt ist.

gleichförmige Rotation

An die Stelle der gleichförmigen Translation tritt bei Drehbewegungen die **gleichförmige Rotation**: Sie drehen das Physikbuch z. B. in jeder Sekunde um den Winkel π/6 im Uhrzeigersinn.

Winkelgeschwindigkeit

Die Übersetzung in die Sprache der Physik ergibt: Der Körper (das Buch) erfährt in gleichen Zeitabschnitten (jede Sekunde) dieselbe Orientierungsänderung (nämlich 30°), der zurückgelegte Winkel ist also proportional zur Zeit. Als Proportionalitätsfaktor wird, völlig analog zur Translation, eine Geschwindigkeit verwendet, die **Winkelgeschwindigkeit** ω:

$$\vec{\varphi} = \vec{\omega} t \text{ bzw. umgekehrt } \vec{\omega} = \Delta\vec{\varphi} / \Delta t$$

Auch die Winkelgeschwindigkeit ist eine Vektorgröße, deren Richtung dieselbe ist wie die des Vektors (also in Richtung der Drehachse) und deren Größe ein Maß für die Änderung des Winkels pro Zeiteinheit ist.

Die Richtung des Vektors der Winkelgeschwindigkeit können Sie sich leicht mit einer „Daumenregel" merken: Wenn der Vektor wie der Daumen der rechten Hand nach oben zeigt, zeigen die Finger in Richtung der Drehung.

Bei der gleichförmigen Rotation (gleichförmig bezieht sich ja auf den zeitlichen Verlauf) ist die Winkelgeschwindigkeit konstant. Zur Beschreibung derartiger Drehbewegungen verwendet man dann zusätzlich zur Winkelgeschwindigkeit

- die **Umlaufzeit** T, also die Dauer einer vollen Umdrehung in Sekunden: Für diese gilt, da man ja in $\varphi = \omega t$ im Fall einer vollen Umdrehung statt $t = T$ und statt $\varphi = 2\,\pi$ verwenden kann, $2\,\pi = \omega\,T$ oder $\omega = 2\,\pi/T$. (Der bei einer vollen Umdrehung absolvierte Winkel ist $2\,\pi$, denn die Bogenlänge einer Umdrehung ist der Kreisumfang $2\,r\,\pi$, und dieser ist gemäß Winkeldefinition in Radiant durch r zu dividieren.)

Umlaufzeit

- die **Frequenz** f, also die Anzahl periodischer Vorgänge pro Sekunde: Dauert ein Umlauf T Sekunden, ist die Anzahl periodischer Vorgänge pro Sekunde $1/T$; verallgemeinert man dies, folgt $T = 1/f$ bzw. $\omega = 2\,\pi\,f$, f in der Einheit $1/s = 1$ Hz.

Frequenz

So wie sich bei Verschiebungen die Geschwindigkeit verändern kann, kann bei Drehbewegungen die Winkelgeschwindigkeit variabel sein: In der Physik spricht man von einer **ungleichförmigen Rotation**, bei der eine Winkelbeschleunigung auftritt (diese ersetzt die Beschleunigung der Translation). Die **Winkelbeschleunigung** $\vec{\alpha}$ bedeutet dann eine Änderung der Winkelgeschwindigkeit in der Zeit, also

ungleichförmige Rotation
Winkelbeschleunigung

$$\vec{\alpha} = \Delta\vec{\omega}/\Delta t$$

Wieder (der Trick ist Ihnen schon bekannt) hat der Vektor Winkelbeschleunigung die Richtung der Drehachse der Rotation.

Die **gleichmäßig beschleunigte Rotation** ist jene Drehbewegung, bei der sich die Winkelgeschwindigkeit „gleichmäßig" verändert. Der Proportionalitätsfaktor zwischen Winkelgeschwindigkeit und Zeit, die Winkelbeschleunigung, bleibt konstant: $\vec{\omega} = \vec{\alpha} \cdot t$

gleichmäßig beschleunigte Rotation

Aufgrund der Analogie zur gleichmäßig beschleunigten Translation kann man schließen:

Gleichförmig beschleunigte Translation		Gleichförmig beschleunigte Rotation	
Beschleunigung	$\vec{a} = \text{const}$	Winkelbeschleunigung	$\vec{\alpha} = \text{const}$
Geschwindigkeit	$\vec{v} = \vec{a} \cdot t$	Winkelgeschwindigkeit	$\vec{\omega} = \vec{\alpha} \cdot t$
Gesamtweg	$\vec{s} = \left(\vec{a}/2\right) \cdot t^2$	Gesamtwinkel	$\vec{\varphi} = \left(\vec{\alpha}/2\right) \cdot t^2$

Wie Sie sehen, können viele Beziehungen für die Drehbewegungen also aus dem Vergleich mit den Gesetzmäßigkeiten der entsprechenden Translationsbewegungen geschlossen werden, ohne irgendwelche Kenntnisse aus der Mathematik verwenden zu müssen.

Um diese Analogieschlüsse allerdings korrekt vollziehen zu können, müssen wir uns die Beziehungen zwischen den Größen der Verschiebung (Bahngrößen: Weg, Geschwindigkeit, Beschleunigung) und Größen der Drehung (Drehgrößen: Drehwinkel, Winkelgeschwindigkeit, Winkelbeschleunigung) klar machen:

Bahngrößen (Translation)			Drehgrößen (Rotation)		
Weg	$\vec{s}$	in m	Drehwinkel	$\vec{\varphi}$	in rad
Geschwindigkeit	$\vec{v} = \Delta\vec{s}/\Delta t$	in m/s	Winkelgeschwindigkeit	$\vec{\omega} = \Delta\vec{\varphi}/\Delta t$	in rad/s
Beschleunigung	$\vec{a} = \Delta\vec{v}/\Delta t$	in m/s²	Winkelbeschleunigung	$\vec{\alpha} = \Delta\vec{\omega}/\Delta t$	in rad/s²

Aber Achtung: Öfters wird die Einheit 1 rad = 1 m/m weggelassen; das ist zwar mathematisch korrekt (Kürzungsregeln), aber man muss sehr aufpassen, um z. B. Winkelgeschwindigkeit und Frequenz nicht miteinander zu verwechseln.

Betrachtet man kleine (genauer: infinitesimal kleine) Winkel φ, kann man ohne allzu großen Fehler trotz der Krümmung die zurückgelegte Bogenlänge b durch das gerade Wegstück s ersetzen, sodass $\varphi = b/r = s/r$.

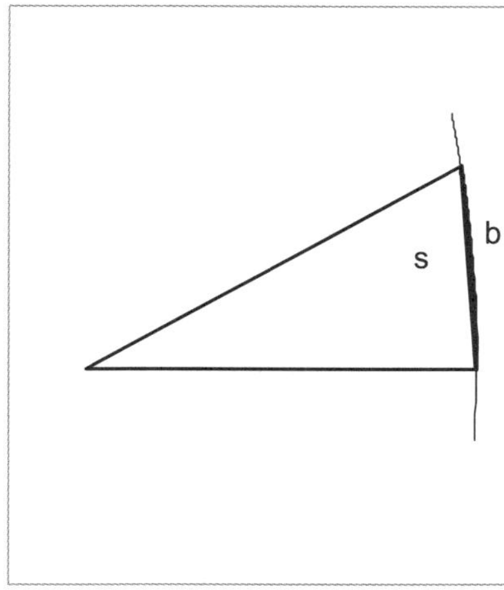

Abb. 2.5: Die Verknüpfung von Bahngrößen und Drehgrößen basiert auf der Ersetzung der Bogenlänge b durch die Strecke s.

Daraus folgt aber

$s = r \cdot \varphi$	Bahngröße = Radius · Drehgröße
$v = s/t = r \cdot \varphi / t = r \cdot \omega$	
$a = v/t = r \cdot \omega / t = r \cdot \alpha$	

Die Bahngrößen $\vec{v}$ und $\vec{a}$ haben bei der Rotation eigene Namen: Tangentialgeschwindigkeit (oder Bahngeschwindigkeit) und Tangentialbeschleunigung (oder Bahnbeschleunigung). Hier ist gut zu sehen, dass auch die gleichförmige Rotation eine beschleunigte Bewegung ist: Der Betrag der Bahngeschwindigkeit ändert sich nicht, aber sehr wohl die Richtung (das Buch dreht sich ja), und damit haben wir wieder eine Änderung der Geschwindigkeit und somit eine Beschleunigung.

2.6 Dynamik der Rotation

2.6.1 Drehmoment

Was ist die Ursache für eine Drehbewegung? Warum beginnt z. B. ein Rad zu rotieren?
Sie müssen sicher eine Kraft aufwenden, um eine Drehbewegung eines Rades zu bewirken, aber wie Sie aus Erfahrung wissen, wird sich das Rad nicht zu drehen beginnen, wenn Sie die Kraft in Richtung der Drehachse des Rades ausüben. Eine Kraft in der Ebene, die durch das Rad aufgespannt wird, hat sehr viel größere Chancen, eine Drehbewegung hervorzurufen. Allerdings wird auch eine derar-

tige Kraft nichts bewirken, wenn Sie auf die Nabe des Rades ausgeübt wird. Ihre Anstrengung zeigen aber ein um so größeres Ergebnis, je weiter von der Drehachse entfernt Sie die Kraft wirken lassen.

Drehmoment

Das Produkt aus Kraft $\vec{F}$ und der Entfernung $\vec{r}$ der Wirkungslinie der Kraft von der Drehachse wird als **Drehmoment** $\vec{M}$ bezeichnet und übernimmt die Rolle der Kraft bei der Rotation:

$$\vec{M} = \vec{r} \times \vec{F}$$

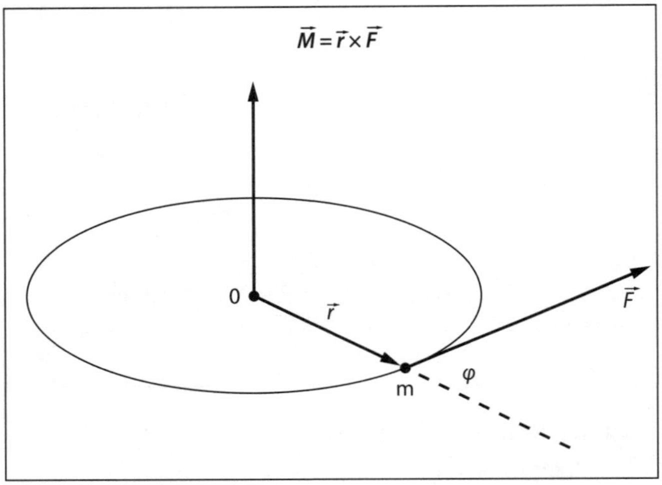

Abb. 2.6: Das Drehmoment als Vektor steht normal (d. h. im rechten Winkel) auf die durch die Kraft und den Radiusvektor aufgespannte Fläche.

Beachten Sie bitte, dass die Definition des Drehmomentes als Kreuzprodukt außerdem den Vorteil hat, dass die Richtung des Drehmomentvektors die Richtung der Achse der Drehbewegung ist. Ist z. B. bei den Kugeln eines Billardspiels keine fixe Drehrichtung vorgegeben, erkennt man an der Lage des Drehmomentvektors (dieser steht als Ergebnis eines Kreuzproduktes normal auf den Radiusvektor und den Vektor der Kraft) die Achse, um die sich die Kugel drehen wird.

Wenn ein Rad sich zu drehen beginnt, ist dies gleichbedeutend mit einer Winkelbeschleunigung des Rades. Ersetzt man im dynamischen Grundgesetz der Translation $\vec{F} = m \,.\, \vec{a}$ die Bahngröße $\vec{a}$ durch $r \cdot \vec{\alpha}$, ergibt sich für das Drehmoment $M = m \cdot r \cdot \alpha \cdot r = m \cdot r^2 \cdot \alpha$. Setzt man nun (zunächst willkürlich) für $m \cdot r^2 = I$, ergibt sich als dynamisches Grundgesetz der Rotation:

$$\vec{M} = I \cdot \vec{\alpha}$$

Hat diese formale Übereinstimmung mit dem dynamischen Grundgesetz der Translation mehr als einen ästhetischen Charakter? Lassen Sie uns der Bedeutung von $I = m \cdot r^2$ nachspüren:

Für die Masse eines Rades mit sehr dünnen Speichen ist sicher die Felge hauptverantwortlich; Vergleicht man Räder miteinander, kann man feststellen, dass das Rad umso schwerer in Rotation zu setzen ist, je größer der Durchmesser des Rades ist, aber auch, je mehr Masse die Felge als Ganzes hat. Je schwerer aber ein Rad in Bewegung zu setzen ist, desto größer ist seine Trägheit. Das **Trägheitsmoment** $I = m \cdot r^2$ übernimmt bei den Rotationsbewegungen offensichtlich die Rolle der Masse bei der Translationsbewegung.

Trägheitsmoment

(Aber Achtung: Diese Art der Berechnung des Trägheitsmomentes setzt voraus, dass sich die gesamte Masse in gleicher Entfernung vom Drehzentrum befindet; wenn Sie also auf Ihrem Fahrrad ein Scheibenrad montieren, wird's deutlich komplizierter …)

Wie sieht es nun mit **rotierenden Bezugssystemen** aus?

rotierendes Bezugssystem

Laut dem 1. Newton'schen Axiom bewegt sich ein Körper ohne Einwirkung einer Kraft entweder gar nicht oder geradlinig gleichförmig. Stellen Sie sich ein ruhendes und ein rotierendes Bezugssystem mit demselben Ursprung vor: Die geradlinige Bahn eines Körpers im ruhenden Bezugssystem erscheint im rotierenden Bezugssystem als komplizierte Spiralbahn, d. h. jedenfalls nicht geradlinig oder ruhend. Daher muss eine Kraft wirken, deren Auswirkung auf einen Körper wiederum eine Beschleunigung ist. Ein rotierendes Bezugssystem ist daher immer beschleunigt.

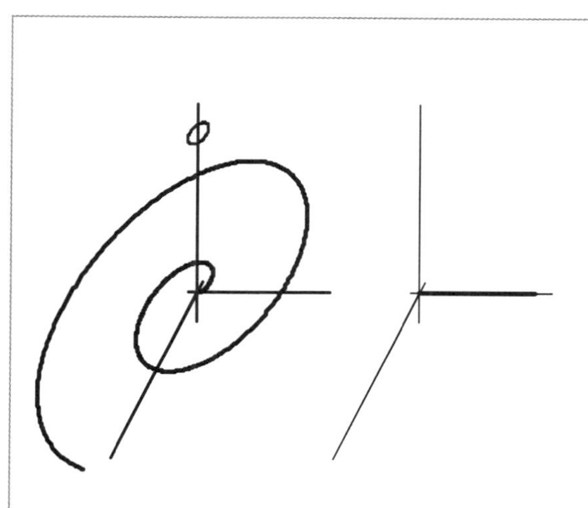

Abb. 2.7: Dieselbe Bewegung eines Körpers, aufgenommen in einem rotierenden und einem ruhenden Bezugssystem

2.6.2 Arbeit und Energie

Um ein Rad in eine Drehbewegung zu bringen, müssen Sie selbstverständlich Arbeit leisten, die dann im rotierenden Rad als Energie gespeichert wird. Eine mathematische Formulierung der Rotationsenergie kann man sich leicht überlegen: Bei der Translation war die Energie der Bewegung das halbe Produkt aus Masse und dem Quadrat der Geschwindigkeit. Der linearen Geschwindigkeit entspricht bei der Rotation die Winkelgeschwindigkeit und der Masse das Trägheitsmoment. Im einfachsten Fall gilt daher für die Energie der Rotation $E_{rot} = I \cdot \omega^2/2$.

Schwungräder in Dampfmaschinen oder Verbrennungsmotoren sind ein typisches Beispiel für die Zwischenspeicherung von Energie in Rotationsbewegungen.

2.6.3 Drehimpuls

Die Wirksamkeit eines Drehmomentes hängt wesentlich von der Zeit der Einwirkung ab. In Analogie zum Impuls definiert man einen Drehimpuls als Produkt aus Drehmoment und Zeitspanne der Einwirkung des Drehmomentes. Für den **Drehimpuls** $\vec{L}$ lässt sich daher schreiben:

Drehimpuls

$$\vec{L} = \vec{M} \cdot \Delta t = I \cdot \vec{\alpha} \cdot \Delta t = I \cdot \vec{\omega}$$

(Zur Erinnerung: Der Drehmomentvektor $\vec{M}$ liegt in Richtung der Drehachse und daher der Vektor des Drehimpulses $\vec{L}$ ebenfalls!)

Welche analogen Größen der Translation und Rotation haben wir gefunden?

Translation			Rotation		
Masse	m	in kg	Trägheitsmoment	$I = m \cdot r^2$	in kgm²
Kraft	$\vec{F} = m \cdot \vec{a}$	in N	Drehmoment	$\vec{M} = I \cdot \vec{\alpha}$	in Nm
Kinetische Energie	$E_{kin} = \frac{m \cdot v^2}{2}$	in J	Energie der Rotation	$E_{rot} = \frac{I \cdot \omega^2}{2}$	in J
Impuls	$\vec{p} = m \cdot \vec{v}$	in Ns	Drehimpuls	$\vec{L} = I \cdot \vec{\omega}$	in kgm²/s

2.7 Reibung

Wie Sie wissen, können Sie Ihr vor Ihnen auf dem Tisch liegendes Physikbuch durch Ausübung einer Kraft von sich weg beschleunigen (wir nehmen in diesem Beispiel an, Sie dosieren Ihre Kräfte so, dass das Buch jedenfalls nicht vom Tisch herunterfällt). Das Buch wird aber nicht in gleichförmiger Bewegung bleiben, sondern früher oder später zur Ruhe kommen. Als geübte PhysikerInnen erkennen Sie durch Anwendung des ersten Newton'schen Axioms, dass eine Kraft wirken muss; ansonsten bliebe Ihr Buch ja in gleichförmiger Bewegung: Dies ist die Reibungskraft. Die Oberflächen aller festen Körper sind nicht ideal glatt, sondern weisen Unebenheiten auf, an denen sich die Körper verhaken können.

In der Physik wird zwischen drei Arten von Reibung unterschieden: der **Haftreibung** (diese muss überwunden werden, um einen Körper in Bewegung zu bringen), der **Gleitreibung** (sie tritt auf, wenn ein bereits gleitender Körper in Bewegung gehalten werden soll) und der **Rollreibung** (auch hier bewegt sich der Körper bereits, allerdings auf Rollen). Aus Erfahrung wissen wir, dass die Haftreibung stets größer als die Gleitreibung und diese wiederum größer als die Rollreibung ist.

Haftreibung
Gleitreibung

Rollreibung

In der Technik werden allerlei Tricks angewendet, um Reibung so weit wie möglich herabzusetzen (z. B. Schmiermittel wie Öl), andererseits wäre ohne Reibung z. B. normales Gehen nicht möglich; Sie könnten Ihre Kraft nicht auf den Boden bringen. Denken Sie nur daran, wie mühsam es wäre, ständig mit so kleiner Reibung leben zu müssen wie der beim Überqueren einer Eisfläche mit glatten Ledersohlen an Ihren Schuhen …

2.8 Vom Massenpunkt zum starren Körper

Bisher haben wir uns ausschließlich mit Massenpunkten beschäftigt, die uns – wie alle Modelle in der Physik – einen möglichst einfachen Zugang zu physikalischen Gesetzmäßigkeiten erlaubt haben. Für die Beschreibung von Translationen oder von Rotationsbewegungen, deren Ursachen und die Definition der dafür notwendigen Beschreibungsgrößen war bisher (zumindest im Wesentlichen) nur ein Massenpunkt erforderlich, also ein Ort im Raum ohne Ausdehnung, der eine Masse trägt.

Solche Massenpunkte finden sich in der realen Welt nicht, oder kennen Sie eine Masse ohne Ausdehnung?

Lassen Sie uns daher versuchen, unser Modell ein wenig zu erweitern: Stellen Sie sich zwei Massenpunkte vor, die starr miteinander verbunden sind; dann könnte es doch praktisch sein, sich die Gesamtmasse an EINEM Ort vereinigt zu denken. Dieser Ort, wir wollen ihn **Massenmittelpunkt** nennen, soll so gewählt werden, dass sich die Lage der zwei Massenpunkte nicht verändert, wenn man, statt beide Massenpunkte zu halten, nur an diesem ausgezeichneten Ort zugreift.

Massenmittelpunkt

Stellen Sie sich einen Strohhalm vor, an dessen Enden Sie zwei gleiche Radiergummis aufspießen: Statt den Strohhalm an beiden Enden zu halten, können Sie auch in der Mitte zugreifen (nach einigem Üben wird Ihnen dies sicher gelingen). Haben die beiden Radiergummis verschiedene Masse, müssen Sie Ihren Haltepunkt am Strohhalm um so näher am dickeren Radiergummi wählen, je größer der Massenunterschied ist. Die Entfernung des Massenmittelpunktes von der Masse ist also umgekehrt proportional zur Größe der Masse:

$l_1/l_2 = m_2/m_1$ oder $l_1 m_1 = m_2 l_2$ (siehe Abb. 2.8). Ersetzt man den Abstand l_1 (bzw. l_2) durch den Vektor $\vec{x} - \vec{x}_1$ (bzw. $\vec{x}_2 - \vec{x}$), folgt für den Haltepunkt: $\vec{x} = \dfrac{m_1\vec{x}_1 + m_2\vec{x}_2}{m_1 + m_2}$

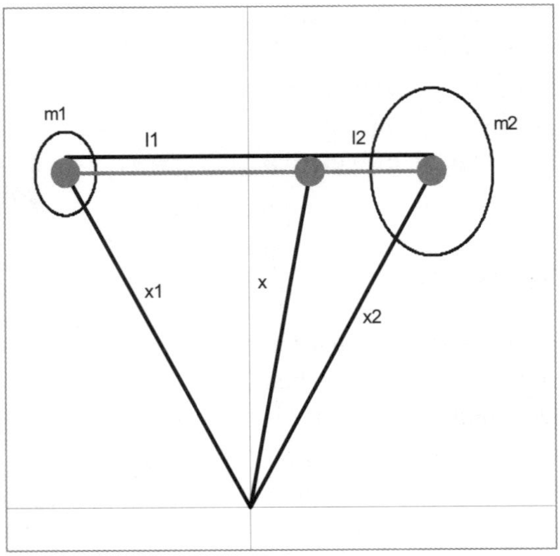

Abb. 2.8: Zur Ermittlung des Massenmittelpunktes

So wie für zwei Massenpunkte ist das Verfahren auch für beliebig viele Massenpunkte durchführbar (wenn die Massenpunkte ihre Lage zueinander nicht ändern, bezeichnet man sie als **starren Körper**;

starrer Körper

wir ersparen uns diese Mühe und verallgemeinern als Ort des **Massenmittelpunktes** eines starren Körpers aus Massenpunkten:

Massenmittelpunkt

$$\vec{x} = \frac{m_1 \vec{x_1} + m_2 \vec{x_2} + \ldots + m_n \vec{x_n}}{m_1 + m_2 + \ldots + m_n}$$

Wozu dies alles? Nun, zunächst können wir uns mit der Verwendung des Massenmittelpunktes einige Arbeit ersparen: Stellen Sie sich vor, Sie sollten die Bewegung Ihres Physikbuches beschreiben, dann ist eigentlich eine eigene Gleichung für jeden Massenpunkt erforderlich. Anstatt sich (sehr!) viele Gleichungen zu erarbeiten, verwenden Sie das Modell des Massenmittelpunktes, betrachten Ihr Buch als starren Körper und beschränken sich auf das Aufstellen einer einzigen Bewegungsgleichung für den Massenmittelpunkt des Buches.

Schwerpunkt

Der Massenmittelpunkt wird oft auch als **Schwerpunkt** bezeichnet. Auf der Erde wirkt ja auf jeden Massenpunkt die Erdbeschleunigung. Durch das Gewicht (die Schwere) jedes Massenpunktes wird bezüglich eines Aufhängepunktes des starren Körpers ein Drehmoment ausgeübt; die Drehmomente aller Massenpunkte heben einander auf, wenn der starre Körper im Schwerpunkt aufgehängt ist. In diesem Fall dreht sich der Körper also nicht.

Was passiert aber, wenn der Schwerpunkt eines Körpers zwar unterstützt wird, man den Körper dann aber ein wenig dreht? Anhand des Ihnen bereits bekannten Beispiels des Physikbuches lässt sich dies leicht klären:

- Angenommen, Sie haben Ihr Physikbuch genau im Schwerpunkt aufgehängt: Wenn Sie das Buch anstoßen, wird es ein wenig vor sich hin rotieren und dann in einer beliebigen Lage stehen bleiben; die Endlage hängt nur vom Schwung (eigentlich: dem Drehmoment) ab, mit dem Sie die Bewegung initiiert haben, und von der Reibung durch die Aufhängung. Die Lage des Schwerpunktes und daher seine potenzielle Energie verändert sich durch die Bewegung nicht; das Buch war im **indifferenten Gleichgewicht.**

  indifferentes Gleichgewicht

- Wenn Sie das Buch an einer Ecke derart halten, dass es unterhalb dieser Ecke hängt, können Sie das Buch natürlich anstoßen, nach einigen Schwingungen wird es aber, von der Reibung abgebremst, den ursprünglichen Zustand wieder erreichen. Das Buch befindet sich im **stabilen Gleichgewicht**, der Schwerpunkt in der tiefstmöglichen Lage (bzw. seine potenzielle Energie ist ein Minimum).

  stabiles Gleichgewicht

- Unterstützen Sie das Buch jedoch an der untersten Ecke (wir hoffen, Sie haben genug Balance dafür), wird das Buch schon

labiles Gleichgewicht

beim geringsten Anstoß kippen; das Buch war im **labilen Gleichgewicht**, der Schwerpunkt in der höchstmöglichen Lage, seine potenzielle Energie maximal. Durch das Kippen erreicht das Buch das stabile Gleichgewicht.

2.9 Die Erhaltungssätze

Nach all den Anstrengungen der letzten Abschnitte wollen wir jetzt die Ernte beginnen:
Wie in der Einleitung schon angedeutet, sind die im Folgenden angeführten Erhaltungssätze Zusammenfassungen von Erfahrungstatsachen. Mit den Größen, die Sie in den vorigen Abschnitten kennen gelernt haben, lassen sich diese Erhaltungssätze geeignet formulieren und aus den Erhaltungssätzen Erkenntnisse über das Verhalten der Materie gewinnen.

2.9.1 Energieerhaltungssatz

In einem abgeschlossenen System ist die Summe aller Energien konstant.

Bei der Bewegung eines Pendels (siehe Kap. 6.1) wird die Gesamtenergie ständig verlagert: Sie wechselt zwischen einem Maximum an potenzieller Energie am Umkehrpunkt (dort ist die Geschwindigkeit und daher die kinetische Energie null) und einem Maximum an kinetischer Energie am Tiefpunkt der Bahn (potenzielle Energie null), um am nächsten Umkehrpunkt wieder das Maximum an potenzieller Energie zu erreichen.

In einem Speicherkraftwerk wird die potenzielle Energie des im Speichersee gestauten Wassers in den Fallrohren zum Turbinenhaus in kinetische Energie umgewandelt. In den Turbinen erfolgt die Umwandlung der kinetischen Energie in Rotationsenergie, die wiederum in Generatoren in elektrische Energie übergeführt wird. Sie erkennen an diesem Beispiel, dass der Energiesatz nicht auf mechanische Energien beschränkt ist, sondern für alle Formen der Energie Gültigkeit hat (und daher auch die Reibung betrifft).

Wenn also das Physikbuch, dem Sie (durch Wegstoßen) kinetische Energie zugeführt haben, nach Ablauf bestimmter Zeit zur Ruhe kommt, muss die Bewegungsenergie in eine andere Energieform umgewandelt worden sein. Da das Buch negativ beschleunigt (gebremst) wurde, muss (1. Newton'sches Axiom) eine Kraft gewirkt haben; aus Erfahrung wissen Sie, dass es sich dabei um die

Reibungskraft handelt und die kinetische Energie durch Reibung in Wärmeenergie übergeführt wurde.

Wenn Sie (was wir nicht hoffen) schon das Pech hatten, mit Ihrem Auto frontal gegen eine unelastische Betonwand zu fahren, haben Sie erlebt, wie die kinetische Energie des Fahrzeugs in Verformungsenergie und Schallenergie umgewandelt wurde.

Wenn Sie, um sich Mühe zu ersparen, einen Gegenstand eine Rampe hinauf schieben, anstatt ihn auf dieselbe Höhe zu heben, hat der Körper dieselbe Vergrößerung seiner potenziellen Energie erfahren. Die benötigte Hebearbeit (Energie ist gespeicherte Arbeit) muss also gleich sein. Sie können durch die Verwendung einer schiefen Ebene (Rampe) oder anderer einfacher Maschinen die zu leistende Arbeit nicht verändern, sondern bestenfalls die notwendige Kraft verringern und müssen dafür einen längeren Weg in Kauf nehmen.

Ein für die Physik wesentlicher Schluss aus dem Energieerhaltungssatz ist die Unmöglichkeit eines Perpetuum mobile erster Art, also einer Maschine, die mehr Energie abgeben kann, als man ihr zuführt.

2.9.2 Impulserhaltungssatz

In einem abgeschlossenen System ist die Summe aller Impulsänderungen null.
Zwei Kugeln derselben Masse tauschen bei einem elastischen Stoß ihre Impulse aus, der Gesamtimpuls des Systems „2 Kugeln" bleibt also erhalten. Stößt eine Kugel elastisch rechtwinkelig gegen eine feste Wand (modellmäßig gedacht als Stoßpartner mit unendlich großer Masse), erhält die Kugel einen Impuls, der dem ursprünglichen genau entgegengesetzt ist. Stößt die Kugel schräg elastisch gegen die Wand, wird die Impulskomponente normal zur Wand umgekehrt, jene parallel zur Wand bleibt erhalten (Einfallswinkel gleich Ausfallswinkel).

Beim Schlittschuhlaufen können Sie reibungslos (d. h. ohne Verkanten der Kufen oder Einsatz der Zacken) nicht vorwärts kommen: Jede Bewegung Ihres Oberkörpers nach vorne muss zu einer Verschiebung der Schlittschuhe nach hinten führen; Sie können als abgeschlossenes System durch innere Bewegungen Ihre Lage nicht verändern.

Auch der **Raketenantrieb** ist mit Hilfe des Impulssatzes leicht zu verstehen: Eine Rakete bewegt sich dadurch nach vorne, dass ständig Verbrennungsgase nach hinten ausgestoßen werden. Die Gaspartikel, die die Raketendüse mit einer (hohen) Geschwindigkeit **Raketenantrieb** verlassen, haben einen Impuls; die Rakete muss also einen gleich großen Impuls (in die Gegenrichtung) erfahren. Da sich die Masse der Rakete durch den ständigen Ausstoß von Gaspartikeln (die ja durch Verbrennen des Treibstoffes entstehen) laufend verringert, muss ihre Geschwindigkeit (wenn der Impuls als Produkt von Masse und Geschwindigkeit gleich bleibt) steigen.

2.9.3 Drehimpulserhaltungssatz

In einem abgeschlossenen System ist die Summe aller Änderungen des Drehimpulses null.
Ein Eiskunstläufer, der die Winkelgeschwindigkeit während einer Pirouette durch Abwinkeln der Arme steigert, nutzt die Erhaltung des Drehimpulses: Der Abstand der Masse „Hände + Arme" wird durch Abwinkeln geringer, daher sinkt das Trägheitsmoment. Der Drehimpuls kann nur erhalten werden, wenn die Winkelgeschwindigkeit steigt.

In einem Kreiselkompass wird die Erhaltung des Vektors Drehimpuls genauso genutzt: Die Lage der Drehachse bleibt erhalten, auch wenn das Schiff seinen geographischen Ort ändert.

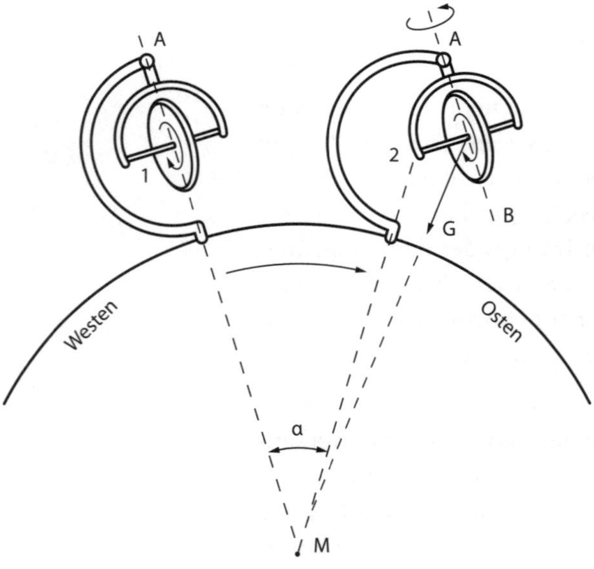

Abb. 2.9: Der Kreiselkompass

Auch das Foucault'sche Pendel wird nur durch die Drehimpulserhaltung verständlich: In einem abgeschlossenen System müssen einander die Änderungen der Drehimpulse aufheben. Ein schwingendes Pendel bildet gemeinsam mit seiner Aufhängung ein solches abgeschlossenes System. Wenn wir also im Experiment messen, dass sich die Schwingungsebene des Pendels in Bezug auf den Raum, in dem es schwingt, verändert, dann lässt dies nur folgenden Schluss zu: Offensichtlich verändert – von uns unbemerkt – auch die fixe Aufhängung ihre Lage. Die Erde (und damit der Raum, in dem sich das Pendel befindet) dreht sich infolge ihrer Rotation.

Augenscheinlich dreht sich die Schwingungsebene des Pendels im Raum; unter Berücksichtigung des Erhaltungssatzes ist tatsächlich eine Bewegung des Saales die korrekte Erklärung für die Drehung.

2.9.4 Erhaltung des Massenmittelpunktes

In einem freien System, also ohne Einwirkung äußerer Kräfte, kann durch innere Kräfte der Massenmittelpunkt nicht verschoben werden.

Denken Sie (als typisches Beispiel aus der Praxis) an die Zerstörung eines Raumschiffes der Sternenflotte durch Explosion des Warpkernes: Die Bestandteile des explodierten Schiffes fliegen in alle möglichen Richtungen, der Massenmittelpunkt bleibt jedoch erhalten und bewegt sich geradlinig gleichförmig weiter wie vor dem Unfall.

2.10 Mechanische Eigenschaften von Festkörpern

In einem starren Körper sind die Massen unverrückbar miteinander verbunden, eine von außen wirkende Kraft kann daher nur eine Bewegung des gesamten starren Körpers bewirken. Dieses physikalische Modell eines Festkörpers genügt, Translation oder Rotation zu beschreiben, es ermöglicht aber nicht, die im Alltag bekannten elastischen Erscheinungen zu behandeln.

Dazu müssen wir uns vor Augen führen, dass ein Festkörper aus Atomen oder Molekülen besteht. Diese liegen nicht willkürlich nebeneinander, sondern ihre gegenseitige Lage ist eine Folge der Kräfte, die sie aufeinander ausüben. Wirkt auf einen festen Körper eine Kraft, können die Atome in ihrer Lage verändert werden. Abhängig vom Festkörper und der Größe der Kraft können die Lageänderungen der Moleküle

- irreversibel sein: Auch wenn die Kraft nicht mehr einwirkt, bleiben die Moleküle in ihrer neuen Lage. Die Verformung des Festkörpers bleibt bestehen; man nennt sie **plastische Verformung** oder Deformation.

plastische Verformung

elastische Verformung

- oder reversibel sein: Bei **elastischen Verformungen** bildet sich die Verformung zurück, wenn keine Kraft mehr wirkt.

Lassen Sie uns zunächst die elastischen Verformungen näher untersuchen:

Die Kräfte, die auf eine (Ober-)Fläche des Festkörpers einwirken, können verschiedene Richtungen haben, sie können normal (rechtwinkelig) oder parallel zur Fläche sein (alle Kräfte lassen sich in zwei derartige Komponenten zerlegen).

Kräfte F_n normal zur Fläche A bewirken je nach Richtung Zugspannung σ oder Druckspannung (auch σ), Parallelkräfte F_p Tangentialspannung oder Schubspannung (beide: τ). Alle Spannungen sind definiert als Kraft pro Fläche:

$$\sigma = F_n/A, \quad \tau = F_p/A, \quad [\sigma] = [\tau] = 1\,N/m^2 = 1\,Pa$$

Hooke'sches Gesetz

Zwischen den Spannungen und den sich durch sie ergebenden Verformungen gilt das **Hooke'sche Gesetz**: Die Verformungen sind den Spannungen proportional.

Entsprechend der Art der Verformung unterscheidet man:

Längenänderung

- **Längenänderung:** Darunter versteht man z. B. die Verlängerung Δl eines Drahtes bezogen auf die Ausgangslänge l_0, also $\Delta l/l_0$; Dehnungen treten nur bei Zugspannungen auf, denen sie (Hooke'sches Gesetz) proportional sind: $\sigma = E \cdot (\Delta l/l_0)$. Der Proportionalitätsfaktor E heißt Elastizitätsmodul; er ist als Materialkonstante vom gedehnten Festkörper abhängig. In Brücken oder Hochhäusern wird mit ins Bauwerk eingebrachten Dehnungsmessstreifen (dünnen Metalldrähten) die Belastung und Formveränderung gemessen; aufgrund der Längenänderung der Dehnungsmessstreifen kann auf die im Bauwerk herrschenden Spannungen geschlossen werden.
  Jede Dehnung ist mit einer Querkontraktion, also einer Verringerung der Querschnittfläche, verbunden. Bezeichnet man mit A_0 die ursprüngliche Querschnittfläche und mit ΔA deren Veränderung, dann ist die Querkontraktion $-\Delta A/A_0$. (Das negative Vorzeichen dient dazu, die Querkontraktion zu einer positiven Größe zu machen, obwohl ΔA kleiner als Null ist, die kontrahierte Fläche ist ja kleiner als die ursprüngliche.) Das Verhältnis von Quer- und Längskontraktion wird als **Poissonzahl** μ bezeichnet:

Poissonzahl

$$\mu = \frac{-\Delta A/A_0}{-\Delta l/l_0}$$

- **Kompression:** Unter der Wirkung eines von allen Seiten auf einen Festkörper wirkenden Druckes verringert sich das ursprüngliche Volumen V_0 um ΔV: $p = K \cdot (-\Delta V/V_0)$. K heißt Kompressionsmodul. **Kompression**
- **Scherung:** Wirkt allerdings eine Kraft nicht von allen Seiten, sondern nur tangential als Schubspannung τ, bleibt das Volumen des Körpers unverändert, allerdings verändert sich seine Gestalt, aus einem Würfel wird ein Parallelepiped (siehe Abb. 2.10) und α ist der Winkel zwischen der Kante des Würfels und der des Parallelepipeds. **Scherung**

  Es gilt dann $\tau = G \cdot \alpha$. G wird als Schubmodul bezeichnet.

- Eine Verdrillung eines Drahtes um einen Winkel α, eine **Torsion**, ist ein typisches Beispiel für das Auftreten von Tangentialspannungen an einem Querschnitt eines Drahtes. G wird in diesem Fall als Torsionsmodul bezeichnet. Lassen Sie sich aber dadurch nicht verwirren, Schubmodul und Torsionsmodul sind nur unterschiedliche Vokabel für denselben Inhalt. **Torsion**

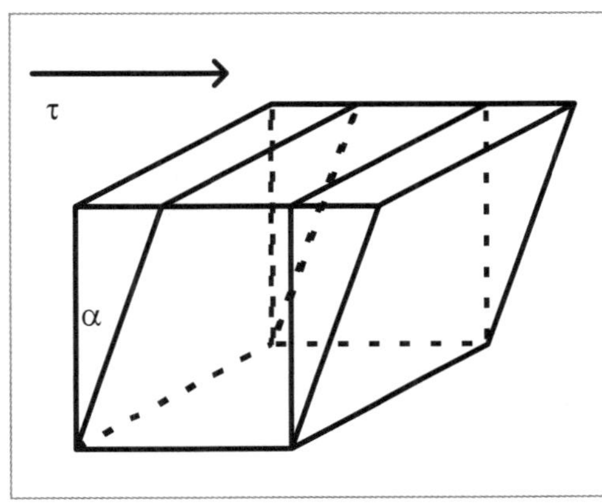

Abb. 2.10: Ein Würfel wird durch Einwirkung einer Schubspannung zu einem Parallelepiped.

Irreversible Veränderungen des Festkörpers treten zum Beispiel bei Dehnungen auf, wenn durch die Einwirkung der Kraft die so genannte Proportionalitätsgrenze, unterhalb derer das Hooke'sche Gesetz gilt, überwunden wird. Erhöht man die Kraft weiter, wird die Elastizitätsgrenze überschritten und bleibende Deformationen sind die Folge. Weitere Verstärkung der Kraft führt dazu, dass der Körper zu fließen beginnt – ähnlich einer zähen Flüssigkeit; letztlich wird er wieder ein wenig fester, verringert seinen Querschnitt deutlich und zerreißt schließlich. **irreversible Veränderungen**

2.11 Spezielle Relativitätstheorie

2.11.1 Die Lichtgeschwindigkeit als Grenzgeschwindigkeit

Lassen Sie uns wieder bei einem bereits bekannten Beispiel starten: Wenn Sie in einem Autobus sitzen, der sich mit 100 km/h bewegt, haben Sie im Bezugssystem Straße eine konstante Geschwindigkeit von 100 km/h. Wenn Sie nun im Bus mit 10 km/h von hinten zum Fahrer laufen, erhöhen Sie Ihre Geschwindigkeit im Bezugssystem Straße auf 110 km/h.

Mit anderen Worten: Geschwindigkeiten sind Vektoren, die sich nach den Regeln der Vektorrechnung einfach addieren lassen; der Summenvektor geht vom Anfangspunkt des ersten zum Endpunkt des zweiten Vektors.

Mit diesem Verfahren sind, konsequent auf immer größere Geschwindigkeiten angewendet, beliebig hohe Geschwindigkeiten denkbar. Bewegt sich die Enterprise mit 90 % der Lichtgeschwindigkeit und benutzt einen Traktorstrahl (für den wir Lichtgeschwindigkeit annehmen), dann wäre die Geschwindigkeit des Traktorstrahls als Ergebnis einfacher Vektoraddition nahezu die zweifache Lichtgeschwindigkeit.

Kann man beliebig hohe Geschwindigkeiten erreichen? Sind entsprechende Experimente durchführbar?

Michelson und Morley

Bereits 1880 haben die amerikanischen Physiker **Michelson** und **Morley** versucht, die Unterschiede der Geschwindigkeiten zweier Lichtstrahlen festzustellen, von denen der eine in Richtung der Bewegung der Erde geschickt wurde, der andere im rechten Winkel zur Erdbewegung.

Der Lichtstrahl normal zur Bewegung der Erde braucht die Zeit $t = 2\,L/c$, um mit Lichtgeschwindigkeit c die Strecke L zweimal zurückzulegen. Der andere Lichtstrahl sollte sich mit den Geschwindigkeiten c+v bzw. c–v bewegen (v die Erdgeschwindigkeit), also die Zeit $L/(c+v) + L/(c-v)$ brauchen. Daraus ergibt sich eine Zeitdifferenz von $\triangle t = \dfrac{L \cdot v^2}{c \cdot c^2}$

Trotz sorgfältiger Versuchsdurchführung wie auch oftmaliger Wiederholung dieses Experimentes (es gehört wahrscheinlich zu den am öftesten überprüften der Physik!) konnte keine Zeitdifferenz festgestellt werden.

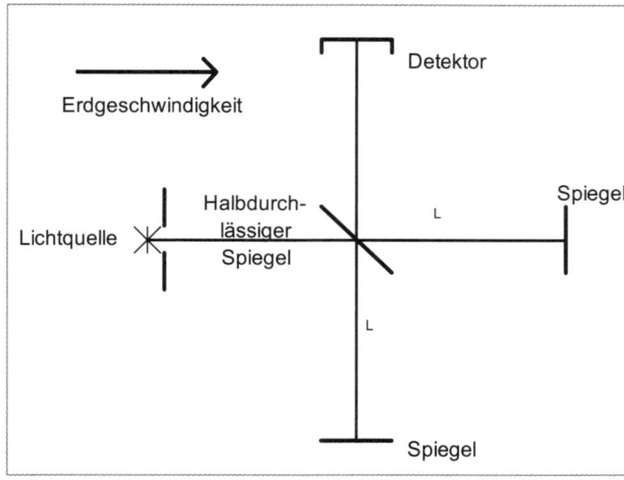

Abb. 2.11: Das Experiment von Michelson und Morley in einer schematischen Darstellung

Albert Einstein
spezielle Relativitätstheorie

Albert Einstein machte das Scheitern des Experimentes zum Ausgangspunkt seiner Überlegungen, die zur Formulierung der **speziellen Relativitätstheorie** führten:

- Die Geschwindigkeit des Lichtes ist in allen Richtungen des Raumes gleich.
- Diese Konstanz der Lichtgeschwindigkeit gilt in allen Bezugssystemen, d. h. es gibt kein ausgezeichnetes System, das zur Messung besser geeignet wäre als andere.

Das Scheitern des Experimentes ist damit vollständig geklärt: Im Bezugssystem Erde bewegt sich Licht in allen Richtungen mit derselben Geschwindigkeit, die Bewegung der Erde ist daher nicht maßgeblich; es kann zwischen den unterschiedlichen Richtungen keine Zeitdifferenz auftreten.

Für unser Raumschiff und den Traktorstrahl bedeutet dies: Es ist sehr wohl möglich, von der Enterprise (die sich mit 90 % der Lichtgeschwindigkeit bewegt) einen Traktorstrahl auszusenden, der mit Lichtgeschwindigkeit voranschreitet. Wenn wir die Geschwindigkeit des Traktorstrahls aber nicht von der Enterprise, sondern von außerhalb messen, dürfen wir ein Bezugssystem (nämlich das von außen) nicht gegenüber einem anderen auszeichnen; von außen schreitet der Traktorstrahl daher maximal mit Lichtgeschwindigkeit voran.

Verwirrt? Offensichtlich widerspricht dies unseren Erfahrungen vollkommen: Wenn wir einem Lichtstrahl mit 90 % der Lichtgeschwindigkeit nachlaufen, bewegt er sich doch mit Lichtgeschwindigkeit von uns weg.

Hier ist der Punkt gekommen, wo Sie Ihre Alltagserfahrungen, die uns bisher eine so wichtige Stütze waren, völlig über Bord werfen müssen. Unsere Alltagserfahrungen beziehen sich auf Alltagsgeschwindigkeiten, auf 5 km/h Gehgeschwindigkeit oder (vielleicht) auf 200 km/h, wenn Sie auf einer Autobahn sehr schnell unterwegs sind. 200 km/h entsprechen 0,05 km/s, das sind 0,00000015 % der Lichtgeschwindigkeit von etwa 300.000 km/s. Das Wissen aus dem Alltag ist bei der Beschäftigung mit so hohen Geschwindigkeiten nicht relevant. Bitte vertrauen Sie in den folgenden Kapiteln der physikalischen Theorie (die wir Ihnen vorstellen wollen) und mathematischen Überlegungen (von denen wir nur die Ergebnisse nutzen werden).

Das bedeutet aber **nicht**, dass – angewendet auf Geschwindigkeiten deutlich kleiner als die Lichtgeschwindigkeit – irgendetwas vom Bisherigen falsch wäre. Die so genannte Newton'sche Mechanik, die wir Ihnen in den vorigen Kapiteln vorgestellt haben, bleibt (als Spezialfall der speziellen Relativitätstheorie für kleine Geschwindigkeiten) weiterhin gültig. Ihr Anwendungsbereich beinhaltet nicht alle Bewegungen, sondern nur jene, deren Geschwindigkeiten unseren Alltagserfahrungen entsprechen.

2.11.2 Längenkontraktion und Zeitdilatation

Die wohl am meisten diskutierten und am heftigsten umstrittenen Implikationen der speziellen Relativitätstheorie möchten wir Ihnen in der Folge darstellen:

Bewegte Uhren gehen langsamer! Stellen Sie sich zwei Bezugssysteme vor, eines ruht, das andere bewegt sich mit einer bekannten Geschwindigkeit. Im ruhenden System befinden sich zwei synchronisierte Uhren, im bewegten System eine Uhr. Es sind spezielle Uhren, statt eines Pendels wird ein Lichtstrahl verwendet, der zwischen zwei Spiegeln reflektiert wird und der jedesmal, wenn er am oberen Spiegel auftrifft, ein Zeitsignal auslöst.

Die folgende Abbildung soll den Zusammenhang zeigen: Vom ruhenden System aus gesehen muss das Licht zwischen den Spiegeln der bewegten Uhr einen deutlich längeren Weg durchlaufen als im ruhenden System. Da die Lichtgeschwindigkeit in allen Systemen gleich ist, braucht das Licht für einen längeren Weg mehr Zeit; vom ruhenden System gesehen erreicht das Licht also den oberen Spiegel der bewegten Uhr später.

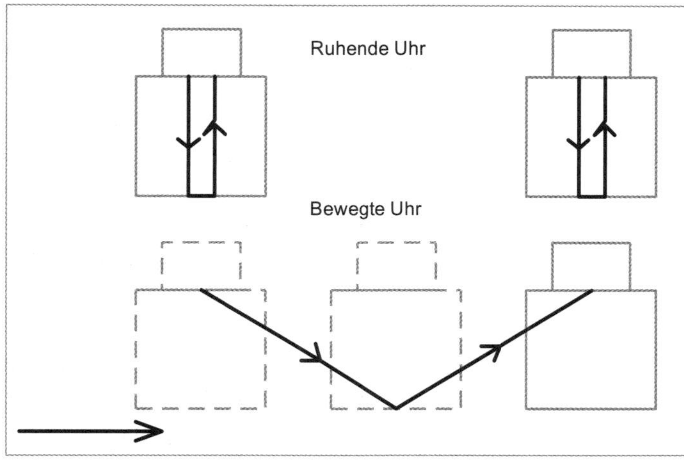

Abb. 2.12: Uhren in ruhenden und bewegten Systemen

Offensichtlich wird die Zeit in bewegten Systemen gedehnt (dilatiert). Wenn sich aber nun ein Beobachter mit der bewegten Uhr mitbewegt, erkennt er das vorher als ruhend bezeichnete System als bewegt, für ihn geht seine Uhr mit der richtigen Geschwindigkeit und die Uhren im anderen System langsamer.

Zeitdilatation

Bezeichnet man mit T die Zeit im ruhenden System, mit T' jene im bewegten System (Geschwindigkeit v), dann gilt: T' = k · T, wobei

$$k = 1 \Big/ \sqrt{1 - v^2/c^2} \geq 1$$

(Dass k größer als 1 ist, kann man sich so überlegen: Wenn v kleiner als c ist, ist der Bruch v/c kleiner als 1, sein Quadrat erst recht und der Term unter der Wurzel daher kleiner als 1. Die Wurzel einer Zahl kleiner als 1 bleibt kleiner als 1, k ergibt sich also als Quotient von 1 im Zähler und einer Zahl kleiner als 1 im Nenner und muss daher größer 1 sein.)

Längenkontraktion

Dieselben Überlegungen wie für die Zeit kann man für Maßstäbe anstellen; es stellt sich dann heraus, dass bewegte Maßstäbe ($\triangle x'$) im Vergleich zu Maßstäben in ruhenden Systemen ($\triangle x$) verkürzt erscheinen (**Längenkontraktion**): $\triangle x' = \triangle x/k$.

Beachten Sie bitte: Alles, was wir für diese Erkenntnis gebraucht haben, waren die Postulate über die Konstanz der Lichtgeschwindigkeit und die Gleichberechtigung der Systeme.

Offensichtlich drückt der Faktor k die Veränderungen zwischen bewegten Systemen und ruhenden Systemen aus. Ist die Geschwindigkeit v klein gegen die Lichtgeschwindigkeit c, wird $k \approx 1$ (weil dann v^2/c^2 winzig klein wird), die relativistischen Effekte treten nicht ein, wir können ohne Fehler die Newton'sche Mechanik verwenden.

Wie sieht es nun mit der Wirkung von Kräften aus? Angenommen, wir üben auf einen Körper ständig eine Kraft aus, dann müsste doch seine Geschwindigkeit ständig zunehmen; auch so sollte also eine Geschwindigkeit höher als die Lichtgeschwindigkeit erreichbar sein. Unsere Forderung war aber, dass die Lichtgeschwindigkeit eine Grenzgeschwindigkeit ist, also unüberschreitbar. Wenn wir immer dieselbe Kraft zuführen, der Körper aber, je näher seine Geschwindigkeit der Lichtgeschwindigkeit ist, immer weniger an Geschwindigkeit zunimmt (beschleunigt), kann das nur bedeuten, dass die Masse des Körpers immer mehr zunimmt. Bezeichnet man die Masse des Körpers in Ruhe mit m_0 (Ruhemasse), die des bewegten Körpers mit m (**relativistische Masse**), gilt: $m = m_0 \cdot k$. Der bewegte Körper hat eine größere Masse.

relativistische Masse

Wie Sie wissen, ist eine Zufuhr von Energie nötig, um einen Körper zu beschleunigen. Je höher seine Geschwindigkeit aber ist, desto größer ist seine Masse. Daraus lässt sich schließen, dass die Zufuhr von Energie stets eine Massenzunahme bedeutet. Eine Masse ist also gleichbedeutend mit einer Energie. Die mathematische Formulierung dieses Satzes findet sich auf den Umschlagseiten vieler Physikbücher: $E = m \cdot c^2$. Ein Körper mit der Geschwindigkeit v und der Ruhemasse m_0 hat die Gesamtenergie $E = m \cdot c^2 = m_0 \cdot k \cdot c^2$.

2.11.3 Phantasie oder Realität?

In Systemen, deren Geschwindigkeiten nahe der Lichtgeschwindigkeit sind, vergeht die Zeit langsamer, Maßstäbe verkürzen sich und Massen vergrößern sich. In unseren Alltagserfahrungen kommen diese Erscheinungen nicht vor, aber sind dies wirklich nur theoretische Ergebnisse von Physikern, die Spaß daran haben, sich mit unrealistischen Geschwindigkeiten zu beschäftigen?

Die Zeitdilatation konnte mit Hilfe von extrem genauen Uhren experimentell nachgeprüft werden; einer ruhenden Uhr auf einem Flugplatz wurde eine in einem Düsenflugzeug bewegte Uhr gegenübergestellt und die theoretischen Vorhersagen bestätigt. Damit sind Erscheinungen wie das Zwillingsparadoxon möglich: Ein Zwilling absolviert einen Raumflug mit nahezu Lichtgeschwindigkeit, seine Zeit vergeht langsamer als die seines Bruders, der die ganze Zeit auf der ruhenden Erde auf ihn gewartet hat. Der raumfahrende Zwilling ist daher bei der Rückkunft jünger.

Die Zeitdilatation kann auch mit Hilfe von Elementarteilchen bestätigt werden: Myonen sind Teilchen, die in der obersten Atmosphäre aus der kosmischen Strahlung entstehen. Sie können auf der Erdoberfläche nachgewiesen werden, obwohl ihre Lebensdauer so kurz ist, dass sie auf dem Weg durch die Atmosphäre zerfallen sollten. Da sie sich jedoch mit nahezu Lichtgeschwindigkeit bewegen, vergeht die Zeit in ihrem bewegten System so langsam, dass sie auf der Erde noch existieren.

Die relativistische Massenzunahme muss in jedem Teilchenbeschleuniger peinlichst beachtet werden: Langsame Elektronen haben so kleine Massen, dass ein herkömmlicher Stabmagnet genügt, um ihre Bahn zu beeinflussen. Wird in Beschleunigern ihre Geschwindigkeit bis nahe an die Lichtgeschwindigkeit gesteigert, sind riesige Elektromagneten notwendig, um die Elektronen auf der gewünschten Bahn zu halten.

Die Äquivalenz von Masse und Energie ist in zwei verheerenden Großversuchen bereits erfolgreich getestet worden; diese Versuche fanden 1945 in Hiroshima und Nagasaki statt. In jedem Atomkraftwerk nutzt man $E = m \cdot c^2$: Wenn Kerne zerfallen, haben ihre Bruchstücke in Summe eine etwas geringere Masse als der zerfallene Kern; diese Massendifferenz wird als Energie dazu verwendet, um Wasser aufzuheizen und mit dem entstehenden Wasserdampf Turbinen zu betreiben (siehe Kap. 1.6).

Die relativistischen Effekte sind also offenbar Realität; im Rahmen unseres Alltags können wir aber ohne weiteres die Ergebnisse der Newton'schen Mechanik heranziehen.

3 Mechanik der Fluide

3.1 Was sind Fluide?

Fluid

Hydro- und Aerostatik
Hydro- und Aerodynamik

Der Begriff „**Fluid**" bezeichnet Materie, die fließen kann. Als Erstes fallen uns hier Flüssigkeiten und Gase ein und genauer wahrscheinlich Wasser und Luft. Wir verwenden hier aber absichtlich als Kapitelüberschrift nicht „**Hydro- und Aerostatik**" bzw. „**Hydro- und Aerodynamik**", denn dann wären wir auf Wasser und Luft begrifflich festgelegt. Selbstverständlich wurde das Verhalten von ruhendem oder strömendem Wasser (bzw. von Luft) experimentell zuerst untersucht, aber es gibt Flüssigkeiten, die sich nicht so verhalten wie Wasser, genauso wie es Gase gibt, die sich nicht wie Luft verhalten. Denken Sie bei Flüssigkeiten z. B. an Ketchup – ohne Schütteln oder Umrühren fließt es nicht von selbst aus der Flasche, aber wenn es einmal fließt, kommt leicht zu viel heraus. Wasser verhält sich da ganz anders. Eine andere Art Fluid wäre ein Plasma, d. h. ein ionisiertes Gas, das aus einem Gemisch von Elektronen, Ionen und neutralen Teilchen besteht. Plasmen verhalten sich in gewisser Hinsicht anders als Luft. Sie können z. B. ein Plasma in einem inhomogenen Magnetfeld einsperren, aber bei Luft wird Ihnen das nicht gelingen. Um nicht auf Luft und Wasser beschränkt zu sein, nennen wir das Kapitel „Mechanik der Fluide", auch wenn wir die speziellen Eigenschaften von z. B. Plasmen hier nicht behandeln.

Flüssigkeiten und Gase sind als strömungsfähige Medien ähnlich, aber sie haben wichtige Unterschiede in ihren physikalischen Eigenschaften, die zu unterschiedlichem Strömungsverhalten bzw. auch zu unterschiedlichem statischem Verhalten führen. Flüssigkeiten haben definierte Oberflächen bzw. ein definiertes Volumen, während Gase beides nicht haben. Gase sind leicht komprimierbar (siehe Kap. 4.7) und haben eine geringe Dichte. Flüssigkeiten sind viel schwerer komprimierbar (bei flüssigem Wasser brauchen Sie den 21.000fachen Druck, um die gleiche Volumenänderung zu erzielen wie bei Wasserdampf) und sie haben eine größere Dichte. Die Dichte z. B. von Wasser bei 20 °C ist um 1250-mal größer als die von Wasserdampf. Weiter unten werden wir noch sehen, dass Gase auch eine viel kleinere Zähigkeit haben als Flüssigkeiten (um das 100- bis 1000fache), die noch dazu auf unterschiedlichen Ursachen beruht.

3.2 Allgemeines zum Druck in Fluiden

Druck

Die allgemeinste Definition von **Druck** ist Kraft (F) pro Fläche (A). Genauer meint man hier mit „Kraft" diejenige Komponente der Kraft, die normal zur Fläche wirkt. Im SI System hat Druck (p) die Einheit Pascal.

$$p = \frac{F}{A}; \quad 1\,\text{Pa} = 1\,\text{N/m}^2$$

(N steht für Newton, die Einheit von Kraft). Eigentlich sollten wir ganz allgemein nur SI-Einheiten verwenden, damit wir uns beim Rechnen leichter tun, aber für Drücke in unserer Umgebung ist Pascal eine unpraktische Einheit, da sie klein ist und wir auch bei ganz normalen Drücken mit recht großen Zahlen hantieren müssten. Der **Standarddruck** für Laboranwendungen beträgt 10^5 Pa, was in etwa dem mittleren Luftdruck bei 20 °C auf Meeresniveau entspricht (1,013 bar; s. u.). Im Alltag verwenden wir lieber eine andere Einheit, nämlich das **Bar** (bar) bzw. die Atmosphäre (atm). Wenn Sie an der Tankstelle den Druck der Reifen Ihres Autos kontrollieren, ist die Anzeige des Manometers eher in Bar oder „atü" (Überdruck in Atmosphären gegenüber dem äußeren Luftdruck). Die Angaben auf alten Quecksilber- oder Dosenbarometern zeigen den Luftdruck in **Torr** an. 1 Torr entspricht dem hydrostatischen Druck (siehe Kap. 3.3.1) einer Quecksilbersäule mit 1 mm Höhe. In Torr ausgedrückt beträgt der Luftdruck auf Meeresniveau (bei 20 °C) 760 Torr. Fassen wir diese Definitionen einmal zusammen:

(Randbegriffe: **Standarddruck**, **Bar**, **Torr**)

$$1\,\text{bar} = 1\,\text{atm} = 10^5\,\text{Pa}$$

Ob der normale Luftdruck ein großer oder kleiner Druck ist, können wir uns leicht überlegen. Rechnen wir einmal die Kraft aus, die dieser Luftdruck auf unsere Körperoberfläche ausübt. Bei einer Körperoberfläche von 2 m^2 (hängt natürlich von der Figur ab, aber so zirka stimmt das schon) entspricht dem Luftdruck von 10^5 Pa eine Kraft von 200.000 N. Das ist das Gewicht einer Masse von 20.000 kg! So eine Masse würde uns unter dem Einfluss der Schwerkraft zerquetschen, aber wir haben im Körperinneren genau denselben Druck, also merken wir davon nichts, außer, der Luftdruck ändert sich schneller, als wir uns anpassen können (z. B. beim Landeanflug in einem Flugzeug – dann spüren wir den Druck in den Ohren).

Dieses Beispiel zeigt noch etwas Wichtiges: In vielen Fällen ist nicht der absolute Wert des Drucks interessant, sondern die **Differenz von Drücken**, die auf die beiden Seiten einer Grenzfläche oder Wand

Differenz von Drücken

wirken. Wenn die Differenz gleich null ist, wirkt auf die Wand keine Nettokraft und die Wand „merkt" nichts davon, dass überhaupt ein Druck wirkt.

hydraulische Presse
hydraulische Bremsen

In Flüssigkeiten und Gasen wirkt Druck in alle Richtungen gleich. Auf dieser Tatsache beruhen z. B. die **hydraulische Presse** oder die **hydraulischen Bremsen** von Autos. Sie treten mit dem Fuß mit einer recht kleinen Kraft auf das Bremspedal, und die Bremsen wirken eine so große Kraft aus, dass das Auto stehen bleibt. Hoffentlich wird niemand auf die Idee kommen, ein Auto nur mit dem Fuß stoppen zu wollen! Wieso funktioniert es aber mit Hilfe der Bremse?

Stellen Sie sich vor, Sie haben einen Behälter, der mit Flüssigkeit gefüllt ist. Dieser Behälter hat zwei bewegliche Kolben mit den Flächen A_1 und A_2 (Abb. 3.1). Wenn Sie auf die Fläche A_1 eine Kraft F_1 ausüben, setzen Sie die Flüssigkeit unter den Druck p_1. In der Flüssigkeit wirkt dieser Druck überall gleich, also wirkt auf die andere Fläche (A_2) derselbe Druck p_1. Wenn beide Flächen gleich groß sind, wirkt auf die zweite Fläche die gleiche Kraft wie auf die erste. Wenn allerdings die zweite Fläche viel größer ist als die erste, ergibt sich dort eine viel größere Kraft F_2, und genau das ist das Prinzip der hydraulischen Presse.

$$p_1 = \frac{F_1}{A_1} = \frac{F_2}{A_2} = p_2$$

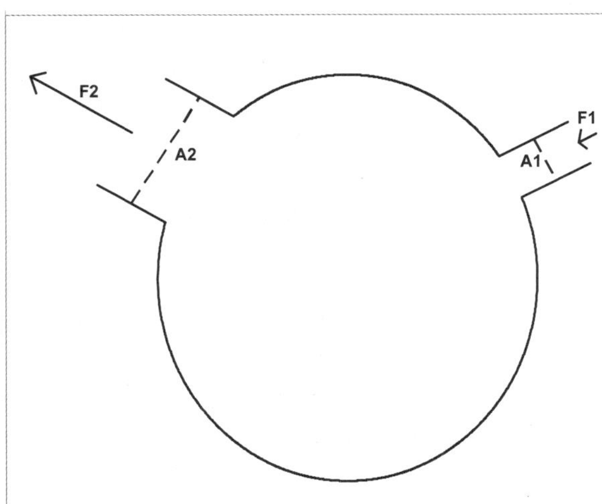

Abb. 3.1: Hydraulische Presse

Bei den Bremsen drückt Ihr Fuß mit einer eher kleinen Kraft auf eine sehr kleine Fläche. Auf der anderen Seite (an den Rädern) ist aber eine sehr große Fläche, und somit wirkt eine sehr große Kraft.

3.3 Der Schweredruck in Fluiden

Wie auf jede Masse wirkt auch auf ein Fluid in einem Schwerefeld eine Schwerkraft. Durch das Gewicht des Fluids entsteht ein Druck auf eine Bodenfläche (oder eine andere Probefläche im Inneren des Fluids), der von der Masse Fluid abhängt, die auf dieser Fläche lastet. Hier müssen wir aber zwischen den nahezu inkompressiblen Flüssigkeiten und den gut kompressiblen Gasen unterscheiden. Wir nehmen weiter an, dass sich das Fluid in einem Behälter befindet, der verhindert, dass das Fluid unter dem Einfluss der Schwerkraft einfach auseinander rinnt. So ein Behälter kann klein sein wie ein Fingerhut oder groß wie ein Ozeanbecken, aber vorhanden muss er sein. Für den Schweredruck der Atmosphäre brauchen wir keinen Behälter – hier bedeckt die Atmosphäre die gesamte Erdoberfläche und kann natürlich nicht seitlich auslaufen.

3.3.1 Der Schweredruck in inkompressiblen Fluiden

Man kann sich recht leicht vorstellen, wie es zum **Schweredruck** oder **hydrostatischen Druck**, d. h. dem Druck in ruhenden Flüssigkeiten kommt. „Hydro" deutet zwar auf Wasser hin, aber in diesem Punkt unterscheiden sich Flüssigkeiten nicht voneinander. Wichtig ist hier nur, dass das Fluid **inkompressibel** ist. Kompressible Fluide werden im nächsten Abschnitt (3.3.2) behandelt.

inkompressible Fluide

Zerlegen wir in Gedanken eine dünne zylindrische Wassersäule in irgendeinem Behälter in viele kleine horizontale Schichten (Abb. 3.2). Jede dieser Schichten enthält eine Masse Wasser, das unter dem Einfluss der Schwerkraft auf die Schicht darunter drückt. Gehen wir von der Oberfläche aus schrittweise von einer Schicht zur nächsten, so drücken immer mehr Massen auf die gerade aktuelle unterste Schicht. Wasser ist kaum kompressibel, also bleibt das Volumen und somit die Höhe der einzelnen Schichten praktisch konstant. Man kann daher die Beiträge der einzelnen Schichten aufsummieren und die Gesamthöhe der Wassersäule aus der Summe der Höhen der kleinen Schichten berechnen. Wenn man das tut, so erhält man für eine Flüssigkeit mit Dichte ρ den **hydrostatischen Druck** bzw. **Schweredruck** p in der Tiefe h als

hydrostatischer Druck
Schweredruck

$$p = \rho g h$$

(g steht für die Schwerebeschleunigung der Erde, d. h. $g = 9{,}81\ m/s^2$. Für Überschlagsrechnungen können wir ruhig $g = 10\ m/s^2$ annehmen).

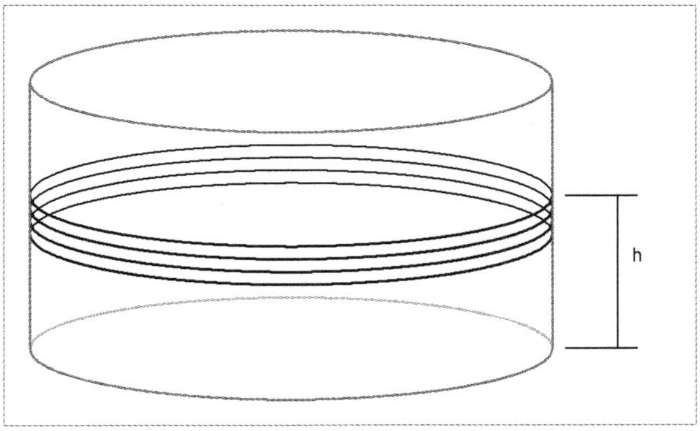

Abb. 3.2: Zur Entstehung des hydrostatischen Druckes

Man kann sich aus der Höhe einer Flüssigkeitssäule leicht ausrechnen, welcher Druck am Boden herrscht. Für Wasser ($\rho = 1000\ kg/m^3$) nimmt der Druck pro 1 m Tiefe um $\triangle p = (1000 \cdot 10 \cdot 1 = 10.000)$ Pa zu. Zehn Meter Wassersäule entsprechen einem Druck von 1 bar, d. h. je 10 m Tiefe nimmt der Druck um 1 bar zu. Wenn Sie gerne tauchen, wissen Sie wahrscheinlich, dass der Druck „in den Ohren" (d. h. auf die Trommelfelle) recht schnell weh tut, wenn Sie nicht beim Hinuntertauchen immer wieder einen Druckausgleich machen (Nase zuhalten und in die zugehaltene Nase hineinschnauben; dadurch erhöhen Sie den Druck im Mittelohr, und das Trommelfell wird entlastet. Ist zwar nicht sehr appetitlich, aber unter Wasser sieht's ja keiner …).

hydrostatisches Paradoxon

Der Druck am Boden eines mit Flüssigkeit gefüllten Gefäßes hängt nur von der Füllhöhe ab, aber nicht von der Form des Gefäßes. Dieses Phänomen wird oft **hydrostatisches Paradoxon** genannt, aber wenn man den Schweredruck kennt, ist es gar nicht mehr so paradox. In allen miteinander verbundenen Röhren steht Flüssigkeit gleich hoch (vom tiefsten Punkt aus gerechnet). Das trifft sowohl auf die Weltmeere zu als auch auf das Wasser im Siphon im Badezimmer, das die üblen Gerüche aus dem Kanalsystem von uns fernhält. Gut, dass es den Schweredruck gibt …

3.3.2 Der Schweredruck in Gasen

Auch in Gasen im Schwerefeld nimmt der Druck mit der Dicke der darüber liegenden Gasschicht zu. Gase sind aber leicht kompressibel, und so nehmen die Schichtdicken der gedachten Gassäule mit zunehmender Zahl der darüber liegenden Schichten ab, da der zunehmende Druck das Gas immer mehr komprimiert. Der Schweredruck kann nicht mehr einfach durch Aufsummieren berechnet werden, sondern man muss eine Differenzialgleichung lösen.

Luftdruck barometrische Höhenformel

Für die Atmosphäre der Erde wird der **Luftdruck** p in der Höhe h über der Oberfläche durch die **barometrische Höhenformel** angegeben

$$p(h) = p_0 \exp\left(-\frac{\rho_0}{p_0} g\, h\right)$$

Schweredruck

wobei p_0 den Druck und ρ_0 die Luftdichte (1,2 kg/m^3 bei 20 °C) am Erdboden bezeichnen (Abb. 3.3) Der **Schweredruck** in jedem anderen Gas in einem Schwerefeld kann ebenfalls mit der oben genannten Formel berechnet werden.

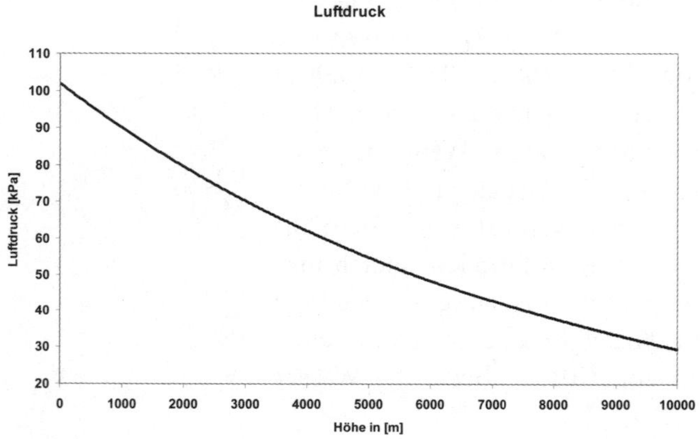

Abb. 3.3: Abnahme des Luftdrucks mit zunehmender Höhe in der Atmosphäre

Diese Form der barometrischen Formel gilt aber nur, wenn man annimmt, dass die Temperatur in jeder Höhe konstant ist. Wie Sie wissen, stimmt das aber nicht. Sie waren sicher schon einmal im Sommer auf einem Berg und haben festgestellt, dass es oben erfreulich kühler ist als in der Ebene unten. Temperaturen werden in der Thermodynamik immer in Kelvin genommen (0 °C entspricht 273,16 K; Kap. 4.3), daher ist es aber zumindest bei relativ kleinen Höhendifferenzen nicht so schlimm, T = const. anzunehmen. Wenn die Temperatur auf Meeresniveau z. B. 30 °C und am küstennahen Berg 20 °C beträgt, so ist das in Kelvin gerechnet nur ein Unterschied von ca. 3 %.

Wenn Sie wissen wollen, wie sich der Luftdruck ändert, wenn Sie z.B. im Gebirge um ein paar hundert Meter höher steigen, können Sie das entweder auf einem GPS-System ablesen, nach der barometrischen Höhenformel ausrechnen (das geht aber nicht ohne Taschenrechner, und wer hat schon immer einen im Rucksack?) oder zur Abschätzung die „Daumenregel" verwenden, dass in den untersten 4000 m der Atmosphäre sich der Druck pro 100 m um ca. 1 %

ändert. Für Europa reicht diese Regel aus, denn sehr viele Viertausender haben wir hier ja nicht.

Die Luft ist kompressibel, aber was wäre, wenn sie es nicht wäre? Wie hoch wäre dann die Atmosphäre? Die Luft hätte dann in jeder Höhe die gleiche Dichte (1,2 kg/m^2). Mit der Formel für den hydrostatischen Druck ($p = \rho \cdot g \cdot h$) ergibt sich als Höhe der Luftsäule, die einen Bodendruck von 100 000 Pa erzeugt, 8300 m. Unsere Alpen wären noch in der Atmosphäre, aber der Mt. Everest (8846 m) würde aus der Atmosphäre herausstehen wie eine Insel. Zum Bergsteigen im Himalaja müsste man einen Astronautenanzug tragen, und das wäre doch recht beschwerlich. In Wirklichkeit beträgt der Luftdruck am Mt. Everest immerhin noch ca. 340 mbar.

3.4 Der statische Auftrieb in Fluiden

statischer Auftrieb

Der Schweredruck in Fluiden ruft den **statischen Auftrieb** hervor, den Sie sicher kennen. Jede/r von uns war schon einmal baden (ob in einer Badewanne oder in einem See spielt keine Rolle). Im Wasser fühlen wir uns viel leichter, obwohl die Schwerkraft sicher gleich wirkt und wir auch keine Masse verlieren. Wenn wir im Wasser auf eine Waage steigen würden, hätten wir nur sehr wenig Gewicht (abhängig davon, wie weit uns das Wasser steht).

Auftriebskraft

Sehen wir uns den Auftrieb anhand eines Metallwürfels an, denn der hat eine einfachere geometrische Form als ein Mensch. Wenn der Würfel ganz von Wasser umgeben ist, liegt seine obere Fläche etwas näher an der Wasseroberfläche als die untere (Abb. 3.4). Auf die Oberseite des Würfels wirkt daher ein kleinerer hydrostatischer Druck als auf die Unterseite. Druck ist aber als Kraft pro Fläche definiert, also wirkt auf die Oberseite des Würfels eine kleinere Kraft als auf die untere. Für den Würfel sieht es so aus, als drücke ihn eine Kraft hinauf – die **Auftriebskraft**. Da die Auftriebskraft „nach oben" zeigt, ist ihre Richtung der Gewichtskraft („nach unten") entgegengesetzt, sodass die Gewichtskraft scheinbar um die Auftriebskraft verringert wird. Auf die Seitenflächen des Würfels wirkt natürlich auch ein (tiefenabhängiger) Druck, aber dieser Druck ist von vorne gleich groß wie von hinten und von rechts so stark wie von links. Das heißt aber nicht, dass keine Kräfte wirken – Tauchboote müssen ganz ordentliche Kräfte von allen Seiten aushalten, sonst werden sie in großen Wassertiefen zerquetscht.

In Wasser können wir schwimmen, in Luft aber nicht. Luft ist aber auch ein Medium, das unter Schweredruck steht (der Luftdruck von

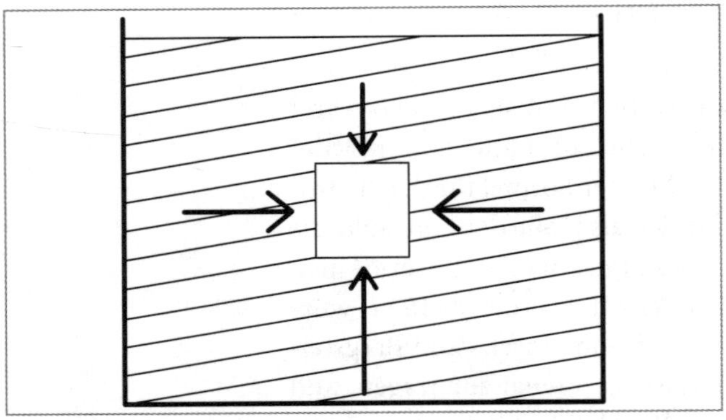

Abb. 3.4: Zur Entstehung des Auftriebs in einem Medium unter Schweredruck

Auftriebskraft

1 bar ist sogar sehr groß), also wirkt auch in Luft auf uns eine Auftriebskraft, die aber sehr klein ist. Der Grund ist einfach: Die **Auftriebskraft** F_A hängt von der Dichte ρ_m des Mediums, der Schwerebeschleunigung g und dem Volumen V_K des Körpers ab

$$F_A = -g\,\rho_m\,V_K$$

Das Minuszeichen zeigt an, dass die Kraft entgegen der Schwerkraft wirkt.

Da die Dichte von Luft (1,2 kg/m^3) sehr viel kleiner ist als die Dichte von Wasser (1000 kg/m^3), ist auch die Auftriebskraft in Luft ca. 1000-mal kleiner als die in Wasser. Das Gewicht, das wir z. B. auf der Badezimmerwaage messen, ist um den Auftrieb verringert, aber halt nur um ein paar zehntel Newton (bzw. bei Massenanzeige: Dekagramm). Bei genauen Wägungen muss man allerdings immer den Auftrieb in Luft mit berücksichtigen, sonst sind die Messwerte für die Massen zu klein.

Die Gesamtkraft F_{ges}, die auf einen Körper der Masse m und Dichte ρ_K in einem Medium im Schwerefeld wirkt, ist die Summe aus Gewichtskraft G und Auftriebskraft F_A (immer mit den richtigen Vorzeichen). Da die Masse des Körpers das Produkt aus Volumen V_K und Dichte ρ_K ist, kann man die Gesamtkraft schreiben als

$$F_{ges} = G + F_A = g\,\rho_K V_K - g\,\rho_m V_K = g\,V_K(\rho_K - \rho_m)$$

In welche Richtung wirkt die Gesamtkraft? Das kommt auf die Zahlenwerte der Dichten an. Ist $\rho_K > \rho_m$, dominiert die Schwerkraft und der Körper sinkt im Medium zu Boden. Wenn $\rho_K = \rho_m$, dann ist die Gesamtkraft null und der Körper kann in jeder Tiefe „schweben". Wenn $\rho_K < \rho_m$, dann wirkt die Kraft nach oben und der Körper steigt auf und schwimmt an der Oberfläche. Dabei taucht er gerade so weit ins Wasser ein, dass der Auftrieb auf dieses eingetauchte Volumen genau dem Gewicht des Körpers entspricht.

archimedisches Prinzip

Das **archimedische Prinzip** beschreibt den Auftrieb. Ein Körper erfährt in einem Medium (im Schwerefeld) eine Auftriebskraft, die gleich ist der Gewichtskraft der von ihm verdrängten Menge des Mediums. Da sich Masse und Gewicht (zahlenmäßig!) nur um den Faktor g (Schwerebeschleunigung) unterscheiden, kann man auch von „verdrängten Massen" sprechen. Bei Booten ist z. B. die „Wasserverdrängung" in Tonnen (Einheit von Masse) angegeben und nicht in Newton.

Holz hat eine geringere Dichte als Wasser, also schwimmt es. Eisberge schwimmen auch, da die Dichte von Eis geringer ist als die von Wasser (Dichte von Meerwasser: 1030 kg/m^3, Dichte von Eis ca. 900 kg/m^3). Sie tauchen aber so tief ein, dass nur ca. 10 % (der Unterschied zwischen den Dichten) über das Wasser ragen und der größte Teil unter Wasser und damit nicht sichtbar ist (denken Sie an die Titanic).

Am Schluss möchten wir Sie auf einen Punkt noch einmal hinweisen, da hier oft Missverständnisse entstehen. **Auf jeden Körper in einem Medium im Schwerefeld wirkt Auftrieb** – egal, ob der Körper schwebt, aufsteigt wie z. B. ein Heißluftballon oder absinkt und am Boden liegt wie ein Stein. Wenn die Auftriebskraft kleiner ist als die Gewichtskraft, muss der Körper absinken, aber die Auftriebskraft wirkt trotzdem.

3.5 Stromlinienbilder

Beim nächsten Spaziergang entlang eines Baches oder Flusses sehen Sie sich einmal die Wasseroberfläche genau an. Da treiben Grashalme, Hölzchen oder Blätter, die von der Strömung mitgenommen werden. Eventuell sehen Sie auch ein Boot, das antriebslos den Fluss hinuntertreibt. Wenn Sie die Bahn eines solchen „Treibguts" verfolgen und im Geist mit einer Linie verbinden, erhalten Sie eine **Stromlinie**. In der freien Strömung sind die Bahnen meist recht glatt, aber hinter Steinen oder Brückenpfeilern bilden sich oft Wirbel, in denen Hölzchen etc. „gefangen" sind. Sie treiben dort einige Zeit herum, bevor sie in die eigentliche Strömung zurückkommen und weitergetragen werden.

Stromlinie

In der Fluidphysik spielen Stromlinienbilder eine wichtige Rolle, da man mit ihnen Strömungen sehr anschaulich darstellen kann. Nehmen wir an, wir können ein kleines Volumen des Fluids markieren.

Eine Stromlinie entspricht der Bahn dieses Volumens in der Strömung. Zur Berechnung von Stromlinienbildern müsste man für sehr viele Punkte der Bahn die Geschwindigkeit als Vektor berechen. Die Stromlinie ergibt sich dann als Tangente an alle diese Vektoren. Qualitativ sind Stromlinienbilder viel leichter zu zeichnen. Dort, wo die **Strömungsgeschwindigkeit größer** ist, liegen die **Stromlinien dichter** nebeneinander als in Gebieten mit kleiner Geschwindigkeit.

Strömungen können im Prinzip auf zwei Arten verlaufen, laminar und turbulent. Bei **laminaren** Strömungen (laminar: geschichtet) sind die Bahnen der Fluidvolumina glatt und verlaufen die Stromlinien nebeneinander, ohne sich zu überkreuzen (Abb. 3.5). Diese Art Strömung kann man in Gedanken in einzelne Schichten zerlegen, die aneinander vorbeigleiten und sich nicht vermischen oder verwirbeln. Wenn Wirbel auftreten, so ist die Strömung **turbulent**. Im Stromlinienbild erkennt man das daran, dass sich die Stromlinien überschneiden und durcheinandergehen (Abb. 3.6).

laminar

turbulent

Laminare Strömungen lassen sich leicht berechnen, aber bei turbulenten Strömungen wird es sehr schwierig.

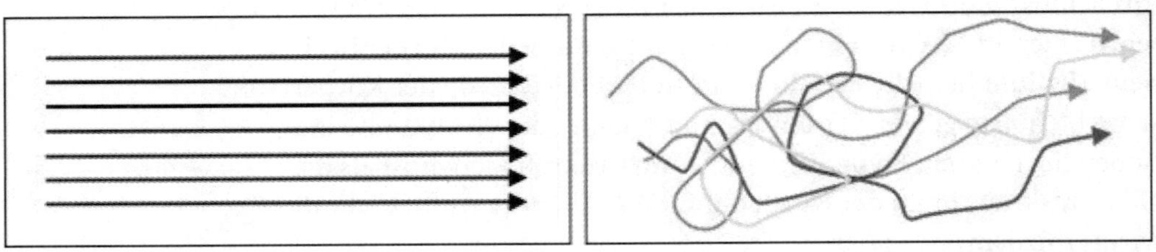

Abb. 3.5 und 3.6: Stromlinienbild einer laminaren (links) und einer turbulenten Strömung (rechts)

3.6 Reibungsfrei strömende Fluide

Zähe Flüssigkeiten sind uns allen bekannt. Haben Sie schon einmal versucht, dicken Honig umzurühren? Dafür ist viel mehr Kraft nötig, als z. B. um Kaffee umzurühren, aber beim Umrühren von Luft in einer leeren Kaffeetasse merken Sie sicher nicht, dass dazu Kraft nötig ist. Jetzt vernachlässigen wir aber einmal die Zähigkeit und betrachten reibungsfreie Fluide. In der Praxis haben wir natürlich immer mit mehr oder weniger Reibung zu tun.

3.6.1 Die Kontinuitätsgleichung

Eigentlich ist uns die Kontinuitätsgleichung aus der Erfahrung bekannt. Wenn Wasser durch eine Röhre strömt, die kein Leck und keinen weiteren Zufluss hat, so muss pro Zeit durch jeden Teil der

Röhre gleich viel Wasser durchströmen. Durch eine enge Stelle muss das Wasser daher schneller fließen als durch eine weite Stelle. Auch von Flüssen kennen wir das: Wenn das Flussbett eng und seicht wird, strömt das Wasser sehr schnell, während es an tieferen oder breiteren Stellen gemächlich strömt.

Wenn wir jetzt „Wassermenge pro Zeit" anders formulieren, erhalten wir die **Kontinuitätsgleichung**. Wenn ein Fluid durch eine Röhre strömt, deren Querschnittsfläche an verschiedenen Stellen unterschiedlich ist, so verhalten sich die Strömungsgeschwindigkeiten v umgekehrt proportional wie die Querschnittsflächen, d. h. also

Kontinuitätsgleichung

$$\frac{v_1}{v_2} = \frac{A_2}{A_1} \quad \text{bzw.} \quad A_1 v_1 = A_2 v_2 = \frac{V}{t} = \text{const.}$$

Hier bezeichnen v_1 und v_2 die Strömungsgeschwindigkeiten an den Stellen mit Querschnittsfläche A_1 und A_2 (Abb. 3.7). Das Produkt aus Fläche und Geschwindigkeit entspricht einem Volumenstrom (d. h. Volumen V pro Zeit t).

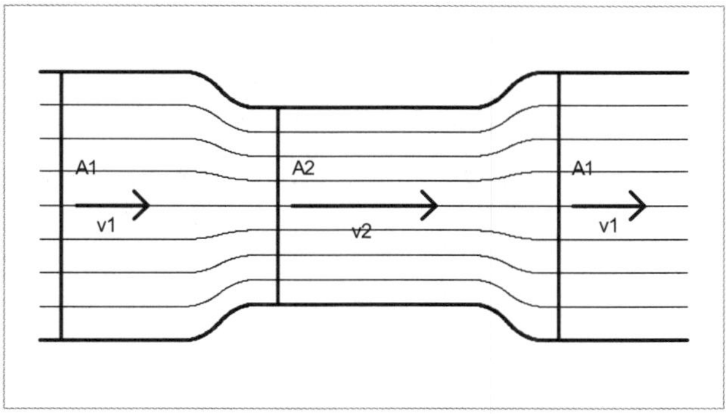

Abb. 3.7: Strömung einer idealen Flüssigkeit durch eine Röhre mit einer Verengung

3.6.2 Die Bernoulli-Gleichung

Im Kapitel 2.8 haben wir den Satz von der Erhaltung der Energie kennengelernt. In einem abgeschlossenen System bleibt die Energie konstant. Wie sieht das bei einer strömenden Flüssigkeit aus? Wenn ein Volumen V eines Fluids unter einem Druck p steht, so entspricht diesem Druck eine **Druckenergie** pV. Strömende Fluide haben **kinetische Energie** ($mv^2/2$, wenn m die Masse und v die Strömungsgeschwindigkeit bezeichnet), und im Schwerefeld kommt noch die **potenzielle Energie** $m \cdot g \cdot h$ dazu (mit der Schwerebeschleunigung g und der Höhe h). Ersetzen wir jetzt die Masse m durch ρV (ρ bezeichnet die Dichte), so können wir den Energiesatz so schreiben:

Druckenergie
kinetische Energie

potenzielle Energie

$$pV + \frac{\rho V\, v^2}{2} + \rho V g\, h = \text{const.}$$

Bernoulli-Gleichung

In dieser Gleichung kommt V in jedem Term vor, also dürfen wir durch V kürzen und erhalten die bekannte **Bernoulli-Gleichung**

$$p + \frac{\rho\, v^2}{2} + \rho g h = \text{const.}$$

Üblicherweise wird der erste Term als **statischer Druck** und der zweite als **dynamischer Druck** bezeichnet. Den **hydrostatischen Druck** oder **Schweredruck** (dritter Term) kennen wir schon (Abschnitt 3.3.1).

Die Bernoulli-Gleichung ist also ein Spezialfall des Energieerhaltungssatzes. Es kommt öfter vor, dass hinter einer physikalischen Formel oder einem „Satz“ eigentlich „nur“ die Energieerhaltung (oder ein anderer Erhaltungssatz) steckt. Trotzdem ist es vernünftig, die abgeleiteten Aussagen zu kennen, denn man sieht an ihnen leichter, welche Folgerungen daraus gezogen werden können. Mit der Bernoulli-Gleichung kann man viele Phänomene erklären, die auf den ersten Blick unverständlich bzw. widersprüchlich erscheinen. Sehen wir uns ein paar davon an.

hydrodynamisches Paradoxon

Eines ist das **hydrodynamische Paradoxon** (der Name allein sagt nicht viel aus). Sie haben den Versuch dazu vielleicht schon einmal gesehen. Man nimmt eine waagrechte Röhre, in der eine Verengung eingebaut ist. Die Röhre hat am weiten und am engen Bereich Steigrohre angebracht. Wenn Wasser durch die Röhre fließt, steigt es in den Steigrohren so hoch, dass der Schweredruck der Wassersäule genau den Wanddruck im Rohr ausgleicht. An der engen Stelle fließt das Wasser schneller (siehe Kontinuitätsbedingung), und eigentlich würde man erwarten, dass dort ein größerer Wanddruck herrscht. Das ist aber nicht so – im Steigrohr an der Engstelle steigt das Wasser weniger hoch als im anderen (Abb. 3.8). Das sieht beim ersten Hinsehen wirklich paradox aus, denn der dynamische Druck nimmt doch mit v^2 zu?

Sehen wir uns die Bernoulli-Gleichung genau an. Die Summe der Drücke muss an beiden Stellen gleich groß sein. Da die Röhre waagrecht liegt, fällt der Schweredruck weg, denn auf beiden Seiten steht das gleiche h. Damit die Summe der Drücke auf beiden Seiten gleich ist, muss dort, wo die größere Geschwindigkeit auftritt, der kleinere statische Druck p sein, also kann dort die Wassersäule nicht so hoch steigen.

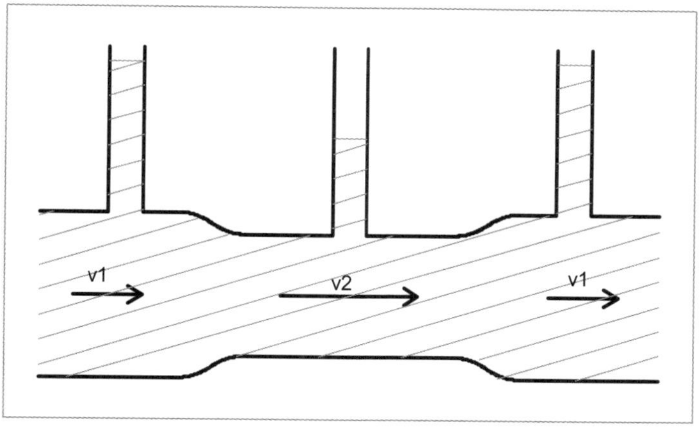

Abb. 3.8: Zum hydrodynamischen Paradoxon. Der Druck der Flüssigkeit ist bei größerer Geschwindigkeit geringer.

Sie meinen jetzt vielleicht, das hydrodynamische Paradoxon ist für das tägliche Leben nicht so interessant, denn wen (außer Installateure, die Rohre verlegen) interessiert schon der Druck in einem Rohr mit Verengungen? Sie haben Recht, sehr aufregend sind die Druckverhältnisse in einer Röhre nicht, aber das Prinzip „größere Geschwindigkeit, kleinerer statischer Druck" hat sehr wichtige andere Anwendungen.

3.6.3 Der dynamische Auftrieb

Auch der dynamische Auftrieb kann mit der Bernoulli-Gleichung erklärt werden. Ohne ihn würden Flugzeuge nicht fliegen, Ventilatoren und Propeller nicht funktionieren, Windkraftwerke und die Turbinen in Laufkraftwerken keinen Strom liefern oder Schiffsschrauben keinen Vortrieb geben. Dass Segelboote und Windsurfer nicht „am Wind" segeln könnten, würde wahrscheinlich einige von uns sehr betrüben.

dynamischer Auftrieb

Der **dynamische Auftrieb** tritt an Tragflügeln (oder Tragflächen) auf, die speziell geformt sein müssen (Abb. 3.9). Nehmen wir als Fluid jetzt der Einfachheit halber Luft, aber jedes andere Fluid ist auch möglich. Wenn Luft eine Tragfläche im richtigen Winkel anströmt, ist der Weg, den ein Luftelement entlang der Flügeloberseite nehmen muss, länger als auf der Unterseite. Da die Kontinuitätsbedingung vor und nach der Tragfläche erfüllt sein muss, muss die Luft oben schneller strömen als unten. Dadurch ist der Druck oben kleiner als unten, sodass auf den Tragflügel eine Nettokraft nach oben wirkt – der Flügel (und somit das Flugzeug) erfährt einen Auftrieb.

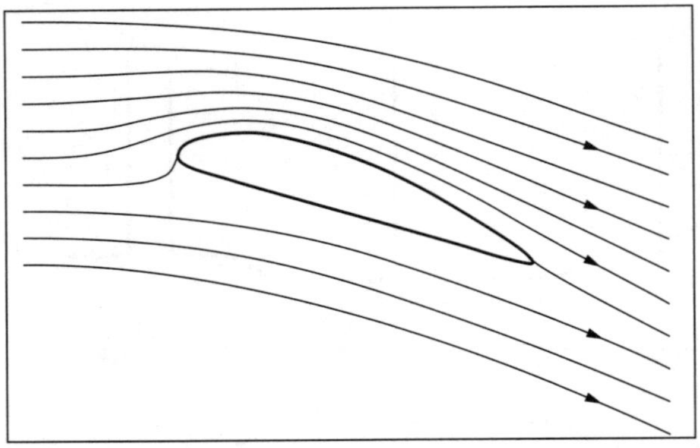

Abb. 3.9: Strömung um Tragflügel

Auftriebskraft

Bei einer Tragflügelfläche A, die mit einer Geschwindigkeit v von Luft (Dichte ρ) angeströmt wird, kann die **Auftriebskraft** F_A mit

$$F_A = \frac{1}{2} c_A \, \rho A \, v^2$$

Auftriebsbeiwert
dynamischer Auftrieb

berechnet werden. Der **Auftriebsbeiwert** c_A hängt vom Anströmwinkel des Tragflügels ab. Dieser **dynamische Auftrieb** unterscheidet sich grundlegend vom statischen Auftrieb. Der statische Auftrieb ist durch die Schwerkraft bedingt und wirkt daher auf der Erde auf jeden Fall. Die Schwerkraft lässt sich nicht abschalten und auch nicht abschirmen, und Antigrav-Antriebe gibt es nur in Science-Fiction-Romanen. Der dynamische Auftrieb wirkt aber *nur dann*, wenn der Tragflügel sich relativ zur Luft *bewegt*. Wird die Geschwindigkeit zu klein, wird der Auftrieb schwächer und das Flugzeug verliert an Höhe. Noch schlimmer ist es, wenn der Flügel „zu steil" in der Strömung steht (Abb. 3.10). Über dem Flügel bzw. in seinem

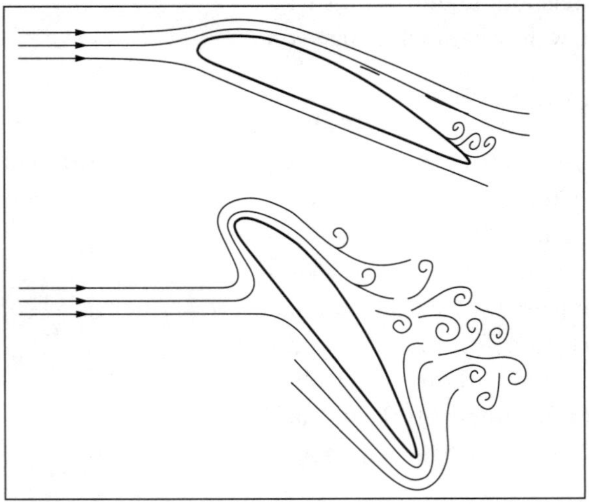

Abb. 3.10: Abriss der Strömung an einem Tragflügel

hinteren Bereich bilden sich Wirbel, die Strömung „reißt ab“ und der Auftrieb bricht zusammen. Wenn in diesem Fall nicht rechtzeitig Gegenmaßnahmen ergriffen werden, stürzt das Flugzeug ab.

3.7 Strömung von realen Fluiden

3.7.1 Zähigkeit

Bisher hatten wir nur reibungsfreie Strömungen betrachtet. Jetzt nehmen wir die Reibung wieder dazu, aber wir beschränken uns zuerst auf Flüssigkeiten.

Zwischen Molekülen in einer **Flüssigkeit** wirken Anziehungskräfte, die **Van-der-Waals-Kräfte** (siehe Kap. 4.11, Thermodynamik). Teilen wir in Gedanken eine Flüssigkeit in zueinander parallele Schichten. Die Van-der-Waals-Kräfte wirken zwischen den Molekülen sowohl innerhalb einer Schicht als auch zwischen Molekülen auf beiden Seiten der gedachten Schichtgrenzen. Wenn die zwei Schichten aneinander vorbeibewegt werden sollen, müssen diese Anziehungskräfte überwunden werden, d. h. man muss Energie aufwenden, um diese **Reibung** zu überwinden. Je stärker die Reibung, desto zäher ist die Flüssigkeit.

Van-der-Waals-Kräfte

Reibung

Lassen wir die zähe Flüssigkeit in einem sehr breiten Strömungskanal strömen, denken sie uns noch immer in kleine Schichten (parallel zum Boden des Kanals) zerlegt und sehen uns eine vertikale Querschnittsfläche entlang der Mittellinie des Kanals an (Abb. 3.11). Die unterste Schicht haftet an der Wand, denn es gibt molekulare Anziehungskräfte zwischen dem Material der Wand und der Flüssigkeit. Die nächste Schicht strömt mit einer kleinen Geschwindigkeit. Die Schicht darüber ist schon schneller, und an der Oberfläche strömt die Flüssigkeit am schnellsten. Es entsteht also ein Geschwindigkeitsgefälle Δv entlang einer Strecke Δz zwischen den Schichten.

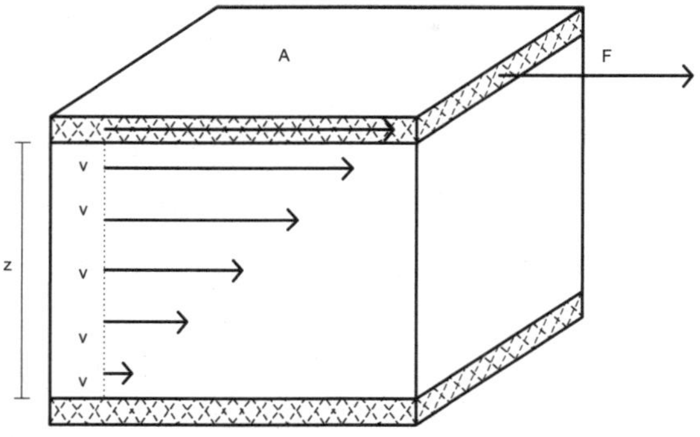

Abb. 3.11: Änderung der Strömungsgeschwindigkeit mit der Entfernung von der ruhenden (unteren) Schicht bei einem zähen Fluid

Üblicherweise wird die Größe „Zähigkeit" über die Schubspannung τ definiert (siehe Kap. 2.9), die nötig ist, um so ein Geschwindigkeitsgefälle aufrecht zu erhalten.

Zähigkeit

Die Definitionsgleichung für die **Zähigkeit** η ist gegeben durch

$$\tau = \frac{F_=}{A} = \eta \frac{\Delta v}{\Delta z}$$

Die Kraft $F_=$ wirkt hier parallel zur Fläche A (so ist Schubspannung τ definiert). Die Einheit der Zähigkeit ist Pascal · Sekunde, also Pa s. Öle sind ziemlich zähe Flüssigkeiten (η liegt je nach Öl in der Größenordnung von 1 Pa s). Asphalt ist noch viel zäher, während Wasser keine besonders große Zähigkeit hat ($\eta = 10^{-3}$ Pa s). Von Öl wissen Sie sicher, dass die Zähigkeit mit steigender Temperatur abnimmt, z. B. wenn Sie Öl in einer Bratpfanne erhitzen. Wenn Sie Öl im Kühlschrank lagern, dann haben Sie sicher schon bemerkt, dass kaltes Öl sehr zähflüssig ist. Die Temperaturabhängigkeit der Zähigkeit von Flüssigkeiten hängt mit der thermischen Bewegung der Moleküle zusammen, die sich bei höherer Temperatur schneller bewegen und daher leichter gegeneinander verschiebbar sind. Die Zähigkeit von **Flüssigkeiten** *sinkt mit steigender Temperatur.*

Gase

Auch **Gase** haben eine **Zähigkeit**, die aber viel kleiner ist als die von Flüssigkeiten (Luft hat bei 20 °C eine Zähigkeit von $1{,}7\ 10^{-5}$ Pa s) und vor allem durch die thermische Bewegung der Gasmoleküle (Kap. 4.9) bedingt ist. Wenn wir ein Gas in Gedanken in Schichten zerlegen, treten laufend Moleküle von einer Schicht in die andere über, da sich alle Moleküle immer in ungeordneter Bewegung befinden. Wenn eine Schicht durch eine äußere Kraft an der anderen vorbeibewegt werden soll, wird der ungeordneten Bewegung eine gerichtete Bewegung überlagert. Molekülen, die aus der ruhenden Schicht in die bewegte übertreten, fehlt diese zusätzliche Geschwindigkeitskomponente, also müssen sie erst auf die Geschwindigkeit der Schicht beschleunigt werden – dazu ist aber eine Kraft nötig. Moleküle, die aus der bewegten Schicht in die ruhende übertreten, entziehen der bewegten Schicht ihren Impuls und geben ihn an die ruhende weiter. Bei höheren Temperaturen sind die Geschwindigkeiten der Moleküle größer, und der Impulsübertrag zwischen den Schichten ist stärker – die Zähigkeit von **Gasen** *steigt mit steigender Temperatur.*

3.7.2 Strömung durch Rohre – Hagen-Poiseuille'sches Gesetz

parabolisches Geschwindigkeitsprofil

Wenn ein zähes Fluid durch eine Röhre strömt, bildet sich in der Röhre ein **parabolisches Geschwindigkeitsprofil** aus (Abb. 3.12).

Ein Fluid strömt nicht „von selbst" durch eine Röhre, d. h. es muss eine bestimmte Druckdifferenz zwischen den beiden Enden der Röhre herrschen. Ob diese Druckdifferenz durch einen äußeren Druck oder bei nicht horizontalen Röhren durch den Schweredruck der Flüssigkeit selbst erzeugt wird, ist nicht wichtig. Der Druck gibt die nötigen Scherkräfte, um das zähe Fluid in Bewegung zu setzen (siehe oben). Die Schicht direkt am Rand bleibt wegen der molekularen Anziehungskräfte an der Wand haften und hat daher die Geschwindigkeit null. Eine weiter innen liegende Schicht wird an dieser Randschicht vorbeibewegt und hat schon eine höhere Geschwindigkeit. Wenn wir im Geist die Röhre in ineinander steckende Fluidzylinder zerlegen, hat das Fluid im innersten Zylinder die größte Geschwindigkeit.

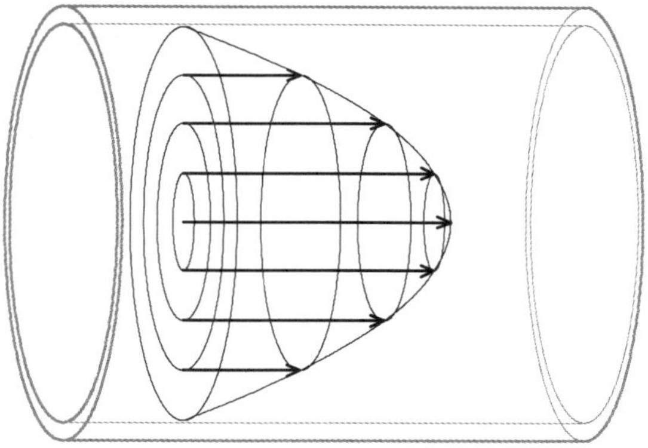

Abb. 3.12: Parabolisches Geschwindigkeitsprofil bei der Strömung eines zähen Fluids durch eine Röhre

Die Gesamtmenge V an Fluid, die pro Zeit t durch eine Röhre mit Innenradius r fließen kann, hängt vor allem von diesem Radius ab. Dazu kommen noch Abhängigkeiten von der Druckdifferenz $\triangle p$, der Zähigkeit η und der Länge l der Röhre.

$$\frac{V}{t} = \frac{\pi \cdot \Delta p}{8\eta l} \cdot r^4$$

Hagen-Poiseuille'sches Gesetz

Diese Formel (das **Hagen-Poiseuille'sche Gesetz**) ist für uns alle sehr wichtig. Blut ist eine zähe Flüssigkeit, wenn es sich auch nicht ganz so wie Wasser verhält (seine Zähigkeit sinkt nämlich mit zunehmender Strömungsgeschwindigkeit, während die Zähigkeit von Wasser nicht von der Strömungsgeschwindigkeit abhängt). Eine kleine Veränderung im Radius einer Röhre gibt eine erhebliche Veränderung in der Menge Fluid, das pro Zeit durchströmen kann. Wenn der Innenradius der Röhre halbiert wird, geht nur mehr $1/2^4$ also 1/16 des ursprünglichen Volumens pro Zeit durch die Röhre –

das ist eine enorme Verringerung! Wenn z. B. Blutgefäße durch Ablagerungen etwas enger werden, fließt entweder weniger Blut durch, was zu Unterversorgung des Gewebes mit Sauerstoff führen kann, bzw. es wird ein höherer Druck nötig, um die gleiche Blutmenge durch zu befördern. Beide Alternativen sind auf die Dauer nicht gut.

3.7.3 Der Widerstand auf bewegte Körper in Fluiden

Wenn ein Körper (und jetzt nehmen wir einen starren, d. h. nicht verformbaren Körper) von einem Fluid umströmt wird, so müssen die Partikel des Fluids diesem Hindernis ausweichen. Im Stromlinienbild (Abb. 3.13) sehen wir dann, dass die Stromlinien um den Körper herumgehen. Bei laminarer Strömung lassen sich die Stromlinien gut verfolgen, während sie sich bei turbulenter Strömung hinter dem Hindernis ziemlich durcheinander bewegen. In beiden Fällen müssen Fluidelemente dem Körper ausweichen. Seitlich des Körpers ist die Geschwindigkeit der Elemente am größten (die Stromlinien sind zusammengedrückt). Es bildet sich also ein Geschwindigkeitsgefälle zwischen der Strömung nahe dem Körper und der von der Anwesenheit des Körpers nicht mehr gestörten Strömung („weit weg“).

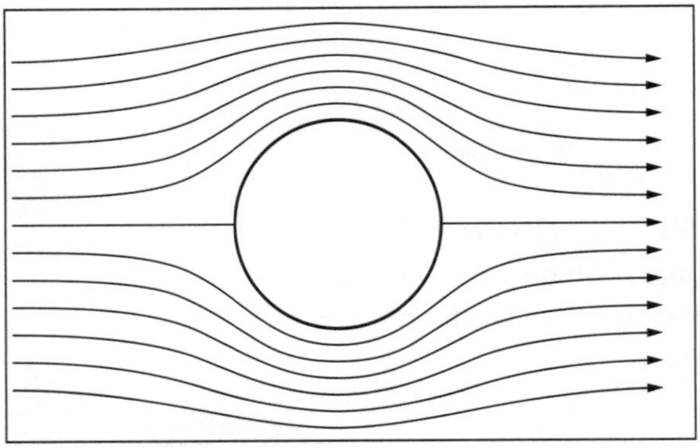

Abb. 3.13: Laminare Strömung um eine Kugel

Bei einer laminaren Strömung muss bei der Umströmung des Körpers nur Energie zur Überwindung der molekularen Anziehungskräfte aufgewendet werden. Der Strömungswiderstand auf einen Körper bei laminarer Umströmung hängt daher von der Zähigkeit η des Fluids ab. Auf eine Kugel mit Durchmesser d, die von einem zähen Fluid mit der Geschwindigkeit v umströmt wird, wirkt bei **laminarer** Strömung die Widerstandskraft F_w (**Stokes'sches Gesetz**).

Stokes'sches Gesetz

$$F_w = -3\pi\, d\, \eta\, v$$

Die Widerstandskraft ist der Geschwindigkeit entgegengerichtet (daher das Minus). Laminare Strömungen um Hindernisse treten vor allem bei kleinen Strömungsgeschwindigkeiten auf.

Wenn die Strömung immer schneller wird, treten hinter dem Körper Wirbel auf, d. h. die Strömung wird **turbulent** (Abb. 3.14). Die Fluidelemente in den Wirbeln bewegen sich, d. h. sie enthalten kinetische Energie, die bei der Bildung der Wirbel den Elementen zugeführt werden muss, d. h. es muss eine Kraft aufgewendet werden, um die Massen**trägheit** der Elemente zu überwinden. Die **Widerstandskraft** F_w auf einen Körper mit Querschnittsfläche A, der von einem Fluid mit Dichte ρ mit der Geschwindigkeit v angeströmt wird, ist bei **turbulenter** Strömung proportional zum Quadrat der Strömungsgeschwindigkeit.

turbulent

Widerstandskraft

turbulent

$$F_w = \frac{1}{2} c_w \, \rho \, A \, v^2$$

Da diese Formel für den Strömungswiderstand auf Newton zurückgeht, wird sie auch oft **Newton'sches Widerstandsgesetz** genannt.

Newton'sches Widerstandsgesetz

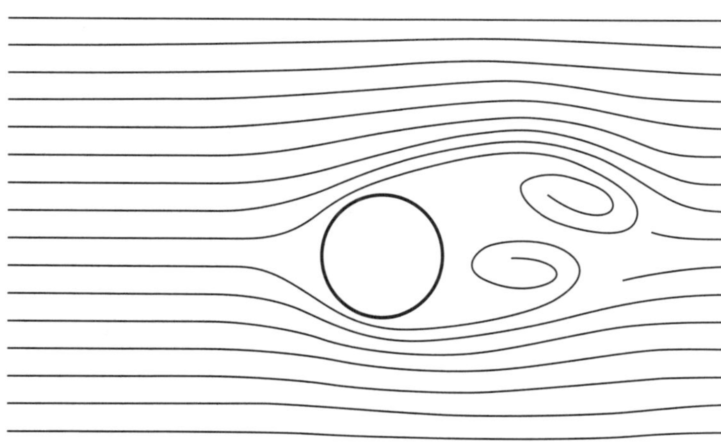

Abb. 3.14: Turbulente Strömung um eine Kugel

Hier steht zwar kein Minus (denn die Kraft ist proportional zu v^2), aber es ist klar, dass die Widerstandskraft immer der Richtung der Geschwindigkeit entgegengesetzt sein muss (sonst hieße sie ja nicht Widerstandskraft). Der **Widerstandsbeiwert** c_w hängt von der Form des Körpers ab. Den kleinsten c_w-Wert (0,055) haben **stromlinienförmige** Körper (Abb. 3.15). Platten und vorne offene Halbkugeln (d. h. mit der Strömung zugewandter Öffnung) haben c_w Werte zwischen 1,1 und 1,3, während Kugeln Werte um zwischen 0,2 und 0,4 haben. Kommt Ihnen die Formel für die Widerstandskraft auf einen

Widerstandsbeiwert

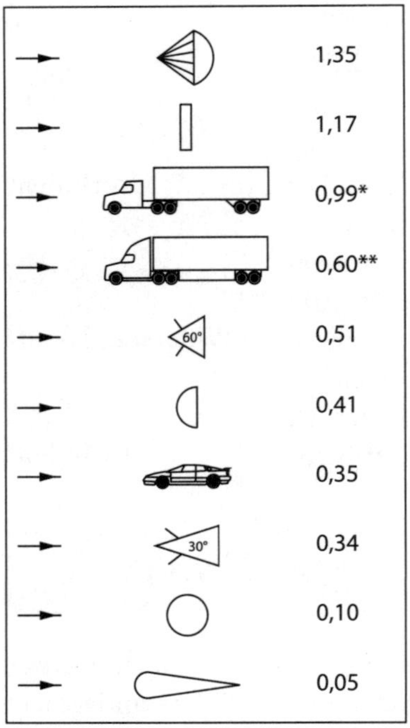

Abb. 3.15: c_w-Werte für verschieden geformte Körper

Körper in einer turbulenten Strömung bekannt vor? Wir hatten eine ganz analoge Formel in Kapitel 3.6.3 für die Auftriebskraft auf einen Tragflügel. Die beiden Formeln unterscheiden sich nur durch c_A (Auftriebsbeiwert) und c_w (Widerstandsbeiwert).

Die zwei Widerstandsgesetze unterscheiden sich gravierend. Sie gelten nicht nur für unterschiedliche Strömungstypen (laminar und turbulent), sondern der Widerstand hängt unterschiedlich von der Geschwindigkeit ab. Beim Newton'schen Gesetz (turbulente Strömung) nimmt der Widerstand mit dem Quadrat der Geschwindigkeit zu, während er beim Stokes'schen Gesetz (laminare Strömung) nur linear mit der Geschwindigkeit zunimmt. Wenn Sie daran denken, dass die Überwindung von Strömungswiderständen sehr teuer ist (denken Sie an Boote, Autos, Flugzeuge etc., bei denen teurer Treibstoff verbrannt werden muss, um sie gegen die Reibungskräfte in Bewegung zu halten) bzw. dass Strömungswiderstände beim Skifahren oder Radfahren unangenehm bremsen, ist es wohl sehr wichtig zu wissen, wie sie klein gehalten werden können. Fallschirme hingegen sollen einen möglichst großen Strömungswiderstand haben, sonst bremsen sie nicht genug. Es wäre sehr schön, wenn wir uns das zum Anlass passende Widerstandsgesetz aussuchen könnten – wenn der Widerstand klein sein soll, wählen wir das Stokes'sche Gesetz, und wenn wir einen großen Widerstand wollen, das Newton'sche. So funktioniert das aber leider nicht! Je nach Eigenschaften des Fluids und Größe und Geschwindigkeit des Körpers stellt sich eine turbulente oder laminare Strömung ein, und daraus ergibt sich der Strömungswiderstand. Eines können wir aber sicher tun: Bei turbulenter Strömung hängt der Widerstand stark von der Form des Körpers ab, also werden wir dafür sorgen, dass Körper, die einen geringen Stömungswiderstand haben sollen, eher stromlinienförmig gebaut sind oder Stromlinienform annehmen (z. B. die Abfahrtshocke beim Skifahren) und solche, die einen großen Strömungswiderstand haben sollen, eher offenen Halbkugeln gleichen (Fallschirme etc.).

3.7.4 Die Reynoldszahl

Es gibt ein Kriterium, das wir benutzen können, um abzuschätzen, ob eine Strömung turbulent oder laminar sein wird. Wenn die Kräfte durch die Zähigkeit des Mediums gegenüber den Trägheitskräften überwiegen, ist die Strömung laminar und das Stokes'sche Gesetz „stimmt". Wenn die Trägkeitskräfte viel stärker sind, ist die Strömung turbulent und das Newton'sche Gesetz gilt. Die **Reynoldszahl** gibt das Verhältnis der Trägheits- zu den Zähigkeitskräften an (die Faktoren, die nur Zahlen sind, wie π, c_w etc., werden weggelassen).

Reynoldszahl

$$Re = \frac{\rho\, v\, d}{\eta}$$

Hier bezeichnet d eine charakteristische Größe des Hindernisses, wie z. B. den Durchmesser einer umströmten Kugel, die Länge eines durchströmten Rohres etc. Die Eigenschaften des Fluids gehen über die Dichte ρ und die Zähigkeit η ein, und v bezeichnet die Strömungsgeschwindigkeit.

Für $Re < 1$ gilt das Stokes'sche Gesetz. Für $Re < 100 \ldots 200$ kann man damit rechnen, dass die Strömung laminar ist, aber das Stokes'sche Gesetz gilt nicht mehr streng, sondern nur noch mit experimentell bestimmten Korrekturfaktoren (nicht alles in der Physik lässt sich so gut mit Gesetzen beschreiben, wie wir das gern hätten). Für $Re > 1000$ oder > 2000 ist die Strömung turbulent, und das Newton'sche Gesetz gilt. Im Bereich mittlerer Reynoldszahlen kann die Strömung laminar sein, turbulent sein oder plötzlich von einem Typ in den anderen umschlagen. Also breiten wir den „Mantel des Schweigens" über das Gebiet mittlerer Reynoldszahlen – mathematisch können wir nichts beschreiben und können auch nicht vorhersagen, wann die Strömung umschlägt, also reden wir gleich gar nicht darüber, außer wir müssen es unbedingt. Wer gibt schon gern zu, dass er/sie etwas nicht weiß?

Haben Sie sich schon einmal gefragt, warum große Schmetterlinge so bizarre Formen haben, während gleich große Fische alle eher stromlinienförmig gebaut sind? Mit der Reynoldszahl können wir jetzt diese Frage leicht beantworten. Tiere sind immer so gebaut, dass ihr Energiebedarf möglichst gering ist. Schmetterlinge fliegen in der Luft ($\eta = 1{,}7 \cdot 10^{-5}$ Pa s, $\rho = 1{,}2$ kg/m^3) und Fische schwimmen im Wasser ($\eta = 10^{-3}$ Pa s, $\rho = 1000$ kg/m^3). Selbst wenn die Geschwindigkeit, mit der Schmetterlinge fliegen und Fische schwimmen, gleich wäre, hätten Fische eine 16-mal größere Reynoldszahl als Schmetterlinge. Kleine Fische müssen aber sehr schnell größeren Fischen ausweichen können, die sie fressen wollen, also müssen sie schneller schwimmen können als Schmetterlinge fliegen, und so ist ihre Reynoldszahl noch höher. Die Strömung um Fische ist daher viel eher turbulent als die Strömung um Schmetterlinge, also können sich Fische die energetischen Kosten bizarrer Formen nicht leisten (vor allem dann nicht, wenn sie schnell schwimmen müssen). Auch bei laminaren Strömungen ist die Widerstandskraft in Wasser 60-mal größer als in Luft (bedingt durch den Unterschied in der Zähigkeit). Fische müssen sich also ganz schön anstrengen, während Schmetterlinge (zumindest strömungsmäßig gesehen) ein viel leichteres Leben haben …

Die Reynoldszahl ist auch für den Auto- und Flugzeugbau sehr wichtig. Körper bzw. Strömungen mit gleicher Reynoldszahl haben gleiche Strömungswiderstände bzw. verhalten sich strömungsmäßig gleich. Man kann also verkleinerte Modelle von z. B. Flugzeugen im Windkanal auf ihr Strömungsverhalten testen. Die kleineren Abmessungen müssen durch größere Strömungsgeschwindigkeiten ausgeglichen werden. Wenn ein solches Modell sich als nicht flugtauglich erweist, ist nur das Modell verloren und nicht ein Flugzeug mit Piloten. Skifahrer trainieren die optimale Abfahrtshocke und testen ihre Ausrüstung ebenso im Windkanal wie Autokonstrukteure neue Karosserieformen.

4 Wärmelehre und Thermodynamik

4.1 Vorbemerkungen

Dieses Kapitel der Physik zählt vielleicht zu den wichtigsten, denn es verbindet die Mikrophysik, d. h. die Physik einzelner Moleküle, mit makrophysikalischen Parametern der Materie und begründete über die Physik der Dampfmaschinen die industrielle Revolution, über die Physik von kalorischen Kraftwerken unsere moderne Technik, die ohne Elektrizität nicht zu denken wäre, und führt über den Umweg der dabei entstehenden Emission von Treibhausgasen aus der Verbrennung von fossilen Energieträgern zum globalen Klimawandel.

Eine der wichtigsten Erkenntnisse der Physik ist die des atomaren bzw. molekularen Aufbaus der Materie. Jeder Stoff besteht aus *sehr* vielen Molekülen (oder Atomen), die sich in dauernder Bewegung befinden. Diese Bewegung kann z. B. die Schwingung eines Teilchens (Atoms oder Ions) im Festkörper um seine Ruhelage sein oder die Zitterbewegung eines Moleküls in einer Flüssigkeit, das dauernd mit seinen Nachbarmolekülen zusammenstößt und Energie austauscht, oder die geradlinige Bewegung eines Gasmoleküls zwischen zwei Stößen mit anderen Molekülen. Für jedes einzelne Molekül geht diese Bewegung zu einem bestimmten Zeitpunkt in eine bestimmte Richtung, aber im Mittel über die vielen Moleküle ist keine Richtung der Bewegung festzustellen, d. h. sie ist ungeordnet oder ungerichtet. In diesem Kapitel werden wir immer den Begriff „Moleküle“ verwenden, wenn wir von den Teilchen eines Gases sprechen, denn die meisten Gase liegen als Moleküle (O_2, N_2, CO_2, CH_4, …) vor. Nur die Edelgase gehen keine Verbindungen ein und liegen im gasförmigen Zustand atomar vor (z. B. He, Ne). Wir behalten diesen Unterschied natürlich immer im Kopf.

Die Wärmebewegung wurde erst sehr spät entdeckt, da in makroskopischen Systemen immer *sehr* viele Moleküle vorhanden sind. In 1 cm^3 Luft sind bei Normalbedingungen ca. $2{,}5 \cdot 10^{19}$ Moleküle enthalten. Die Wahrscheinlichkeit, dass sich alle diese Moleküle gleichzeitig in eine Richtung bewegen, ist so verschwindend gering (siehe später, Entropie), dass so etwas praktisch „nie“ vorkommen kann. Erste Beobachtungen zur Wärmebewegung stammen von Robert Brown (1827), der mit dem Mikroskop feststellte, dass Pollenkörner oder Sporen in wässrigen Suspensionen Zitterbewegungen durch-

Brown'sche Bewegung

führen. Später wurde das Phänomen **Brown'sche Bewegung** auch bei Rauchteilchen in Luft festgestellt. Die theoretische Beschreibung der Brown'schen Bewegung von Staubteilchen erfolgte erst 1905 durch Albert Einstein.

Die Phänomene der thermischen Bewegung von Molekülen lassen sich im Grunde auf zwei Wegen beschreiben – „von unten her" durch die Betrachtung der einzelnen Moleküle oder „von oben her" durch die Beschreibung des makroskopischen Systems. Der erste Weg wird in der statistischen Thermodynamik beschritten, während der zweite Weg durch die historisch ältere Wärmelehre abgedeckt wird. Wir werden in diesem Kapitel pragmatisch vorgehen und für jeden behandelten Fall die gerade praktischere Beschreibung wählen.

4.2 Wichtige Größen und Begriffe

Stoffmenge

Loschmidt-Zahl
Avogadro-Zahl

molare Masse

Molzahl

Was bedeutet nun „*sehr viele Moleküle*"? Dazu brauchen wir eine der Grundgrößen des SI-Einheitensystems, die **Stoffmenge n**, mit der Einheit Kilomol (kmol). 1 kmol besteht aus $6{,}022 \cdot 10^{26}$ Teilchen. Diese Zahl heißt **Loschmidt-Zahl** oder **Avogadro-Zahl** und wird üblicherweise mit **L** oder $\mathbf{N_A}$ bezeichnet. Die Teilchen können Atome, Ionen oder Moleküle sein. Nehmen wir z. B. Wasser. Jedes H_2O-Molekül besteht aus 2 Atomen Wasserstoff und 1 Atom Sauerstoff. Die **molare Masse** von Wasser ist also [2 · 1 (Wasserstoff) + 1 · 16 (Sauerstoff)] kg/kmol = 18 kg/kmol. 1 Liter Wasser (1 kg) entspricht also 1/18 = 0,056 kmol (das wäre die **Molzahl n**) und enthält $n \cdot N_A = 3{,}346 \cdot 10^{25}$ Moleküle. Das sind wirklich *sehr* viele. Für Luft (Dichte bei 20 °C und 1013 mbar: 1,2 kg/m³, besteht zu 78 % aus molekularem Stickstoff N_2, zu 21 % aus molekularem Sauerstoff O_2 und zu 1 % aus Argon Ar, d. h. 29,4 kg/kmol) ergeben sich n = 0,041 kmol/m³ Luft, d. h. also $2{,}46 \cdot 10^{25}$ Teilchen pro Kubikmeter bzw. $2{,}46 \cdot 10^{22}$ Teilchen pro Liter Luft. Das sind zwar um etwa einen Faktor 1000 weniger Moleküle als bei Wasser, aber es sind immer noch *sehr viele.*

Energie der ungeordneten Bewegung

innere Energie
Temperatur

Die **Energie der ungeordneten Bewegung** der Moleküle ist die **Wärme**(energie). Mit der Entdeckung, dass Wärme eine Form der Energie ist, wurde der Energiesatz auch auf Prozesse anwendbar, bei denen Energie durch Reibung „verloren geht", d. h. in Wärme(bewegung) umgewandelt wird. Die Wärmeenergie eines Stoffes wird durch seine **innere Energie U** beschrieben, die mit seiner **Temperatur T** zusammenhängt. Die Temperatur ist eine Größe, die sich relativ leicht messen lässt, während der Wärmeinhalt eines Stoffes nicht leicht messbar ist. Temperatur hat also mit Wärme etwas zu tun, aber Temperatur und Wärme sind nicht dasselbe. Es ist unsinnig, von „kalten“ oder „warmen“ Temperaturen zu sprechen – Temperaturen können hoch oder niedrig sein, aber nicht kalt oder warm!

Obwohl sowohl Wärme als auch Arbeit Formen von Energie sind, besteht ein grundlegender Unterschied. Arbeit wird geleistet, wenn etwas einen bestimmten Weg gegen eine wirkende Kraft bewegt wird (Kap. 2.4.3). Diese Bewegung hat eine eindeutige Richtung – man spricht von einer **gerichteten Bewegung**. Die Wärmebewegung der Moleküle ist eine ungerichtete Bewegung – alle Moleküle unseres Körpers führen ständig Bewegungen aus, auch wenn wir in Ruhe sind. Erst wenn wir z. B. eine Leiter hochsteigen, wird der ungeordneten Wärmebewegung eine gerichtete Bewegung des gesamten Systems „Körper“ überlagert und wir verrichten Hebearbeit gegen die Schwerkraft. Zur Unterscheidung von Wärme und Arbeit wird in der Wärmelehre oft als Einheit für Arbeit Nm (Newton · Meter) verwendet. Das Joule (J) bezeichnet dann die Wärmeenergie. Beide Einheiten haben die Dimension Energie, aber bei Nm ist noch die Definition von Arbeit als „Kraft · Weg“ sichtbar. Man kann **Wärme** auch **makroskopisch** betrachten. Sie entspricht dann der Energie, die von einem Körper zu einem anderen transportiert wird, wenn die beiden Körper unterschiedliche Temperaturen haben, ohne dass dabei mechanische Arbeit verrichtet wird. Arbeit ist dann im Gegensatz dazu mechanisch übertragene Energie.

Energie der gerichteten Bewegung

Wärme makroskopisch

Ein weiterer wichtiger Begriff ist das **System** – es bezeichnet das Studienobjekt in der Thermodynamik. So ein System kann z. B. ein Gas sein, das in einem Kolben eingeschlossen ist, eine Flüssigkeitsmenge in einer Thermosflasche oder ein Stück von einem Festkörper oder gleich das ganze Universum. An einem System wird untersucht, was passiert, wenn etwas geändert wird – z. B. was passiert, wenn das Gas komprimiert wird (es erwärmt sich) oder dem Festkörper Wärme zugeführt wird (er erwärmt sich und dehnt sich aus) etc. In der Thermodynamik ist dabei der Zustand des Systems (z. B. der Druck in einem Kolben mit Gas bei bestimmter Temperatur) weniger interessant als das, was passiert, wenn sich der Zustand ändert. In den Formeln kommt daher immer wieder „Δ“ (großes Delta) vor. Dieses Symbol bezeichnet kleine Änderungen (z. B. der Temperatur). Zur sauberen mathematischen Beschreibung braucht man dann die Differenzialrechnung für Funktionen mit mehreren Variablen. Am Anfang fällt es oft schwer, sich daran zu gewöhnen, dass in der Thermodynamik immer die Δ bzw. Differenziale wichtig sind und nicht

System

die Größen selbst, aber die Wissenschaft heißt ja auch Dynamik und nicht Statik ...

Zustand
Zustandsgrößen
Zustandsfunktionen

thermodynamische Potenziale

Der thermodynamische **Zustand** eines Systems wird durch **Zustandsgrößen** und **Zustandsfunktionen** beschrieben. Üblicherweise bezeichnet der Begriff „Zustandsgrößen" Messgrößen (d. h. Temperatur, Druck, Volumen), während Zustandsfunktionen aus Kombinationen von Zustandsgrößen bestehen. Die Entropie wäre so eine Zustandsfunktion. Dann gibt es noch **thermodynamische Potenziale**, deren Definitionsgleichungen Zustandsgrößen und Zustandsfunktionen enthalten. Wichtige thermodynamische Potenziale sind die Enthalpie, freie Energie, freie Enthalpie, innere Energie etc. Wir werden einige davon unten behandeln.

Obwohl die Definitionen manchmal recht ausgefallen erscheinen, haben sie einen sehr praktischen Hintergrund. Die Thermodynamik hat sich parallel zur Entwicklung der Dampfmaschinen bzw. auch der Chemie entwickelt. Immer, wenn sich eine Kombination von Zustandsgrößen als praktisch erwiesen hatte, bekam sie einen eigenen Namen und eine formelmäßige Definition. Mit dieser „Kurzschrift" werden Formeln viel eleganter und man erspart sich viel „Arbeit" (diesmal: geistige und Schreibarbeit). Die Enthalpie ist ein sehr gutes Beispiel für so eine praktische Definition, die wir uns im Abschnitt über spezifische Wärme (Kap. 4.6) näher ansehen werden.

Zwei wichtige Begriffe sind aber **keine Zustandsgrößen** bzw. -funktionen: **Arbeit** und **Wärme**. Bei Zustandsgrößen ist der „Weg", auf dem die Änderung erfolgt, egal – sie haben nach der Änderung einen genau definierten Wert. Der Enddruck in einem Kreisprozess z. B. ist gleich dem Ausgangsdruck – egal, in welchen Schritten der Kreisprozess geführt wurde. Die Arbeit, die die Maschine dabei leistet, ist absolut nicht unabhängig von den Schritten, denn sie wird als Wegintegral von $p \cdot dV$ berechnet. Je nach Kreisprozess kann bei einem Zyklus viel oder wenig oder gar keine Arbeit gewonnen werden (Kap. 4.16).

Eingänge positiv
Ausgänge negativ

Bei der Betrachtung der Änderungen geht man immer vom System aus. Alle „**Eingänge**" werden **positiv** gezählt und alle „**Ausgänge**" **negativ**. Diese Konvention kommt aus dem täglichen Leben – bei Bankkonten werden Einnahmen und Ausgaben ebenso gezählt. Wenn das System etwas bekommt (z. B. eine Wärmemenge wird zugeführt), so hat die Änderung ein positives Vorzeichen. Arbeit, die das System leistet, wird negativ gerechnet, denn das System verliert dadurch Energie. Leider wird diese Vorzeichenkonvention nicht in allen Büchern befolgt. Im Grunde macht das nichts, man muss nur immer am Anfang nachschauen, welche Konvention verwendet wird, und beim Lesen daran denken.

4.3 Temperatur und Temperaturskalen

Die Temperatur eines Systems ist gegeben durch seine innere Energie, d. h. die Energie der Wärmebewegung der Moleküle. Temperaturmessungen gab es aber schon lange, bevor die Wärmebewegung und der atomare bzw. molekulare Aufbau der Materie bekannt war. Die Temperatur ist ein Maß dafür, wie „warm" oder „kalt" ein Körper ist.

Celsius-Skala

Bei uns ist die **Celsius-Skala** gebräuchlich, die nach Anders Celsius benannt ist. Die Fixpunkte dieser Skala sind die Schmelztemperatur von Eis und die Kochtemperatur von Wasser (beide bei einem Umgebungsdruck von 1013 mbar). Dabei entspricht die Schmelztemperatur 0 °C und die Kochtemperatur 100 °C.

absoluter Nullpunkt

Aus Messungen des Volumens von Gasen bei unterschiedlichen Temperaturen, aber konstantem Druck ergab sich, dass das Volumen der Temperatur direkt proportional ist. Wenn die Volumina eines Gases (bei verschiedenen konstanten Drücken) als Funktion der Temperatur aufgezeichnet (Abb. 4.1) werden, ergeben sich Gerade. Eine (mathematische) Extrapolation dieser Geraden zu immer kleineren Temperaturen gibt dann einen Schnittpunkt aller dieser Geraden mit der Temperaturachse bei **–273,15 °C,** dem **absoluten Nullpunkt**. Bei diesem Punkt hätte das Gas das Volumen null. Außerdem wäre die thermische Energie des Gases dort null, d. h. also, dass die Wärmebewegung vollständig aufgehört hätte. In der Realität kondensieren die meisten Gase schon bei viel höheren Temperaturen (O_2 kondensiert bei –183 °C und N_2 bei –195,8 °C), aber die Aussage, dass am absoluten Nullpunkt die Wärmebewegung zum Erliegen kommt, gilt auch (von Quanteneffekten abgesehen) für nicht gasförmige Systeme.

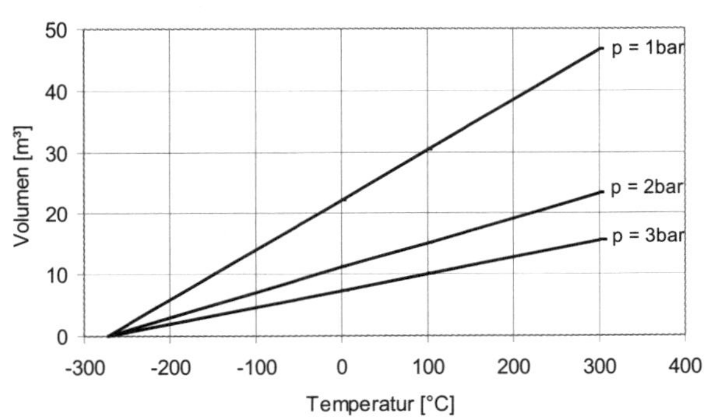

Abb. 4.1: Volumen eines kmol eines idealen Gases als Funktion der Temperatur bei verschiedenen Drücken

Kelvin-Skala

Kelvin

Der absolute Nullpunkt –273,15 °C ist der Nullpunkt der **Kelvin-Skala**, die nach dem Briten William Thomson (Lord Kelvin) benannt ist. Das **Symbol** für die Einheit **Kelvin** ist K (ohne Gradzeichen °). Die Umrechnung von °C in K ist einfach:

$$T\,\mathrm{K} = \theta\,°\mathrm{C} + 273{,}15\,\mathrm{K}$$

In diesem Buch halten wir uns an die Konvention, dass Temperaturen in °C mit θ bezeichnet werden und Temperaturen in K mit T. Die Verwechslung der Skalen ist eine große Fehlerquelle bei Rechnungen. Überall, wo in Formeln T steht, **müssen** die Temperaturwerte in K umgerechnet werden, sonst sind die Ergebnisse falsch bzw. unsinnig. Kennen Sie einen Luftballon, der bei Temperaturen unter 0 °C plötzlich ein negatives Volumen bekommt? Oder Autoreifen, deren Volumen bei 0 °C verschwindet? Die einzige Ausnahme sind Temperaturdifferenzen ΔT. Bei der Differenzbildung fällt das „+ 273,15" weg, also können wir uns die Mühe sparen. Für viele Anwendungen reicht es, zu den °C einfach 273 K dazuzuzählen und auf die Nachkommastellen zu verzichten.

Fahrenheit-Skala

Eine andere weit verbreitete Temperaturskala ist die **Fahrenheit-Skala**, die nach Daniel Fahrenheit benannt ist. Der Nullpunkt dieser Skala war die tiefste Temperatur, die damals (1714) erzeugt werden konnte, nämlich die Temperatur einer Mischung von Kochsalz und Eis, die –18 °C entspricht. Als 96 °F wurde die Temperatur des menschlichen Körpers genommen, die aber nicht gerade konstant ist. 100 °F entsprechen so 37,7 °C. Die Umrechnung ist etwas kompliziert.

$$\theta\,°\mathrm{C} = (t\,°\mathrm{F} - 32) \cdot 5/9$$

Für alltägliche Zwecke (z. B. zum Einschätzen der Wetterprognose eines US-amerikanischen Senders) reicht eine einfachere Umrechnung: Man zieht von der Temperatur in Fahrenheit 30 ab und dividiert das Ergebnis durch 2. Das stimmt zwar nicht ganz, aber es hilft zu entscheiden, ob man bei „temperatures in the lower fourties" einen Pullover braucht oder nicht (Antwort: ja, und auch eine Jacke drüber!).

4.4 Druck

Druck

Auch der **Druck p** eines Gases kann leicht gemessen werden, ohne dass etwas über Moleküle bekannt sein muss. Wenn ein Gas in einem Behälter eingeschlossen ist, übt es auf die Wände des Behälters einen Druck aus. Wird mehr Gas in den Behälter gepumpt, so steigt der Druck. Die makroskopische Definition von Druck ist

$$p = \frac{F}{A}$$

wobei F die normal auf eine Fläche wirkende Kraft und A den Flächeninhalt dieser Fläche bezeichnet. Die Kraft, die das Gas auf Begrenzungsflächen ausübt, kommt wieder aus der thermischen Bewegung. Die Moleküle des Gases sind ständig in Bewegung und stoßen auch auf die Begrenzungsflächen. Bei jedem Stoß übertragen sie Impuls an die Wand und prallen wieder von ihr ab. Dieser Impulsübertrag gibt eine Kraft auf die Wand, die makroskopisch als Druck gemessen wird. Auch hier ist wieder wichtig, dass selbst relativ kleine Gasvolumina *sehr* viele Moleküle enthalten, denn sonst würde der Druck dauernd schwanken – je nachdem, wie viele Moleküle gerade an die Wand stoßen. Der Druck schwankt wirklich dauernd, aber es stoßen zu jeder Zeit derartig viele Moleküle an die Wand, dass die Schwankungen so winzig sind, dass sie an makroskopischen Wänden nicht messbar sind. Bei sehr kleinen „Wänden", z. B. an Staubteilchen mit Durchmessern von etlichen 100 nm, sind diese Schwankungen allerdings im Mikroskop als Zitterbewegung zu sehen (so kommt es zur Brown'schen Bewegung).

4.5 Wärmeausdehnung

Wenn einem Stoff Wärme zugeführt wird, steigt sein Gehalt an innerer Energie – die Wärmebewegung wird heftiger. Daher dehnen sich fast alle Körper (Festkörper, Flüssigkeiten und Gase) bei Erwärmung aus. In Festkörpern und Flüssigkeiten nehmen die mittleren Molekül- bzw. Atomabstände zu, da die Moleküle mehr Energie haben, um sich den anziehenden Kräften sozusagen zu widersetzen. Diese **Wärmeausdehnung** von Stoffen wird oft zur Messung von Temperatur genützt – z. B. in Flüssigkeitsthermometern, Bimetallthermometern oder auch im Gasthermometer. Im Grunde kann man aber jede temperaturabhängige Messgröße zum Bau eines Thermometers verwenden.

Wärmeausdehnung

Manche Stoffe, die aus langkettigen Makromolekülen bestehen, wie z. B. Gummi oder Fleisch, ziehen sich bei Erwärmung allerdings zusammen – hier führt die Zunahme an thermischer Energie dazu, dass sich die langen Kettenmoleküle verkürzen. Auch das ist eine Zunahme an innerer Energie, die sich beim Schnitzel in der Bratpfanne eher nicht zur Freude der Schnitzelfans auswirkt – das Schnitzel schrumpft.

Das Volumen V eines Stoffes steigt bei einer Temperaturerhöhung um ΔT vom Ausgangsvolumen V_0 auf

$$V = V_0(1 + \alpha \Delta T)$$

Ausdehnungskoeffizient

Gase dehnen sich (bei konstantem Druck) am stärksten aus. Der **Ausdehnungskoeffizient** α von idealen Gasen beträgt 1/(273,15 K), d. h. also 0,0037/K. Für sehr kleine Temperaturänderungen sind Gasthermometer gute Messgeräte. Flüssigkeiten dehnen sich nicht so stark aus (die Werte von α liegen etwa im Bereich 10^{-4}/K). Die Ausdehnung von Festkörpern ist am geringsten (die α liegen in der Größenordnung 10^{-5}/K), kann aber verheerende Folgen haben, da in Festkörpern auch bei kleinen Längenänderungen erhebliche Spannungen entstehen, die zum Bruch führen können, wenn die Festigkeit des Materials überschritten wird. Früher bestand der Straßenbelag von Autobahnen aus Betonplatten. Im Sommer kam es immer wieder vor, dass sich die Platten bei Hitze so stark ausdehnten, dass sie brachen bzw. sich aufstellten. Die Unfallgefahr an diesen Stellen war sehr groß. Auch bei Brücken muss an die Wärmeausdehnung gedacht werden. Stahlbetonbrücken ruhen auf Roll-Lagern, damit sich die Brücken im Winter zusammenziehen und im Sommer ausdehnen können. Sie können sich sicher vorstellen, was im Winter mit Kabeln passieren kann, die im Sommer straff gespannt montiert werden – entweder reißen die Kabel ab oder sie reißen ihre Verankerungen heraus.

4.6 Wärmeinhalt, spezifische Wärme und Enthalpie

Kalorie

spezifische Wärme(kapazität) bei konstantem Druck

Wärme hat als Form der Energie die Einheit von Energie – Joule. Eine ältere Einheit für Energie kommt im täglichen Leben (Kalorientabellen) noch immer recht häufig vor – die **Kalorie.** 1 cal ist jene Wärmemenge, die nötig ist, um bei konstantem Druck 1 g Wasser von 14,5 °C auf 15,5 °C zu erwärmen. Diese Definition enthält schon die Definition für die **spezifische Wärme(kapazität) bei konstantem Druck c_p** – jene Wärmemenge ΔQ, die nötig ist, um die Masse m = 1 kg (oder die Stoffmenge n = 1 kmol) eines Stoffes um eine Temperaturdifferenz ΔT = 1 K zu erwärmen.

$$c_p = \frac{\Delta Q}{m\,\Delta T} \text{ J/(kg K)} \quad \text{oder} \quad c_{p,m} = \frac{\Delta Q}{n\,\Delta T} \text{ J/(kmol K)}$$

Die meisten Metalle haben spezifische Wärmekapazitäten von einigen 100 J/(kg K). Luft hat 1000, organisches Material ca. 2000 und Wasser hat 4187 J/(kg K). Ein Kubikmeter Wasser (Masse: 1000 kg) braucht also ca. 4 MJ Energie, um sich um 1 K zu erwärmen, bzw.

kann ca. 4 MJ Energie bei einer Abkühlung um nur 1 K abgeben. Wasser ist daher ein exzellenter Wärmespeicher, was der Grund für das eher milde maritime Klima ist. Wasser erwärmt sich bei gleicher Sonneneinstrahlung viel langsamer als trockenes Erdreich und kühlt auch viel langsamer wieder aus. Die großen Meeresströme transportieren große Mengen warmes bzw. kaltes Wasser und beeinflussen so das Klima küstennaher Gebiete der Kontinente. Der Golfstrom hat z. B. eine Förderleistung von 30 Millionen Kubikmeter pro Sekunde – eine gewaltige Menge warmes Wasser! Die spezifische Wärmekapazität von Luft ist zwar nur um einen Faktor 4 kleiner als die von Wasser, aber da die Dichte von Luft so klein ist (1,2 kg/m^3 bei 20 °C), kann 1 m^3 Luft bei einer Erwärmung von 1 K nur ca. 800 J Wärme aufnehmen. Luft ist daher ein schlechter Wärmespeicher.

Die Wärmemenge, die nötig ist, um 1 kg eines Stoffes um 1 K zu erwärmen, hängt aber davon ab, ob die Erwärmung bei konstantem Druck in der Umgebung oder bei konstantem Volumen des Stoffes erfolgt. Wenn der **Druck konstant** bleibt, dann dehnt sich der Stoff bei Wärmezufuhr aus und leistet dabei Ausdehnungsarbeit. Im täglichen Leben haben wir de facto immer konstanten Druck, denn der Luftdruck ändert sich in der kurzen Zeit, die z. B. benötigt wird, um Wasser auf dem Herd zu erwärmen, nicht merklich. Bei der Erwärmung und Ausdehnung muss aber das Wasser im Topf die darüberliegende Luft „wegschieben", und das kostet Energie. Es steht also nicht die gesamte Wärmeenergie für die Erwärmung zur Verfügung, sondern nur der Teil, der nicht für die Ausdehnung verwendet wird. Es gibt eine sehr praktische Zustandsfunktion, die **Enthalpie** H

Enthalpie

$$H = U + p\,V$$

die sowohl den Wärmegehalt (innere Energie U) als auch die Volumsenergie (p · V) enthält. Die Einheit von Enthalpie ist wieder J, da sie eine Summe von Energien ist. Eine Zufuhr von Wärme bei konstantem Druck entspricht einer Änderung ΔH der Enthalpie, die eben die Änderung ΔU der inneren Energie (d. h. Erwärmung) und die Ausdehnungsarbeit $p \cdot \Delta V$ enthält. Hier haben wir ein erstes Beispiel einer „praktischen" Definition, bei der eine neue Größe eingeführt wird. Wenn ich kochendes Wasser für Spaghetti brauche, interessiert es mich wenig, dass ein Teil der von mir bezahlten Energie (Gas, Strom) dazu verwendet wird, um Luftmoleküle zur Seite zu schieben – ich möchte wissen, wie viel teure Wärme(energie) ich insgesamt brauche, damit das Wasser von der Temperatur des Leitungswassers auf 100 °C erwärmt wird, und genau das ist die Enthalpie bzw. ΔH.

Wenn das **Volumen** des Gases bei Wärmezufuhr **konstant** bleibt (z.B. wenn ein Gas in einen ideal starren Behälter eingeschlossen ist, von dem wir annehmen, dass er den erhöhten Druck auch aushält), so geht die gesamte zugeführte Wärmeenergie an die Moleküle des Stoffes über, d. h. in eine Erhöhung der inneren Energie. Da eine Ausdehnung nicht möglich ist, wird auch keine Ausdehnungsarbeit ge leistet ($p \cdot \triangle V = 0$) und die gesamte Wärmemenge steht also zur Temperaturerhöhung zur Verfügung. Die Enthalpie ist hier nicht nötig. Die **spezifische Wärme bei konstantem Volumen c_v** ist daher kleiner als die spezifische Wärme bei konstantem Druck c_p. Es gilt also:

spezifische Wärme bei konstantem Volumen

$$c_p > c_v$$

Der größte Unterschied zwischen den spezifischen Wärmen bei konstantem Druck und konstantem Volumen besteht bei Gasen. Festkörper und Flüssigkeiten dehnen sich bei Erwärmung nur wenig aus, daher ist der Beitrag der Ausdehnungsarbeit gegen den äußeren Luftdruck nur klein. Das bedeutet aber nicht, dass bei der thermischen Ausdehnung nicht enorme Kräfte auftreten, die bei Festkörpern, die an der Ausdehnung gehindert werden, zum Bruch führen können bzw. bei Flüssigkeiten zum Zerplatzen von Rohrleitungen oder Gefäßen.

Für Gase, deren Temperatur und Druck weit über ihrem Verflüssigungspunkt liegen, sind die spezifischen Wärmen konstant, d. h. sie hängen nicht von der Temperatur ab. Für Flüssigkeiten und Festkörper stimmt das nicht, bzw. stimmt nicht für den gesamten Temperaturbereich, in dem die Stoffe als Flüssigkeiten oder Festkörper vorliegen. Daher war ja auch die Definition der Kalorie mit der genauen Angabe der Temperatur versehen.

4.7 Das ideale Gas und die ideale Gasgleichung (Zustandsgleichung)

Bis jetzt haben wir schon oft von Gasen gesprochen und so getan, als wäre das ganz einfach und jeder wüsste, was ein Gas ist. Stimmt ja auch, aber der Alltagsbegriff „Gas“ ist nicht genau genug. In der Thermodynamik spielt der Begriff **„ideales Gas“** eine sehr wichtige Rolle – das „ideale Gas“ ist ein sehr nützliches Modell und ein Lieblingsspielzeug der Thermodynamik-Menschen. Beim idealen Gas werden die Moleküle des Gases als **Massenpunkte** ohne eigenes Volumen angenommen. Sie befinden sich in ständiger gleichförmiger geradliniger Bewegung (den Einfluss der Schwerkraft vernachlässigen wir hier). Wenn zwei solche Punkte zusammenstoßen, tauschen

ideales Gas

Massenpunkte

sie nur Energie und Impuls aus. Dieser Stoß ist **völlig elastisch**, d. h. es gibt keine Anziehungskräfte zwischen den Molekülen. In der Realität sieht das Ganze anders aus (siehe Kap. 4.11, reales Gas), aber Gase, deren Temperatur und Druck weit über dem Kondensationspunkt liegen, wie z. B. die Luft in unserer Umgebung, können in erster Näherung mit dem Modell des idealen Gases beschrieben werden. Natürlich sind Luftmoleküle keine Massenpunkte – ihr Durchmesser liegt bei ca. 0,37 nm, aber sie sind wirklich sehr klein. Auch die Anziehungskräfte zwischen den Luftmolekülen sind (bei Normaldruck und Temperatur) vernachlässigbar. Wie das gehen soll, dass Punkte zusammenstoßen, wird elegant verschwiegen, aber so ist das nun einmal mit Modellannahmen.

völlig elastisch

Der Begriff „**ideal**" kommt auch in anderen Gebieten der Physik vor. Eine „ideale Flüssigkeit" hat definitionsgemäß keine Reibung, d. h. es wirken keine Anziehungskräfte zwischen den Flüssigkeitsmolekülen. Beim Begriff „ideale Lösung" wird von einem möglichen Unterschied zwischen den intermolekularen Kräften zwischen Lösungsmittelmolekülen und denen zwischen dem Lösungsmittel und dem gelösten Stoff abgesehen. Kühn wird es dann, wenn jemand versucht, eine Lösung von Kochsalz in Wasser als „ideal" zu beschreiben (kommt immer wieder einmal vor) – zwischen den Ionen des dissoziierten NaCl und den Wassermolekülen, die alle kleine Dipole sind, wirken erhebliche Anziehungskräfte!

ideal

Immer, wenn Sie in einem Text über Physik den Begriff „ideal" lesen, können Sie vermuten, dass gemeint ist: „ohne Anziehungs- bzw. Abstoßungskräfte" oder „kein Unterschied zwischen den Anziehungs- bzw. Abstoßungskräften". Wenn Sie dann noch in einer Formel auf das Produkt R · T stoßen, dann ist die Vermutung, dass Konzepte aus der Theorie des idealen Gases verwendet wurden, sicher richtig.

Im Lauf der Zeit wurden mehrere Gleichungen gefunden, die das Verhalten von Gasen bei Änderungen von Druck p, Temperatur T und Volumen V beschreiben. Zusammengefasst geben diese Gleichungen, die in jedem Schulbuch angeführt werden, die **Zustandsgleichung des idealen Gases**

Zustandsgleichung des idealen Gases

$$p\,V = n\,R\,T$$

$$p\,V_m = R\,T$$

wobei n die Stoffmenge (in kmol) bezeichnet. Die universelle Gaskonstante R hat den Wert R = 8,314 kJ/(kmol K). Die Zustandsgleichung des idealen Gases kann auch ohne Wissen über den atomaren/molekularen Aufbau der Materie geschrieben werden – dann wird das n · R einfach durch Gas-spezifische Konstanten ersetzt (in der Literatur finden sich auch „Spezifische Gaskonstanten" für verschiedene Gase). In der zweiten Formel ist das Volumen V (in m^3) ersetzt durch das Molvolumen V_m in m^3/kmol. Die Gasgleichung gibt die Verbindung zwischen der makroskopisch messbaren Energie im Gas (Volumsenergie, links) und der Energie der Wärmebewegung der Moleküle (rechts). Eine andere Form der Zustandsgleichung macht den Zusammenhang noch deutlicher:

$$p\,V_m = N_A\,k\,T$$

wo N_A für die Loschmidt- (oder Avogadro-)Zahl steht und $k = 1{,}381 \cdot 10^{-23}$ J/K die Boltzmannkonstante (benannt nach Ludwig Boltzmann) bezeichnet. Hier steht rechts ein Maß für die innere Energie (kT) der N_A Moleküle (siehe Kap. 4.9 und 4.10). Immer, wenn in einer Formel k · T auftaucht, ist der Verdacht berechtigt, dass es sich a) um Wärmeenergie handelt und dass b) eine mikroskopische statt einer makroskopischen Betrachtungsweise gewählt wurde. Die Beziehung

$$k = \frac{R}{N_A}$$

verbindet die makroskopische „Welt" (Gaskonstante) mit der mikroskopischen Welt der Molekülstatistik. Nicht umsonst gehört k zu den wichtigsten Naturkonstanten!

Gehen wir jetzt zurück zur ersten Form der Zustandsgleichung des idealen Gases. Zur vollständigen Beschreibung des Zustands braucht man drei Größen – Druck, Temperatur und Volumen. Wenn man den Zustand in einem Diagramm zeichnen möchte, würde man dreidimensionale Diagramme brauchen, in denen Zustandsflächen gezeichnet werden müssten. Dreidimensionale Grafiken sind aber eher schwierig darzustellen und auch zu interpretieren. Es gibt einfachere Darstellungen, bei denen eine der Zustandsgrößen konstant gehalten wird und Linien in Diagrammen gezeichnet werden, bei denen die anderen zwei Größen auf den Achsen aufgetragen werden. Wichtige **Zustandsdiagramme** sind das p-V-Diagramm (Abb. 4.2) mit Linien gleicher Temperatur (**Isothermen**), das p-T Diagramm (Abb. 4.3) mit Linien gleichen Volumens (**Isochoren**) oder das V-T-Diagramm (Abb. 4.4) mit Linien gleichen Drucks (**Isobaren**). Der erste Hinweis auf die Existenz des absoluten Nullpunkts wurde aus dem V-T-Diagramm gewonnen (siehe Kap. 4.3). Im p-V-Diagramm sind die Isothermen Hyperbel-Äste, während die Isobaren im V-T-Diagramm und die Isochoren im p-T-Diagramm Geraden sind.

Zustandsdiagramme
Isothermen
Isochoren
Isobaren

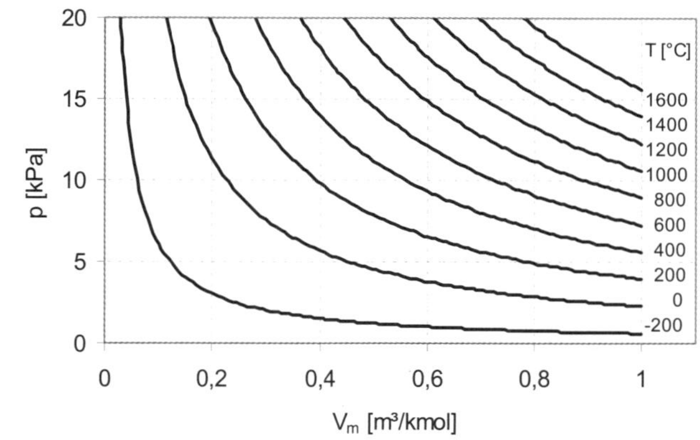

Abb. 4.2: Das p-V-Zustandsdiagramm eines idealen Gases

Beim p-T- und V-T-Diagramm (Abb. 4.3 und Abb. 4.4) schneiden sich die Linien bei T = 0K. In der Realität kann der absolute Nullpunkt aber nicht erreicht werden.

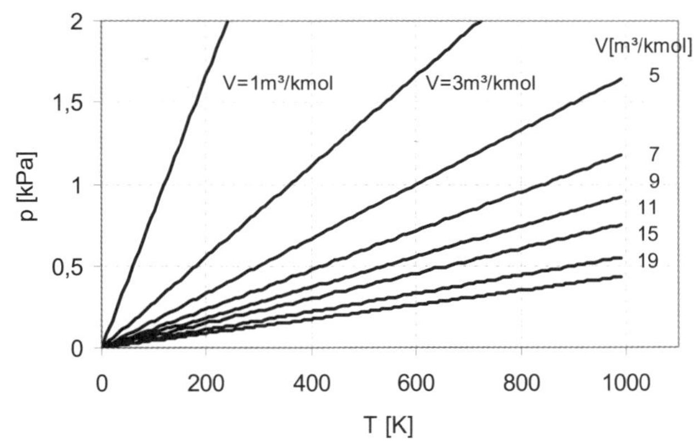

Abb. 4.3: Das p-T-Zustandsdiagramm eines idealen Gases

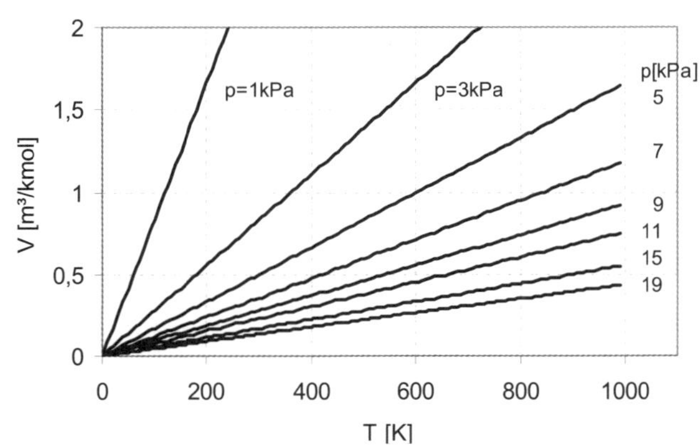

Abb. 4.4: Das V-T-Zustandsdiagramm eines idealen Gases

4.8 Die Adiabatengleichung des idealen Gases

Bevor wir zur Adiabatengleichung kommen, müssen wir kurz zur idealen Gasgleichung zurückblenden. Sie wurde aus Experimenten abgeleitet, bei denen eine Zustandsgröße konstant gehalten wurde. Die Temperatur etwa kann man durch ein (sehr großes) Wasserbad konstant halten. Wasser hat eine sehr hohe spezifische Wärme (siehe Kap. 4.6), daher ändert sich die Temperatur eines großen Wasserbades kaum, wenn nicht zu viel Wärme zu- bzw. abgegeben wird. Ein solches Experiment wäre z. B., wenn ein gasgefüllter Metallkolben mit einem dicht schließenden verschiebbaren Deckel in ein großes Wasserbad getaucht wird. Am Anfang entspricht der Druck im Kolben dem äußeren Luftdruck. Wenn man jetzt z. B. den Deckel nach unten drückt, indem man z. B. ein Gewicht darauf legt, kann man die Änderung des Drucks im Kolben messen. Die Zustandsänderung findet bei konstanter Temperatur, also **isotherm**, statt.

isotherm

Was passiert aber, wenn man ein beliebig aufbewahrtes Gas so schnell komprimiert, dass kein Wärmeaustausch möglich ist? Eine Zustandsänderung, bei der keine Wärme über die Systemgrenzen fließen kann, heißt **adiabatisch**. Bei einer adiabatischen Zustandsänderung ist

adiabatisch

$$\Delta Q = 0$$

Die Arbeit, die „von außen" zur Kompression des Gases geleistet wird, wird dem Gas zugeführt (denken Sie an die Vorzeichenkonvention – eine zugeführte Arbeit ist ein positiver Eingang) und ergibt eine Erhöhung der inneren Energie, d. h. der Temperatur. Diese Erwärmung kann so groß sein, dass sich ein Brennstoff entzündet. Der Dieselmotor beruht auf diesem Prinzip – die Luft im Zylinder wird adiabatisch komprimiert, bis die Temperatur so hoch ist, dass sich der Treibstoff entzündet und das Gas/Treibstoffgemisch „explodiert". Der Kolben wird aus dem Zylinder hinausgeschleudert und verrichtet dabei Arbeit. Wenn andererseits ein Gas so schnell expandiert, dass keine Wärme aus der Umgebung nachgeliefert werden kann, sinkt seine Temperatur, denn die Ausdehnungsarbeit (negativ) muss irgendwoher kommen, und das geht nur, indem die innere Energie des Gases sinkt, d. h. also, dass seine Moleküle langsamer werden.

Üblicherweise werden die Vorgänge bei adiabatischen Zustandsänderungen durch diese Form der **Adiabatengleichung** (Poisson'sches Gesetz)

Adiabatengleichung

$$p\,V^{\kappa} = \text{const}$$

beschrieben. Durch Einsetzen der Gasgleichung kann man die Gleichung auch anders (d. h. als Funktion von V und T bzw. als Funktion von p und T) schreiben, aber das ist hier nicht so wichtig. Wichtig ist, dass Sie sich merken, dass Gase sich bei adiabatischen Expansionen abkühlen und sich bei adiabatischen Kompressionen erwärmen. Im p-V-Zustandsdiagramm (Abb. 4.5) sind die Adiabaten Kurven mit stärkerer Steigung als die Isothermen, denn κ (der **Adiabatenkoeffizient** oder Adiabatenexponent) ist immer größer als 1. Für Gase, die wie He aus einatomigen „Molekülen" bestehen, ist κ = 5/3, für Gase mit zweiatomigen Molekülen (wie z. B. Luft, die ja v. a. aus N_2 und O_2 besteht) ist κ = 7/5 und für Gase aus dreiatomigen Molekülen (z. B. CO_2) ist κ = 9/7.

Adiabatenkoeffizient

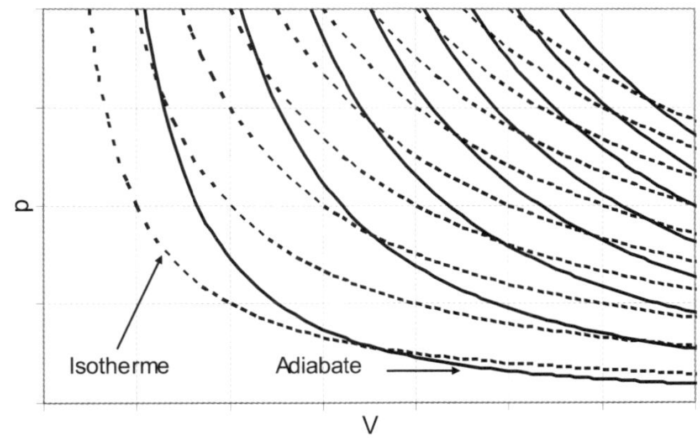

Abb. 4.5: Das p-V-Zustandsdiagramm eines idealen Gases mit Adiabaten und Isothermen

Adiabatische Prozesse sind nicht nur in Motoren und anderen Wärmekraftmaschinen sehr wichtig, sondern auch in der Atmosphäre. Der Luftdruck nimmt mit der Höhe ab (siehe Kap. 3.3.2). Wenn also ein Luftpaket durch irgendeinen Grund aufsteigt, expandiert es adiabatisch (Luft ist ein sehr schlechter Wärmeleiter) und kühlt dadurch ab. Daher nimmt in der Atmosphäre (genauer: in der Troposphäre, d. h. in den unteren ca. 10 km) die Temperatur mit der Höhe ab. Wenn die Luft keinen kondensierbaren Wasserdampf enthält, beträgt die Temperaturänderung 1 °C/100 m. Wenn Wasserdampf vorhanden ist, der bei der Abkühlung kondensieren kann (siehe Kap. 4.11), beträgt diese Abnahme in unseren Breiten ca. 0,5 °C/100 m, da bei der Kondensation von Wasserdampf Wärme frei wird. Hier liegt der Grund für die warmen Fallwinde, die in den europäischen Alpen **Föhn** genannt werden und vielen Menschen Kopfschmerzen bereiten. Warme, feuchte Luft aus dem Mittelmeergebiet strömt nach Norden, steigt über den Alpen auf und kühlt mit 0,5 °C/100 m ab. Es bilden sich Wolken, die ausregnen, und dann

Föhn

fällt diese jetzt recht trockene Luft an der Alpennordseite in die Täler hinunter, erwärmt sich mit 1 °C/100 m und kommt in Innsbruck viel wärmer an, als sie in Bozen war, obwohl Bozen gute 300 m tiefer liegt. (Hoffentlich ist das aber der einzige physikalische Prozess, der Kopfschmerzen bereitet ...)

4.9 Die Maxwell-Boltzmann'sche Geschwindigkeitsverteilung

Sehen wir uns das ideale Gas aus der Sicht der statistischen Thermodynamik an. Bisher hatten wir zwar schon die mikrophysikalische Definition gegeben, aber in der Beschreibung dann mit makroskopisch messbaren Größen (Druck, Temperatur, Volumen) argumentiert. Die mikroskopische Seite kam nur über das „kT" hinein. Jetzt müssen wir uns aber ein bisschen mehr Gedanken über die statistische Thermodynamik machen, denn später (Kap. 4.13) brauchen wir mehr Informationen darüber, wie es in einem idealen Gas „aussieht".

Schon am Anfang des Kapitels 4 (Thermodynamik) haben wir von Gasmolekülen gesprochen, die in dauernder Bewegung sind. Beim idealen Gas bewegen sich die als punktförmig angenommenen Moleküle („Punkte") zwischen zwei Stößen mit anderen Molekülen auf geradlinigen Bahnen mit konstanter Geschwindigkeit. Beim Stoß mit anderen Molekülen wird nur kinetische Energie und Impuls ausgetauscht. Die Stöße sind rein elastisch. Die Geschwindigkeit eines Moleküls nach dem Stoß hängt von seiner Geschwindigkeit vor dem Stoß und auch der Geschwindigkeit des Stoßpartners ab, d. h. also, dass sich die Geschwindigkeit eines Moleküls durch Stöße andauernd ändert. Bei Mischungen von verschiedenen Gasen (z. B. Luft ist so eine Mischung) müssten auch noch die Massen der Stoßpartner berücksichtigt werden. Hier beschränken wir uns aber auf reine Gase ohne Beimengung von Fremdmolekülen.

So weit, so gut; aber: Wie schnell sind die Moleküle eigentlich? Dass die Geschwindigkeit etwas mit der Temperatur zu tun haben muss, ist intuitiv klar – wenn einem Gas bei konstantem Druck oder konstantem Volumen Wärme zugeführt wird, wird es wärmer, d. h. seine Temperatur steigt. Da mit der Temperatur auch die Energie der ungeordneten Molekülbewegung steigt, müssen sich die Moleküle im wärmeren Gas schneller bewegen. Das ist aber noch immer keine Antwort auf die Frage, wie schnell die Moleküle sind. Eine klare Antwort darauf (z. B. Molekül A hat eine Geschwindigkeit von 700 m/s) gibt es nicht. Das einzige, was wir sagen können, ist, mit welcher **Wahrscheinlichkeit** ein Molekül eine bestimmte **Geschwindigkeit** hat.

Maxwell-Boltzmann-Verteilung Wahrscheinlichkeitsverteilung

Die **Maxwell-Boltzmann-Verteilung** (benannt nach James Clark Maxwell und Ludwig Boltzmann) ist eine differenzielle **Wahrscheinlichkeitsverteilung** (Abb. 4.6) – sie gibt eine Aussage, wie wahrscheinlich es ist, dass ein Molekül eines idealen Gases bei einer bestimmten Temperatur T eine Geschwindigkeit hat, die in einem winzigen (differenziellen) Geschwindigkeitsintervall liegt. Wir fassen alle Konstanten dieser Formel in A zusammen und schreiben nur die wichtigsten Terme hin. Die Wahrscheinlichkeit ϕ (v), dass bei einer Gastemperatur T die Geschwindigkeit v eines Moleküls mit Masse m im Intervall dv liegt, ist gegeben durch

$$\Phi(v) = A\,v^2 \exp\left(-\frac{m\,v^2}{2kT}\right)$$

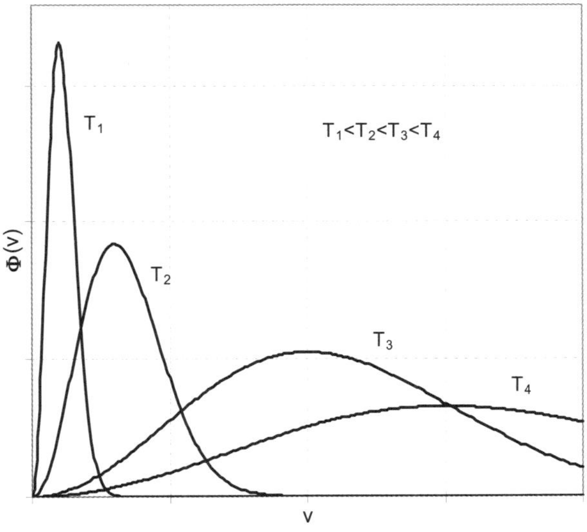

Abb. 4.6: Die Maxwell-Boltzmann-Verteilung der Geschwindigkeit von Gasmolekülen für verschiedene Temperaturen

Den Begriff kT haben wir schon in einer Form der Zustandsgleichung des idealen Gases gesehen (k ist die Boltzmannkonstante). Wir werden ihn uns etwas weiter unten genauer anschauen.

Was wir hier schon sagen können: In der Exponentialfunktion steht im Zähler die kinetische Energie des Gasmoleküls ($m \cdot v^2/2$), also muss die Größe im Nenner (kT) auch eine Energie sein (das Argument einer Exponentialfunktion darf keine Dimension haben, d. h. es muss eine Zahl ohne Einheit sein, also müssen die Größen auf beiden Seiten des Bruchstrichs die gleiche Dimension haben). Das stimmt mit unserem Wissen aus der Zustandsgleichung des idealen

Gases überein – dort steht links die Volumsenergie eines kmol eines idealen Gases, also muss das kT auf der rechten Seite auch die Dimension einer Energie haben (der Faktor N_A gibt ja nur die Zahl der Moleküle in diesem kmol an). Weiters wissen wir, dass die Exponentialfunktion auch für unendlich große Geschwindigkeiten mathematisch nie null wird – es gibt also immer eine endliche Wahrscheinlichkeit (und sei sie noch so winzig), dass ein Molekül auch bei einer niedrigen Gastemperatur eine sehr hohe Geschwindigkeit hat.

wahrscheinlichste Geschwindigkeit

mittlere thermische Geschwindigkeit

„root mean square"-Geschwindigkeit

Die Form der Verteilung sehen Sie aus der Abbildung 4.6: Die Kurve hat ein Maximum, d. h. es gibt eine **wahrscheinlichste Geschwindigkeit** der Moleküle, v_w. Zu kleinen Geschwindigkeiten hin fällt die Kurve recht steil ab, bei v = 0 ist die Wahrscheinlichkeit null, aber zu großen Geschwindigkeiten hin ist der Abfall sanfter. Für sehr große Geschwindigkeiten geht sie asymptotisch gegen null. Da die Kurve so „schief", d. h. unsymmetrisch ist, gibt es noch zwei weitere Geschwindigkeiten, die das Verhalten der Moleküle charakterisieren – die **mittlere thermische Geschwindigkeit v_{th}**, die die Fläche unter der Kurve in zwei Hälften teilt, und die so genannte **„root mean square"-Geschwindigkeit v_{rms}**, die der mittleren thermischen Energie der Moleküle entspricht (siehe Kap. 4.10).

$$v_w = \sqrt{\frac{2kT}{m}}, \quad v_{th} = \sqrt{\frac{8kT}{\pi m}}, \quad v_{rms} = \sqrt{\frac{3kT}{m}}$$

Für Luft bei 20 °C ist die wahrscheinlichste Geschwindigkeit v_w der Moleküle 413 m/s, (entspricht ca. 1500 km/h). Die anderen „mittleren" Geschwindigkeiten sind noch etwas größer (466 bzw. 506 m/s). Die Moleküle sind also nicht gerade langsam unterwegs! Trotzdem bewegen sich 50 % der Moleküle mit Geschwindigkeiten unter 466 m/s, und einige Moleküle sind *sehr* langsam.

Hier haben wir wieder eine Auswirkung der Tatsache, dass immer *sehr viele* Moleküle da sind. Es ist unmöglich, diese Moleküle alle zu verfolgen, zu vermessen und dann eine Aussage über die einzelnen Moleküle zu treffen, selbst wenn wir die technischen Möglichkeiten dazu hätten und alle Zeit der Welt. Über thermodynamische Systeme können *nur* statistische Aussagen gemacht werden. Messungen von makroskopischen Größen sind auch statistische Aussagen, aber da betreibt das Messgerät Statistik, ohne dass wir das merken. Daher war es auch möglich, sehr erfolgreich Thermodynamik zu betreiben und Dampfmaschinen zu bauen, ohne vom atomaren bzw. molekularen Aufbau der Materie etwas zu wissen.

Wir wissen schon sehr viel über die Moleküle des idealen Gases und ihre Geschwindigkeiten. Haben Sie sich aber schon einmal gefragt, wie viel Zeit zwischen den Stößen vergeht, bzw. wie weit die Moleküle zwischen zwei Stößen kommen? Für die Strecke zwischen zwei Stößen gibt es einen Begriff: die **mittlere freie Weglänge** λ_g, d. h. jene Strecke, die ein Molekül im Mittel frei fliegen kann, bevor es mit dem nächsten Molekül zusammenstößt. Für Luft bei 20 °C und 1013 mbar beträgt λ_g 0,066 µm, das ist also nicht sehr weit aus unserer Sicht. Für die kleinen Moleküle (Luft: Durchmesser 0,37 nm) ist das immerhin das knapp 180-fache ihrer Größe. Auf uns umgerechnet (mittlere Größe: 1,8 m) würde das einer Strecke von 320 m entsprechen. Zwischen den Molekülen befindet sich nichts als Leere. Da sehen Sie, dass trotz der *sehr* vielen Moleküle ein Gas eigentlich sehr viel Leerraum (Vakuum) enthält. Ein Molekül, das sich mit der wahrscheinlichsten Geschwindigkeit bei dieser Temperatur bewegt, braucht für diese Strecke $0{,}16 \cdot 10^{-9}$ s. Viel „Freizeit“ hat es also nicht. Diese Rechnung war aber nicht nur eine Spielerei – in der Chemie gibt die Zeit zwischen zwei Stößen von gasförmigen Reaktionspartnern eine Grenze für die Reaktionsgeschwindigkeit. Die Reaktion kann erst ablaufen, wenn zwei (oder mehrere Partner) sich sozusagen zusammengefunden haben. Ob sie dann auch abläuft bzw. wie schnell, ist eine hochinteressante Frage auf dem Gebiet der chemischen Reaktionsdynamik, die aber weit über den Rahmen unseres Buches hinausgeht.

mittlere freie Weglänge

4.10 Die Gleichverteilung der Energie eines Gases

Die dritte der mittleren Geschwindigkeiten ist besonders interessant – wir werden gleich sehen, warum. Der Begriff „root mean square“ besagt, dass die Wurzel aus dem Mittelwert der Quadrate der Geschwindigkeiten gezogen wird. Der Gleichverteilungssatz handelt von der Verteilung von Energie, und das Quadrat der Geschwindigkeit entspricht der kinetischen Energie ($m \cdot v^2/2$). Mit einer kleinen Umformung sieht die Formel für die v_{rms} so aus:

$$\frac{m\, v_{rms}^2}{2} = \frac{3}{2} k\,T$$

Die mittlere kinetische Energie der Gasmoleküle beträgt also $3/2 \cdot kT$. Diese Formel ist ein Spezialfall des **Gleichverteilungssatzes von Boltzmann**. Genau heißt er: Die mittlere Energie eines idealen Gases beträgt **pro Freiheitsgrad** ½ · kT.

Gleichverteilungssatz von Boltzmann

Freiheitsgrade

Freiheitsgrade sind Möglichkeiten der Moleküle, Energie aufzunehmen. Diese Energie kann Bewegungsenergie, Rotations- und Schwingungsenergie sein. Bei der Bewegungsenergie (Translationsenergie) gibt es drei Freiheitsgrade, denn jede Geschwindigkeit ist ein Vektor, der im dreidimensionalen Raum drei Komponenten (x-, y- und z-Komponente) hat. Für ideale Gase gibt es nur diese drei Freiheitsgrade, denn „Punkte" können von der Definition her nicht rotieren oder in sich schwingen. „Wirkliche" Gasteilchen sehen anders aus. Bei einatomigen Gasen (z. B. den Edelgasen) gibt es bei nicht allzu hohen Temperaturen nur drei Freiheitsgrade. Zweiatomige Gasmoleküle (z. B. N_2) können im Prinzip um alle drei Raumachsen rotieren, aber die Rotation um die Längsachse des Moleküls trägt wieder nicht viel zur Gesamtenergie bei, also rechnet man hier mit den drei Freiheitsgraden der Translation und nur zwei der Rotation. Mehratomige Moleküle haben dann noch zwei weitere Schwingungsfreiheitsgrade, denn die Atome in den Molekülen können noch gegeneinander schwingen. Bei CO_2 und H_2O liegen diese Schwingungsenergien so niedrig, dass sie durch Infrarotlicht angeregt werden können (siehe Kap. 7.3).

Mit dem Gleichverteilungssatz haben wir endlich den quantitativen Zusammenhang zwischen der kinetischen Energie der Wärmebewegung und der thermischen Energie kT. Die Boltzmannkonstante ist das Verbindungsstück zwischen der mikroskopischen Betrachtung von der Molekülebene her und der makroskopischen Betrachtung von Messgrößen (der Temperatur). Auch bei den Definitionen der Entropie verknüpft sie wieder die mikroskopische Betrachtung (der thermodynamischen Wahrscheinlichkeit eines Zustands) mit der makroskopischen Größe der zugeführten Wärme bei einer bestimmten Temperatur.

4.11 Das reale Gas

Nachdem wir das ideale Gas so gründlich behandelt haben, wird es Zeit, uns um das reale Verhalten von Gasen zu kümmern. In der Realität haben Gasmoleküle ein Eigenvolumen, und zwischen den Molekülen wirken starke Kräfte, die allerdings nur sehr kurze Reichweite haben. Das Eigenvolumen der Moleküle vermindert den Platz, der den Molekülen in einem Volumen zur Bewegung zur Verfügung steht. Die Anziehungskräfte ergeben einen zusätzlichen Druck, der als **Binnendruck** des Gases bezeichnet wird und zum Druck dazukommt (in der Formel stellt a/V^2 den Binnendruck dar). Die Berücksichtigung des Eigenvolumens b (oder auch **Kovolumens**) und

Binnendruck

Kovolumen

des Binnendrucks gibt eine Erweiterung der Zustandsgleichung des idealen Gases.

$$p \, V_m = RT$$

$$\left(p + \frac{a}{V_m^2}\right)(V_m - b) = RT$$

Van-der-Waals-Gleichung
Van-der-Waals-Kräfte
Van-der-Waals'sche Konstanten

Die erweiterte Gleichung ist die **Zustandsgleichung des realen Gases**. Sie wird oft als **Van-der-Waals-Gleichung** bezeichnet. Die Kräfte, die zwischen den Molekülen wirken, nennt man **Van-der-Waals-Kräfte**. Die **Van-der-Waals'schen Konstanten** a und b sind für verschiedene Stoffe verschieden. Sie finden die Werte für die wichtigsten Gase in den meisten großen Tabellenwerken.

Phasenübergang

Zeichnet man jetzt ein p-V-Diagramm (Abb. 4.7), so ergibt sich ein charakteristisches Bild. Die Isothermen für hohe Temperaturen sehen aus wie im p-V-Diagramm des idealen Gases. Bei niedrigeren Temperaturen werden die Isothermen aber mehr und mehr deformiert, bis ein Bereich erreicht wird, in dem der mittlere Abstand zwischen den Molekülen so klein wird, dass die Van-der-Waals-Kräfte genügend wirksam werden, um die Moleküle locker aneinander zu binden. Das Gas geht in den flüssigen Zustand über. Im p-V-Diagramm entspricht diesem **Phasenübergang** eine horizontale Linie – das Volumen verkleinert sich stark bei konstantem Druck. Denken Sie hier wieder an Wasser. Flüssiges Wasser hat eine Dichte von 1000 kg/m^3, während Wasserdampf (bei 20 °C und 1013 mbar) eine Dichte von 0,5977 kg/m^3 hat. In einem Litergefäß bringen Sie also knapp 2000-mal soviel Masse an flüssigem Wasser wie an Was-

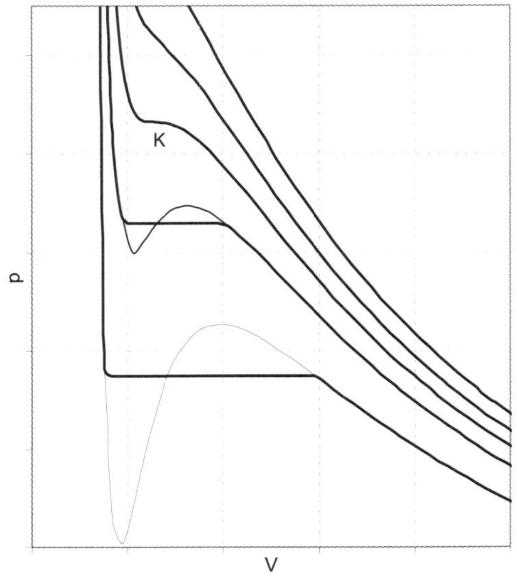

Abb. 4.7: Das p-V-Diagramm eines realen Gases (CO_2) mit verschiedenen Isothermen. In den Gebieten des Diagramms mit horizontalen Isothermen findet ein Phasenübergang statt. Der kritische Punkt ist mit K bezeichnet.

serdampf unter. Wenn alle Moleküle im flüssigen Zustand vorliegen, steigt der Druck bei weiterer Volumsverkleinerung extrem stark an, denn Flüssigkeiten sind sehr schwer kompressibel. Um ein bestimmtes Volumen flüssiges Wasser auf die Hälfte zu verkleinern, brauchen Sie einen ca. 20.000-mal so hohen Druck wie bei Wasserdampf. Im p-V-Diagramm gibt es aber auch eine Isotherme, die einen Wendepunkt hat. Wird das reale Gas bei dieser Temperatur komprimiert, passiert etwas Seltsames – die Dichte des Gases steigt, aber es verflüssigt sich nicht. „Rechts" von diesem Wendepunkt verhält es sich wie ein Gas (d. h. relativ leicht komprimierbar), aber „links" von dem Punkt verhält es sich wie eine Flüssigkeit (sehr schwer komprimierbar), ohne dass ein sichtbarer Phasenübergang stattgefunden hätte. Am Wendepunkt ist die Dichte des „Gases" gleich der Dichte der „Flüssigkeit", und damit fällt die Möglichkeit weg, zwischen Flüssigphase und Gasphase zu unterscheiden. Diesen „**kritischen Punkt**" betrachten wir im nächsten Abschnitt etwas näher.

kritischer Punkt

4.12 Aggregatszustände und Phasenübergänge

Bis jetzt haben wir von Gasen gesprochen – zuerst vom idealen Gas als Modell und dann vom realen Gas, bei dem Abweichungen vom idealen Verhalten berücksichtigt wurden. Reale Gase können zu Flüssigkeiten **kondensieren**. Hier ist schon der erste Phasenübergang angesprochen. Flüssigkeiten können entweder **verdampfen** oder, bei weiterer Abkühlung oder Druckerhöhung, zu festen Stoffen **erstarren**. Diese Art von Phasenübergängen entsprechen Übergängen von einem **Aggregatszustand** (d. h. fest, flüssig und gasförmig) in einen anderen. Es gibt auch andere Arten von **Phasenübergängen**, z. B. wenn die Atome in Festkörpern in bestimmten Druck- und Temperaturbereichen sich in verschiedenen Kristallgittern anordnen, aber diese Art der Phasenübergänge lassen wir hier aus und beschränken uns auf die Phasenübergänge **fest – flüssig** und **flüssig – gasförmig** bzw. umgekehrt, denn die sind kompliziert und interessant genug.

kondensieren
verdampfen
erstarren
Aggregatszustand
Phasenübergänge
fest – flüssig
flüssig – gasförmig

Für jeden Stoff gibt es Bereiche im dreidimensionalen Zustandsraum, in denen mehr als eine Phase (im einfachsten Fall ein Aggregatzustand) gleichzeitig vorkommen und miteinander im Gleichgewicht sind. Zur Beschreibung dieser Bereiche wird das p-T-**Phasendiagramm** (Abb. 4.8) verwendet. Achtung, dieses Phasendiagramm ist kein p-T-Zustandsdiagramm, denn die Linien sind keine Isochoren (d. h. Linien gleichen Volumens), sondern sie verbinden

Phasendiagramm

Punkte, bei denen zwei (oder mehrere) Phasen im Gleichgewicht sind. Bei niedrigem Druck und hoher Temperatur sind Stoffe im Aggregatzustand Gas, d. h. also gasförmig. Bei hohem Druck und niedriger Temperatur sind die Stoffe fest, während sie im Bereich mittlerer Drücke und Temperaturen flüssig sein können. Die **Phasengebiete** sind durch die **Phasenübergangslinien** getrennt. Die Linie zwischen „fest" und „flüssig" heißt **Schmelzkurve**, die Linie zwischen flüssig und gasförmig **Dampfdruckkurve** und die Linie zwischen fest und gasförmig **Sublimationskurve**. Alle Kurven treffen sich in einem Punkt, in dem alle drei Phasen im Gleichgewicht sind, dem **Tripelpunkt** (nein, das ist kein Tippfehler – „tripel" kommt von drei und nicht von „trippeln"). Für Wasser liegt der Tripelpunkt bei 6,1 mbar und 0,0075 °C. Die Dampfdruckkurve endet in einem genau definierten Punkt – dem **kritischen Punkt**. Hier ist die Dichte des Gases durch den hohen Druck schon so hoch, dass sie gleich der Dichte der Flüssigkeit (bei der hohen Temperatur) wird. Eine Unterscheidung zwischen Flüssigkeit und Gas ist nicht mehr möglich. Dieser Aggregatzustand wird üblicherweise als „**überkritischer Dampf**" bezeichnet. Bei Wasser liegt der kritische Punkt bei 22,12 bar, 647,4 K (also 374,25 °C). Das Molvolumen von Wasser am kritischen Punkt beträgt 0,0554 m^3/kmol.

Phasengebiete
Phasenübergangslinien
Schmelzkurve
Dampfdruckkurve
Sublimationskurve
Tripelpunkt
kritischer Punkt
überkritischer Dampf

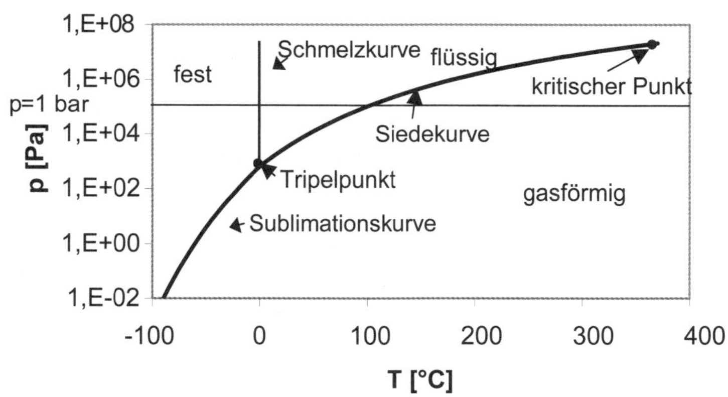

Abb. 4.8: Das p-T-Phasendiagramm eines realen Gases (Wasser)

Wie finden wir in dem Diagramm den „normalen" **Schmelz-** und **Siedepunkt** von Wasser? Ganz einfach – wir ziehen beim Druck p = 1 bar eine horizontale Linie. Die schneidet dann die Schmelzkurve bei 0 °C und die Dampfdruckkurve bei 100 °C. Aber ganz so einfach ist die Sache in der Praxis auch wieder nicht. Für einen Phasenübergang sind „Kerne" nötig, an denen sich z. B. im flüssigen Wasser Gasbläschen bilden können. Diese Bläschen haben nämlich bezogen auf ihr kleines Volumen eine sehr große Oberfläche und

Schmelzpunkt
Siedepunkt

sind daher energetisch ungünstig, da zur Bildung von Oberflächen viel Energie gebraucht wird. Sehr reines Wasser (destilliertes Wasser oder Wasser, das schon oft gekocht hatte und wieder auskühlte) hat kaum Fremdionen oder Schmutzteilchen, an denen sich Blasen bilden können. Daher kommt es vor, dass sehr reines Wasser auch über 100 °C bei Normaldruck nicht siedet. Wenn dann durch irgendeinen Prozess (z. B. einen mechanischen Stoß) sich auch nur ein winziges Bläschen bildet, siedet das Wasser schlagartig. Dieser

Siedeverzug

Siedeverzug ist gefürchtet – der heiße Inhalt einer Eprouvette kann dann auf einmal herausschießen (Dampf braucht das 2000fache Volumen von flüssigem Wasser) und schwere Verbrühungen verursachen, oder große Kessel in Fabriken können explodieren. Genauso kann es vorkommen, dass abkühlender Dampf am Phasenübergangspunkt nicht sofort kondensiert oder dass Wassertröpfchen nicht gefrieren, obwohl es kalt genug wäre.

Druckkochtopf

Haben Sie sich schon einmal gefragt, warum Speisen im **Druckkochtopf** so viel schneller gar werden? Im Druckkochtopf herrschen nicht nur 1 bar, sondern ein paar mehr – z. B. 5 bar. Damit rutscht der Kochpunkt von Wasser zu höheren Temperaturen, und die Speisen werden bei höheren Temperaturen gegart, bei denen die chemischen Reaktionen schneller ablaufen. In einem „normalen" Topf können nämlich (bei Atmosphärendruck) keine höheren Temperaturen als 100 °C erreicht werden, da Speisen üblicherweise so viel Wasser enthalten (auch wenn sie nicht extra in Wasser gekocht werden), dass die 100 °C erst überschritten werden können, wenn alles Wasser (in der Zone nahe dem heißen Topfboden) weg ist. Das kommt zwar auch vor, aber meist nicht absichtlich – essen Sie gerne Angebranntes?

Was bedeutet das jetzt: Kurven (oder Punkte), bei denen zwei Phasen im Gleichgewicht sind? Von der makroskopischen Seite her ist das eine Erfahrung – wenn eine (genügende) Menge flüssiges Wasser in ein evakuiertes Gefäß gebracht wird, verdampft das Wasser so lange, bis sich im ehemaligen Leer-Raum durch den Wasserdampf ein Druck einstellt, der nur von der Temperatur abhängt. Die übrig gebliebene Menge an flüssigem Wasser nimmt dann nicht weiter ab. Wird von dem Dampf (bei gleicher Temperatur) etwas weggenommen, verdampft genau so viel flüssiges Wasser, wie nötig ist, den vorigen Druck wieder zu erreichen. Dieser Druck hat daher auch den Namen

Gleichgewichtsdampfdruck

Gleichgewichtsdampfdruck. Im Phasendiagramm ist der Gleichgewichtsdampfdruck aus der Dampfdruckkurve ablesbar. Auch über der festen Phase (bei Wasser Eis) gibt es einen Gleichgewichtsdampfdruck, der aus der Sublimationskurve ablesbar ist. Dieser Gleichgewichtsdampfdruck ist aber viel kleiner als der über flüssigem Wasser, was in der Natur z. B. dazu führen kann, dass sich Nebel (besteht auch bei Temperaturen bis –20 °C oder sogar –30 °C aus flüssigen Tröpfchen) auflöst, wenn er über eine Schneefläche driftet. Der Wasserdampf der Luft kondensiert dann nämlich an den Schneekristallen, die Luft verliert Wasserdampf, und die Nebeltröpfchen verdunsten.

Phasengleichgewicht

Sehen wir uns nun den Begriff „**Gleichgewicht**" zwischen zwei Phasen genauer an. Bei diesem Begriff klingt durch, dass das Ganze sehr „statisch" ist – ein System im Gleichgewicht verändert sich nicht. Von der Molekulardynamik her ist das ein Unsinn. Es gibt keine Unterteilung in „Dampfmoleküle" und „Flüssigkeitsmoleküle", denn die Moleküle wechseln dauernd zwischen den beiden Phasen hin und her. Moleküle nahe der Oberfläche der Flüssigkeit, deren thermische Energie groß genug ist, um die Van-der-Waals-Kräfte ihrer Nachbarn zu überwinden, verlassen die flüssige Phase, und andere Moleküle aus dem Dampfraum, die zufällig Richtung Flüssigkeit fliegen, treffen auf die Oberfläche und werden von den Van-der-Waals-Kräften „eingefangen". Das Gleichgewicht zwischen flüssiger und gasförmiger Phase ist aus der Sicht der Moleküle her ein **dynamisches Gleichgewicht** – in jeder Zeiteinheit verlassen (ungefähr) so viele Moleküle die flüssige Phase (verdampfen), wie Moleküle die Dampfphase verlassen (kondensieren). Von dem „ungefähr gleich viele" merken wir aber nichts, da ja immer *sehr viele* Moleküle beteiligt sind. Ob jetzt in einer Sekunde einmal um ein paar tausend Moleküle mehr in der Flüssigkeit oder im Dampf vorhanden sind, ist mit unseren (makroskopischen) Mitteln nicht messbar. Trotzdem ist das „ungefähr" extrem wichtig – dahinter steckt die **Physik der Schwankungserscheinungen**, die eine bedeutende Rolle spielt, aber für unser Buch viel zu weit gehen würde. Trotzdem sollten wir immer daran denken, dass bei den *sehr vielen* Molekülen auch im makroskopischen Gleichgewicht immer ein kleines mikroskopisches Ungleichgewicht stecken kann.

dynamisches Gleichgewicht

Physik der Schwankungserscheinungen

schmelzen

Schauen wir uns jetzt einmal an, was passiert, wenn z. B. Eiswürfel **schmelzen**. Im „normalen" Wassereis (d. h. bei Normaldruck und Temperaturen nicht zu weit unter 0 °C) liegen die H_2O-Moleküle in regelmäßigen Sechseck-Strukturen angeordnet und bilden so einen hexagonalen Kristall. Die einzelnen Moleküle dieses Kristalls und die Atome in den Molekülen schwingen um ihre Ruhelage. Wenn dem Kristall jetzt Wärme z. B. aus der Umgebung zugeführt wird (Sie nehmen Eiswürfel aus dem Gefrierfach, geben sie in ein Glas und stellen das Glas auf Ihren Schreibtisch), so steigt die Temperatur des Eises und die Schwingungen werden stärker. Ab einer gewissen Temperatur ist die Energie dieser ungeordneten Schwingungen groß genug, dass die Ordnung, d. h. der feste Kristall, zu zerfallen beginnt, d. h. das Eis beginnt zu schmelzen. Alle weitere zugeführte Wärme wird dazu verwendet, weitere Moleküle aus dem Kristallverband zu lösen, daher bleibt während des Schmelzvorgangs die Temperatur der Eiswürfel und des schon vorhandenen Wassers konstant (bei 1013 mbar ist sie 0 °C), egal, wie viel Wärme zugeführt wird. Erst wenn das gesamte Eis geschmolzen ist, kann die Temperatur des Wassers bei weiterer Wärmezufuhr wieder steigen. (Da die letzten Eisstrukturen im Wasser erst ab 4 °C zusammenbrechen, kommt es zur Dichteanomalie des Wassers, die aber auf den Phasenübergang selbst keinen Einfluss hat.) Beim **Gefrieren** von Wasser tritt der gegenteilige Effekt auf – wenn dem Wasser Wärme entzogen wird (Sie stellen z. B. einen Plastikbecher mit Wasser ins Tiefkühlfach), sinkt zuerst die Temperatur des Wassers, bis die Gefriertemperatur erreicht wird. Die Moleküle ordnen sich wieder zu regelmäßigen Kristallen an und die überschüssige Bewegungsenergie, die die Moleküle in der Flüssigkeit hatten, wird als Wärme an die Umgebung abgegeben (und von der Kältemaschine Kühlschrank [siehe Kap. 4.17] wieder aus dem Tiefkühlfach hinausbefördert). Auch hier bleibt die Temperatur des Wasser-Eis-Gemischs trotz Wärmeentzugs konstant, bis das gesamte Wasser gefroren ist. (Im Beispiel wird absichtlich ein Plastikbecher verwendet – Eis hat eine geringere Dichte als Wasser und somit ein größeres Volumen bei gleicher Masse. Wenn Sie z. B. eine Glasflasche mit Wein zum Schnellkühlen ins Gefrierfach legen und dort so lange liegen lassen, bis der Wein gefriert, kann die Flasche zerspringen. Schade um den Wein.)

gefrieren

Als die Wärmebewegung der Moleküle noch nicht verstanden war, war das ein verblüffendes Phänomen – ein fester Stoff wird erwärmt, seine Temperatur steigt, und dann plötzlich steigt die Temperatur nicht mehr, obwohl weiter Wärme zugeführt wird. Dafür wird aus dem Feststoff eine Flüssigkeit – wieso eigentlich? Wenn man der Flüssigkeit wieder Wärme entzieht, bekommt man die beim Schmelzen „verlorene“ Wärme plötzlich wieder zurück – wo war diese Wärme „versteckt“? Aus dieser Überlegung stammt der Begriff „latente“, d. h. „verborgene Wärme“. Die **latente Wärme** für den Schmelzvorgang wird als **Schmelzwärme** Q_s bezeichnet – es ist diejenige Wärmemenge, die nötig ist, 1 kg (oder 1 kmol) des Stoffes vom festen in den flüssigen Aggregatzustand überzuführen, d. h. also die Wärmemenge $\triangle Q$, die einem Feststoff mit Masse m zugeführt werden muss, um ihn zum Schmelzen zu bringen, ist

latente Wärme
Schmelzwärme

$$\Delta Q = Q_s\, m$$

Beim Gefrieren (oder Erstarren) der daraus entstandenen Flüssigkeit wird genau diese Wärmemenge ΔQ wieder frei.

Auch beim Verdampfen einer Flüssigkeit „verschwindet" Wärme, die beim Kondensieren wieder frei wird. Diese latente Wärme (**Verdampfungswärme**) wird mit Q_V bezeichnet und wieder pro kg oder pro kmol angegeben. Es gilt wieder

Verdampfungswärme

$$\Delta Q = Q_v\, m$$

Diese „Wärmen" sind eigentlich **Enthalpien**, denn zur Ausdehnung bei konstantem Druck (dem Luftdruck) wird Ausdehnungsarbeit benötigt. Dampf hat ein viel größeres Volumen als die Flüssigkeit, und daher muss bei der Verdampfung Ausdehnungsarbeit geleistet werden.

Enthalpie

Wasser hat eine sehr große Verdampfungswärme $Q_V = 2230$ kJ/kg. Auch die Schmelzwärme ist nicht gerade klein ($Q_s = 330$ kJ/kg). Die hohe Verdampfungswärme von Wasser sorgt auf der Erde für einen Temperaturausgleich zwischen den Tropen und den nördlicheren bzw. südlicheren Gebieten. Durch die starke Sonneneinstrahlung verdunsten große Mengen Wasser von tropischen Meeren oder der tropischen Vegetation, die als Wasserdampf mit den globalen Luftströmungen in höhere Breiten getragen werden und dort teilweise zu Wolkentropfen kondensieren. Dabei wird die in den Tropen aufgenommene Verdampfungswärme wieder frei. Ohne diese Zufuhr von latenter Wärme bei der Kondensation wäre das Klima in unseren Breiten sehr viel kälter. Kennen Sie die einfachste Möglichkeit, einen Raum zu kühlen? Sie hängen viele nasse Tücher auf. Das Wasser verdunstet und die Wärme, die dafür benötigt wird, wird der Umgebungsluft entzogen, die dabei abkühlt. Am besten funktioniert das bei sehr trockener Luft. Wenn die Luftfeuchte schon so hoch ist, dass uns die Luft als schwül erscheint, empfinden wir zusätzlichen Wasserdampf in der Luft nicht mehr als angenehm, da wir unseren Körper dann nicht mehr durch Verdunsten von Schweiß abkühlen können. In den Tropen ist die Luft meist zu feucht, um noch nennenswerte Mengen Wasserdampf aufnehmen zu können und diese „Klimaanlage" funktioniert nicht mehr. Unter diesen Umständen muss dann zu einer Kältemaschine (Kap. 4.13) gegriffen werden, um einen Raum auf eine für uns erträgliche Temperatur zu kühlen.

4.13 Spontane Vorgänge, reversible Vorgänge und Entropie

Wir alle kennen aus unserer Alltagserfahrung Vorgänge, die von selbst ablaufen, und solche, die es nicht tun. Wenn Kinder spielen, sieht ein vormals ordentlich aufgeräumtes Kinderzimmer sehr schnell nicht mehr ordentlich aus. Haben Sie schon einmal gesehen, dass sich das Chaos im Kinderzimmer von selbst wieder in Ordnung bringt? Sich alle ausgekippten Legosteine vom Boden von selbst wieder (nach Farbe, Größe etc. geordnet) in die Sortimentskästen schlichten? Dazu ist recht viel Energie (in Form von Arbeit) nötig. Ist Ihnen schon einmal ein Buch auf die Zehen gefallen? Das Buch liegt dann auf Ihrem Fuß, und Ihre Zehen schmerzen. Wenn plötzlich Ihre Zehen nicht mehr schmerzen, aber dafür das Buch wieder in Ihre Hand springt, würden Sie wahrscheinlich an Ihrem Verstand zweifeln (oder aufwachen und wissen, dass es ein Traum war). Wenn ein Glas zu Boden fällt, wissen wir aus Erfahrung, dass es dabei zerspringen kann. Niemand von uns aber erwartet, dass sich Glasscherben von selbst wieder zu einem Glas zusammensetzen, oder? Um die Scherben wieder in ein intaktes Glas zusammenzusetzen, müssten sie unter erheblichem Energieaufwand (Wärme) eingeschmolzen und wieder zu einem Glas geblasen werden. Hier muss nicht nur mechanisch Ordnung gemacht werden (wie beim Aufräumen), sondern dazu noch zweimal ein Phasenübergang stattfinden.

irreversibel
reversibel

Hier haben wir eine grundlegende Unsymmetrie – es gibt Vorgänge, die spontan ablaufen, und solche, die es nicht tun. Vorgänge, die von selbst in eine Richtung ablaufen können, aber nicht von selbst in die andere, sind **irreversibel**. **Reversible** Vorgänge sind umkehrbar – sie können in beide Richtungen „von selbst" ablaufen. Zur Beschreibung dieser Unsymmetrie gibt es eine physikalische Größe, die Entropie.

Entropie

Die **Entropie** ist eine thermodynamische Funktion, die oft als schwierig, abstrakt und unverständlich bezeichnet wird. Lassen Sie sich davon nicht abschrecken. In der Physik geht es sehr pragmatisch zu. Neue Größen werden nur bei Bedarf eingeführt, und wenn sich herausstellt, dass sie nicht mehr gebraucht werden oder unpraktisch sind, verschwinden sie wieder in der Versenkung. Die Entropie gehört aber seit ca. 150 Jahren zum Haupthandwerkszeug der Thermodynamik, und die Chance, dass sie in absehbarer Zeit unwichtig wird, ist verschwindend klein. Wir leben (in der Physik) sehr gut mit der Entropie, wenn sie uns im täglichen Leben auch manchmal nervt – wer hätte nicht gern eine selbstaufräumende Wohnung! Für die Entropie finden sich immer zwei Definitionen – die eine (**makroskopische**) definiert die **Entropie** S (eigentlich ihre Änderung $\triangle S$) als

$$\Delta S = \frac{\Delta Q_{rev}}{T}$$

d. h. die Entropie eines Systems mit der Temperatur T ändert sich bei (reversibler, s. u.) Zufuhr einer kleinen Wärmemenge $\triangle Q$ genau um $\triangle S$. Das System muss dabei so groß sein, dass die Zufuhr der kleinen Wärmemenge an seiner Temperatur nichts ändert. So große Systeme werden „**Reservoir**" genannt.

Reservoir

Die andere Definition ist unseres Wissens nach die einzige physikalische Definition, die auf einem Grabstein steht (dem Grab von Boltzmann):

$$S = k \ln W$$

wobei k die Boltzmannkonstante und W die **thermodynamische Wahrscheinlichkeit** eines Zustands bezeichnet. Oft heißt es auch: **„Die Entropie ist ein Maß für die Wahrscheinlichkeit eines Zustands oder ein Maß für die Unordnung eines Systems".** Die thermodynamische Wahrscheinlichkeit ist aber nicht mit der üblichen Definition von Wahrscheinlichkeit (d. h. dem Verhältnis aus der Zahl der „günstigen" Fälle und der Zahl der gesamt möglichen Fälle) zu vergleichen. Für die genaue Definition müssten wir hier weit in die statistische Thermodynamik hineingehen. Man kann sich W aber auch als Verhältnis der Wahrscheinlichkeit eines Zustands zu der eines anderen vorstellen. Wenn der eine Zustand wahrscheinlicher ist als der andere (z. B. nach kurzer Spielzeit ein chaotisches Kinderzimmer im Vergleich zu einem ordentlich aufgeräumten), dann ist $W > 1$ und S positiv. Weiter unten kommt dann ein Beispiel für eine Berechnung der Entropie.

thermodynamische Wahrscheinlichkeit

Sehr „praktisch" sehen diese Definitionen aber nicht aus, oder? Da müssen wir ein bisschen genauer hinschauen. In alten Büchern steht noch, dass das Verhältnis aus zugeführter Wärme und Temperatur eines Reservoirs früher „**reduzierte Wärme**" hieß. Da bei Kreisprozessen oder allgemein bei Zustandsänderungen immer wieder einem System eine bestimmte Wärmemenge bei einer bestimmten Temperatur zugeführt oder entzogen wird, liegt es nahe, dass dieses Verhältnis einen eigenen Namen bekommt und dann in Rechnungen nur mehr mit einem Kürzel (S) geschrieben wird. Aus der Erfahrung mit Dampfmaschinen war schon Mitte des 19. Jh. bekannt, dass bei allen Prozessen die reduzierte Wärme, die dem heißen Reservoir (z. B. dem Dampfkessel) entzogen wird, immer

reduzierte Wärme

kleiner ist als die reduzierte Wärme, die an das kalte Reservoir (Umgebungsluft) abgegeben wird. Die Größe S nimmt also immer zu.

Für die zweite Definition der Entropie müssen wir uns auf die mikrophysikalische Betrachtung einlassen. Sehen wir uns ein recht unrealistisches Beispiel an. Stellen Sie sich vor, Sie hätten viele Gasmoleküle, die sich in einem Raum mit zwei Hälften aufhalten können (wir beschränken uns hier absichtlich auf die Position der Moleküle und lassen ihre Geschwindigkeit einfach weg). Welcher Zustand ist jetzt wahrscheinlicher: a) alle Moleküle halten sich z. B. rechts auf, oder: b) es sind so ziemlich gleich viele Moleküle links und rechts? Uns leuchtet sofort ein, dass die Moleküle wahrscheinlich ziemlich gleich verteilt sind (das ist auch gut für uns; stellen Sie sich vor, was passiert, wenn alle Luftmoleküle in Ihrem Zimmer sich plötzlich in die Hälfte des Zimmers begeben, in der Sie sich gerade nicht aufhalten …). Für N Luftmoleküle gibt es 2^N Möglichkeiten, sich auf zwei Raumhälften zu verteilen. Die Wahrscheinlichkeit, dass alle rechts sind, ist dann 2^{-N}, und das ist eine winzige Zahl. Für $N = 100$ liegt sie bei ca. 10^{-30}.

Erinnern Sie sich, wie viele Moleküle in 1 cm³ Luft bei 1013 mbar und 20 °C vorhanden sind? Ca. $2 \cdot 10^{19}$. Bei diesen großen Zahlen wird die Wahrscheinlichkeit, dass alle in einer Hälfte des Raumes sind, verschwindend klein (aber nicht Null).

Sehen wir uns ein anderes (ebenso unrealistisches) Beispiel an und beschränken uns wieder nur auf den Ort der Moleküle. Sie haben einen Raum mit einer Trennwand. Alle N Moleküle sind rechts von der Wand. Wenn Sie jetzt die Trennwand entfernen, dann verteilen sich die Moleküle über beide Hälften. Vor der Öffnung der Wand gab es nur eine Möglichkeit für die Anordnung („rechts“), und jetzt gibt es die vorher angesprochenen 2^N Möglichkeiten. Der neue Zustand ist um 2^N mal wahrscheinlicher als der ursprüngliche Zustand (alle in einer Hälfte). Wenn wir das über die Entropie ausdrücken, heißt es: Die Entropie des neuen Zustands ist um

$$\Delta S = k \ln 2^N = N k \ln 2$$

größer als die des alten – sie hat also erheblich zugenommen.

Wir könnten jetzt ableiten, dass die beiden Definitionen für Entropie äquivalent sind, aber wir halten unser Versprechen „keine Ableitungen von Formeln“.

Etwas anderes ist hier gut zu sehen. Beide Definitionen machen Aussagen über die *Änderungen* der Entropie bei einer Änderung des

Systems (oder am System). In der Thermodynamik sind die Änderungen von Größen wichtiger als absolute Zahlen. Wenn solche Zahlen unbedingt nötig sind, wird wie in der physikalischen Chemie ein „**Standardzustand**" definiert, die Entropie, Enthalpie etc. dieses Zustands berechnet oder festgelegt, die Werte tabelliert und dann werden die Änderungen gegenüber diesem Standardzustand betrachtet. Für die Entropie gibt es einen „natürlichen" Referenzpunkt – am absoluten Nullpunkt sollte die Ordnung am größten sein, da (mit Ausnahme von Quanteneffekten) alle thermische Bewegung zum Stillstand gekommen ist. Jeder Zustand bei einer etwas höheren Temperatur hat dann eine höhere Entropie.

Standardzustand

4.14 Der nullte und der erste Hauptsatz der Thermodynamik

Nach diesem Exkurs in die statistische Thermodynamik gehen wir jetzt daran, uns die Hauptsätze der Thermodynamik anzusehen. Eigentlich können wir alle Hauptsätze auch ohne das statistische Bild durchnehmen, aber dann handelt es sich vor allem beim zweiten und dritten Hauptsatz (siehe Kap. 4.15) um Sätze, mit denen wir zwar arbeiten können, aber verstehen werden wir sie (makroskopisch) nicht.

Es gibt im Ganzen vier „Hauptsätze" in der Thermodynamik. Sie sind keine „normalen" Merksätze, wie sie LehrerInnen gern ihren SchülerInnen vorsetzen, sondern sie beschreiben grundlegende Prinzipien, auf denen die ganze thermodynamische Theorie und ihre praktischen Anwendungen beruhen. Im Grunde umfasst das alle Abläufe in der Natur, denn das Universum ist selbst ein (sehr großes) thermodynamisches System. Die Sätze klingen einfach, aber dieser Eindruck täuscht – die Erstellung war alles andere als einfach. Daher gibt es leicht unterschiedliche Formulierungen, die nach einzelnen Wissenschaftern benannt sind. Wir werden hier nicht alle Formulierungen anführen, sondern jene auswählen, die uns am verständlichsten erscheinen.

Fangen wir mit dem **nullten Hauptsatz** an, der erst 1931, d. h. ca. 100 Jahre nach dem ersten dazugefügt wurde, um den anderen eine formale Basis zu geben. Er liegt im Grunde in zwei Formulierungen vor. „**Wenn zwei Systeme mit einem dritten im thermodynamischen Gleichgewicht stehen, so stehen sie auch untereinander im thermodynamischen Gleichgewicht**" und „**Die Messgröße Temperatur ist jedem thermodynamischen System eindeutig zugeordnet**". Wenn ein System im thermodynamischen Gleichgewicht ist,

nullter Hauptsatz der Thermodynamik

heißt das, dass seine Temperatur konstant bleibt. Nach der Definition kann man aber nur feststellen, dass *zwei* Systeme im Gleichgewicht sind, denn über ein einzelnes System sagt der nullte Hauptsatz nichts aus. Das ist aber kein Problem, denn auch Thermometer sind thermodynamische Systeme. Ohne Messung der Temperatur weiß man ohnedies nichts über das vorhandene oder nicht vorhandene Gleichgewicht. Den Begriff **Thermometer** dürfen wir hier nicht zu eng sehen – im Grunde kann jede Messgröße, die von der Temperatur abhängt, für ein „Thermometer" verwendet werden. Aus der spektralen Energieverteilung des Sonnenlichts wissen wir z. B., dass die Photosphäre unserer Sonne eine Temperatur von ca. 5780 K hat, obwohl niemand je ein „normales" Thermometer hineingesteckt hat und wohl auch nie tun wird.

Thermometer

erster Hauptsatz der Thermodynamik

Wärme als Form der Energie

Der **erste Hauptsatz** ist eine Erweiterung des Energieerhaltungssatzes der Mechanik – **in einem abgeschlossenen System** (d. h. einem System, bei dem weder Materie noch Energie hinein- oder herauskann) **ist die Gesamtenergie konstant**. Zu den mechanischen Formen der Energie wie kinetische, potenzielle, Rotationsenergie etc. kommt jetzt die **Wärme als Form der Energie** dazu. Als Formel wird der erste Hauptsatz so geschrieben:

$$\Delta U = \Delta Q + \Delta W$$

Die innere (thermische) Energie eines Systems nimmt zu, wenn ihm Arbeit (ΔW) und/oder Wärme (ΔQ) zugeführt wird. Auch hier ist von Änderungen (Δ) von Größen die Rede und nicht von absoluten Zahlen. Der erste Hauptsatz besagt auch, dass Wärme und Arbeit äquivalente Größen sind, aber nicht, dass sie dasselbe sind. Schon am Anfang des Kapitels Thermodynamik haben wir den Unterschied. Wenn man es ganz genau nimmt, dann gibt der Satz „Wärme/Arbeit wird einem System zugeführt" Information über die **Methode der Energiezufuhr** – wenn Arbeit zugeführt wird, dann wird z. B. das Volumen des Gases verkleinert (ein Kolben bewegt sich gegen einen Druck um einen bestimmten Weg), während bei Zufuhr von Wärme die Energie z. B. über ein Wärmebad, einen Tauchsieder etc. zugeführt wird.

Methode der Energiezufuhr

4.15 Der zweite und der dritte Hauptsatz der Thermodynamik

zweiter Hauptsatz der Thermodynamik

Der **zweite Hauptsatz der Thermodynamik** bringt Erfahrungen mit **spontan** ablaufenden Prozessen und bei der Entwicklung der Dampfmaschinen gemachten Erfahrungen in eine physikalische und mathematische Formulierung. Hier gibt es mehrere Sätze, die leicht unterschiedliche Prozesse behandeln, aber im Grunde alle dasselbe sagen: **Nur solche Prozesse laufen spontan ab, bei denen die Entropie als Ganzes zunimmt oder im Grenzfall gleich bleibt,** d. h. also

$$\Delta S = S_2 - S_1 \geq 0$$

Der zweite Hauptsatz wird oft als **Entropiesatz** bezeichnet. Hier steht absichtlich „Entropie als Ganzes": Bei Systemen, die von ihrer Umwelt vollkommen abgeschottet sind, muss die Entropie des Systems gleich bleiben oder zunehmen. Bei **offenen Systemen**, die mit ihrer Umgebung Energie und Stoffe austauschen können, muss die Gesamtentropie von System und Umgebung in Summe zunehmen (oder gleich bleiben). Das ist für uns Lebewesen ein Glück – wir sind hochgeordnete Systeme (na ja, zumindest unsere Moleküle sind es, auch wenn wir selbst manchmal ziemlich chaotisch agieren). Wir erhalten unsere (unwahrscheinliche) hohe Ordnung, indem wir Nahrung (hochgeordnete komplexe Moleküle) und Sauerstoff aufnehmen, in chemischen Reaktionen umbauen und „Abfälle" wie Wärme, einfache Moleküle und andere Stoffe an die Umgebung abgeben. Die Entropie des Systems Lebewesen nimmt bei diesen Prozessen ab (Aufbau von neuen hochgeordneten Molekülen), aber wir erzeugen dabei so viel Entropie im „Universum" (unserer Umgebung), dass in Summe die Entropie doch wieder zunimmt.

Entropiesatz

offene Systeme

Die Erfahrungen aus der Thermodynamik wurden im Lauf der Jahre in verschiedene Formen gebracht. So gibt es die Formulierung von Kelvin: **„Es gibt keinen Prozess, der nur Wärme aus einem Reservoir entnimmt und sie vollständig in Arbeit umwandelt"** und die von Clausius: **„Es gibt keinen Prozess, dessen einziges Resultat ein Energietransport von einem kalten zu einem warmen Reservoir ist"**. Eine andere, recht kryptisch klingende Formulierung lautet: „Es gibt kein Perpetuum mobile zweiter Art." Überzeugend sind Sätze dieser Art anscheinend nicht so ganz. Denken Sie an die vielen Erfinder, die die Patentämter mit Entwürfen für das neueste Perpetuum mobile beschäftigen. Die Formulierung des zweiten Hauptsatzes (von Boltzmann) mit Hilfe der Entropie ist aber ganz einleuchtend: **Ein System geht von selbst nur in einen Zustand über, dessen Wahrscheinlichkeit gleich groß oder größer ist als die des Ausgangszustands**. Hier ist nicht die Rede vom Perpetuum mobile (erster oder zweiter Art – und dann müssen wir erst recht nachschlagen, was damit gemeint ist) oder von „es existiert kein Prozess, der …", sondern von der ganz einfachen Tatsache, dass ein System wohl den wahrscheinlichsten Zustand oder einen mit einer nur wenig kleineren Wahrscheinlichkeit annimmt. „Kleiner" bedeutet hier einen Unterschied von wenigen Einheiten von k (der Boltzmannkonstante). Schwankungserscheinungen sind also vom Entropiesatz erlaubt, aber es darf sich nur um kleine Schwankungen handeln. Die Formulierung des zweiten Hauptsatzes über die Wahrscheinlichkeit sollte sogar passionierte Tüftler überzeugen.

Sehen wir uns den zweiten Hauptsatz mit der makroskopischen Definition der Entropie an, d. h. $\triangle S = \triangle Q/T$. Wenn wir einem Reservoir bei einer bestimmten Temperatur eine kleine Wärmemenge zuführen, so bekommen die Moleküle mehr Bewegungsenergie, sie bewegen sich schneller, stoßen öfter zusammen und die Unordnung des Systems (die Entropie) steigt. Was passiert jetzt, wenn Sie die gleiche (kleine) Wärmemenge einem Reservoir mit hoher Temperatur entnehmen und einem mit niedriger Temperatur zuführen? Mathematisch ist das klar: T steht im Nenner, und ein kleineres T gibt ein größeres S als ein größeres T (bei gleichem $\triangle Q$). Auch im mikroskopischen Bild ist es klar: Im Reservoir hoher Temperatur passiert nicht viel – die Unordnung ist so groß, dass eine kleine Verringerung nicht weiter auffällt. Im Reservoir mit niedriger Temperatur allerdings reicht die kleine Wärmemenge aus, eine merkbare Zunahme der Unordnung (der Entropie) zu bewirken. Eine ausgeleerte Legoschachtel fällt im aufgeräumten Zimmer auf. Nach einem Spielnachmittag werden Sie eine ausgeleerte Schachtel mehr oder weniger kaum bemerken …

dritter Hauptsatz der Thermodynamik

Der **dritte Hauptsatz** der Thermodynamik folgt eigentlich aus dem Entropiesatz. Nehmen Sie an, Sie wollen den absoluten Nullpunkt durch einen thermodynamischen Prozess erreichen, indem Sie ein System stufenweise abkühlen. Immer, wenn Sie dem System Wärme entziehen und sie einem wärmeren System wieder zuführen, müssen Sie Arbeit leisten. Die Entropie des Universums steigt bei jedem dieser Schritte. Je kälter es wird, desto mehr Arbeit müssen Sie leisten, damit der Entropiesatz nicht verletzt wird. Nahe am absoluten Nullpunkt wird die zu leistende Arbeit unendlich groß. So kommen wir zur Formulierung des dritten Hauptsatzes (von Nernst, 1906): **Der absolute Nullpunkt kann durch keinen endlichen thermodynamischen Prozess erreicht werden**.

4.16 Kreisprozesse

Wärme in Arbeit umgewandelt

Unsere gesamte Zivilisation beruht auf der Entdeckung, dass **Wärme in Arbeit umgewandelt** werden kann. Vor der industriellen Revolution gab es de facto nur Muskelarbeit von Menschen oder Tieren, ergänzt durch Wasserkraft und Windkraft. Einfache mechanische Hilfsmittel wie Hebel, Flaschenzüge, schiefe Ebene und Rollen können nur den Kraftaufwand verkleinern, der nötig ist, um eine bestimmte Arbeit zu leisten, aber nicht mehr Arbeit liefern, als hineingesteckt wurde – das würde den Energiesatz verletzen. Durch die Entwicklung der Dampfmaschinen war es erstmals möglich, aus der Wärme, die durch Verbrennung von Holz oder fossiler Biomasse (früher Kohle, heute auch Erdöl und Erdgas) erzeugt wird, Arbeit zu gewinnen. Der Energiesatz wird dadurch nicht verletzt, denn bei der Verbrennung wird nur die Sonnenenergie frei, die von den Pflanzen vor mehr oder weniger langer Zeit aufgenommen und im Pflanzenmaterial gespeichert wurde.

Die makroskopischen Formulierungen des zweiten Hauptsatzes wurden aus der Theorie der Wärmekraftmaschinen gewonnen. Könnte die Maschine die gesamte Wärmemenge, die dem Reservoir mit höherer Temperatur entnommen wird, in Arbeit umwandeln, so würde die Entropie des „Universums“ abnehmen und der Entropiesatz wäre verletzt. Die ungerichtete Wärmebewegung wäre dann nämlich in Arbeit (gerichtete Bewegung) umgewandelt worden, was einer Erhöhung der Ordnung und damit einer Verringerung der Gesamtentropie entsprechen würde. Dem Reservoir wird Wärme bei einer bestimmten Temperatur entzogen, was bedeutet, dass seine Entropie abnimmt. Damit der Entropiesatz erfüllt ist, muss ein Teil dieser Wärmeenergie an ein Reservoir mit niedrigerer Temperatur abgegeben werden. Die Maschine kann also nur einen Teil der Wärme in Arbeit umwandeln, während der andere Teil ungenutzt an das kalte Reservoir abgegeben werden muss, damit die Entropie in Summe nicht abnimmt. Manche sehen daher in der Entropie eine Art „Steuer“, die „Mutter Natur“ auf die Nutzung von Wärme erhebt und die bei jedem Prozess sozusagen bezahlt werden muss. Nicht einmal in der Physik kommt man vom Steuerzahlen weg – das Leben ist hart!

Maschinen arbeiten zyklisch

Jetzt war schon so viel von Prozessen und Maschinen die Rede, aber was ist damit gemeint? **Maschinen arbeiten zyklisch** – am Ende eines Zyklus ist die Maschine wieder im Ausgangszustand. Bei einer Dampfmaschine oder in einem Verbrennungsmotor ist der Kolben am Ende eines Zyklus wieder in der Ausgangsstellung. Es gibt auch andere Vorrichtungen, mit denen Wärme in gerichtete Bewegung umgewandelt werden kann, die aber keine Maschinen sind. Haben Sie schon einmal erlebt, dass bei einer Kanone nach Abschuss der Kugel die Kugel wieder in den Lauf zurückkehrt? Ja? Das war aber in einem Film! So eine rückkehrende Kanonenkugel klingt praktisch (Recycling-fähig), aber Kanoniere hätten sicher etwas dagegen!

Thermodynamische Maschinen werden üblicherweise anhand des **Carnot'schen Kreisprozess**es beschrieben, weil dieser Prozess historisch der erste war und dazu noch die für Lehrende angenehme Eigenschaft hat, dass er leicht durchgerechnet werden kann. Das System führt dabei genau definierte Zustandsänderungen aus, die reversibel und quasistatisch angenommen werden. Hier haben wir zwei Begriffe, die wir erst einmal definieren müssen. Ein **quasistatischer Vorgang** ist einer, bei dem das System jederzeit im thermodynamischen Gleichgewicht mit seiner Umgebung ist. **Reversibel** bedeutet, dass alle Änderungen so winzig sind, dass sie durch ganz kleine Änderungen einer Variablen umgekehrt werden können und die Entropie konstant bleibt. Stellen Sie sich vor, Sie haben einen Zylinder, der mit einem gut schließenden, aber auch sehr gut geschmierten Kolben verschlossen ist. Wenn Sie den Außendruck ein ganz klein wenig erhöhen, geht der Kolben ein winziges Stück in den Zylinder hinein. Sie könnten ihn wahrscheinlich wieder in den Ausgangszustand zurückschieben, ohne dass sich die Entropie des Universums merklich geändert hätte. Die gute Schmierung verhindert Reibung, die zur Wärmezufuhr an das Material bzw. die umgebende Luft und somit zu einer Entropieerhöhung führen würde. Sie bewegen den Kolben auch so langsam, dass praktisch keine Luftwirbel entstehen, bei denen Moleküle beschleunigt werden, was wieder im Endeffekt eine Temperaturerhöhung des Gases und damit der Entropie ergeben würde. In der Realität arbeiten Wärmekraftmaschinen weder reversibel noch quasistatisch, aber in der Physik gehen wir üblicherweise so vor, dass wir einen idealen Weg definieren, den wir leicht berechnen können. Die Abweichungen davon werden später berücksichtigt.

Carnot'scher Kreisprozess

quasistatischer Vorgang

reversibel

Bei **Kreisprozessen** „beschreitet" das System einen Weg im Zustandsdiagramm (stellen Sie sich das einmal bildlich vor ...). Im Klartext heißt das, dass eine Serie von Zustandsänderungen durchgeführt wird, bei denen sich Expansions- mit Kompressionsschritten abwechseln (beim Zylinder geht der Kolben hinaus und wieder hinein). Im Zustandsdiagramm werden dann die einzelnen Punkte eingezeichnet, bei denen die Schritte beginnen und enden, und die Schritte selbst als Kurven (z. B. Isothermen, Adiabaten) dargestellt. Nach einigen Schritten erreicht dann das System wieder den Ausgangszustand (Punkt im Zustandsdiagramm). Wenn es sich beim Zustandsdiagramm um ein **p-V-Diagramm** handelt, kann die **Arbeit** W, die das System verrichtet hat, direkt als **Fläche** abgelesen werden, die von den einzelnen Kurven eingeschlossen wird. Oder mathematisch:

Kreisprozesse

p-V-Diagramm

Arbeit

$$W = \oint p\,dV = \int_{\text{Weg1}} p\,dV + \int_{\text{Weg2}} p\,dV + \ldots$$

d. h. die Arbeit ergibt sich als das Integral von $p \cdot dV$ entlang eines geschlossenen Wegs, bzw. als Summe von Integralen über die einzelnen Teilstücke des Weges. Am „Hinweg“ hat die Arbeit dabei ein anderes Vorzeichen als am „Rückweg“. Hier sind wir einmal inkonsistent: Eigentlich sollte die vom System geleistete Arbeit ein negatives Vorzeichen haben. Uns interessiert aber nicht wirklich, wie viel Arbeit das System „verliert“, sondern wie viel Arbeit wir „gewinnen“. Dieser egozentrische Standpunkt verführt auch andere, strengere Autoren dazu, hier die Vorzeichenkonvention zu brechen und der vom System nach außen abgegebenen Arbeit ein positives Vorzeichen zu geben, weil es praktischer ist.

Carnot'scher Kreisprozess

Beim **Carnot'schen Kreisprozess** (Abb. 4.9) wird der Ausgangszustand des Arbeitsgases durch den Punkt 1 im Zustandsdiagramm beschrieben mit Druck p_1 und Volumen V_1. Zuerst wird das Gas **isotherm**, d. h. bei konstanter Temperatur T_+, zum Punkt 2 hin **expandiert**. Der Druck sinkt dabei auf p_2 und das Volumen steigt auf V_2. Die Temperatur wird konstant gehalten, indem einem Reservoir hoher Temperatur Wärme entzogen wird. Bei der Expansion gegen einen äußeren Druck wird Arbeit $W_{1\to2}$ geleistet, und zwar ist hier

isotherm expandiert

$$W_{1\to2} = \int_{V_1}^{V_2} p \, dV$$

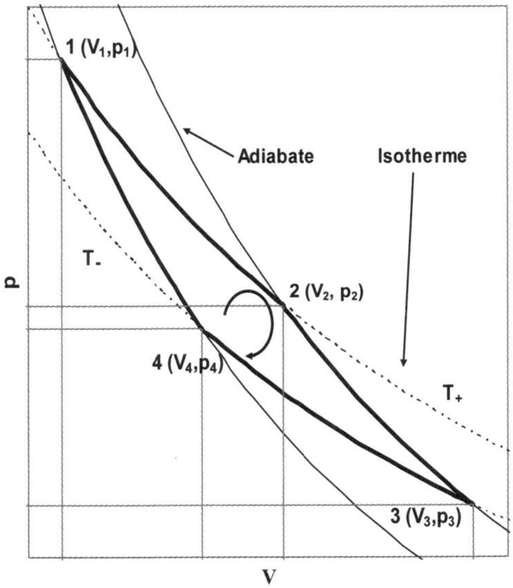

Abb. 4.9: Der Carnot'sche Kreisprozess im p-V-Diagramm

Anschaulich können wir uns ein Integral immer als Fläche unter der Kurve vorstellen. Wird jetzt der Kolben bei dieser konstanten Temperatur wieder hineingeschoben, so wird dieselbe Arbeit, die das System geleistet hat, wieder vom System verbraucht (die Fläche unter der Kurve ist die gleiche, aber sie hat jetzt das andere Vorzeichen). Unter Berücksichtigung von Reibungsverlusten würde diese „Maschine" mehr Arbeit verbrauchen, als sie leistet – ein reines Verlustgeschäft. Um die Maschine dazu zu bringen, dass sie Arbeit leistet, muss man es irgendwie schaffen, dass sie bei der Kompression nicht denselben Weg im Zustandsdiagramm nimmt wie bei der Expansion. Das geht recht einfach – man lässt den Zylinder **weiter expandieren**, aber jetzt **adiabatisch**, d. h. ohne Wärmeaustausch mit irgendeinem Reservoir. Die Energie für die Expansion muss jetzt aus der inneren Energie des Gases entnommen werden, was bedeutet, dass das Gas abkühlt. Im Zustandsdiagramm hat die Adiabate eine größere Steigung als die Isotherme. Am Ende dieser Expansion ist das System im Zustand 3 mit p_3 und V_3. Die Temperatur liegt bei T_-. Wenn jetzt wieder **isotherm** zum Punkt 4 **komprimiert** wird (d. h. Wärme wird an ein Reservoir niedrigerer Temperatur abgeführt) und dann noch **adiabatisch** zum Ausgangspunkt zurück **komprimiert** wird, ist die Fläche, die von den Kurven in Summe eingeschlossen wird, nicht mehr null – das heißt, dass das System Arbeit geleistet hat, die genau dieser eingeschlossenen Fläche entspricht. Die Maschine ist wieder am Ausgangspunkt angelangt und kann einen neuen Zyklus beginnen.

expandieren
adiabatisch

isotherm
komprimiert
adiabatisch
komprimiert

Wenn wir Maschinen nicht nur zum Vergnügen laufen lassen, sondern Arbeit gewinnen wollen, so interessiert uns vor allem der **Wirkungsgrad**, d. h. wir wollen wissen, wie viel der aufgewendeten Wärme ΔQ (für die wir ja bezahlen müssen) in Arbeit ΔW umgewandelt wurde. Dass nicht die gesamte Wärme in Arbeit umgewandelt werden kann, ist uns schon bekannt (siehe zweiter Hauptsatz), also wird der Wirkungsgrad η, der als das Verhältnis von gewonnener Arbeit und zugeführter Wärme definiert ist, kleiner als 1 sein (bzw. in Prozent: kleiner als 100 %). Die Aussage „$\eta < 1$" ist auch eine **Form des zweiten Hauptsatzes**. Eine genaue Rechnung gibt für den Carnot-Prozess sowie für alle anderen reversibel quasistatisch durchgeführten Prozesse

Wirkungsgrad

Form des zweiten Hauptsatzes

$$\eta = \frac{\Delta W}{\Delta Q} = 1 - \frac{T_-}{T_+} < 1$$

Ein Kreisprozess nutzt also die (bezahlte) Wärme dann am besten aus, wenn die Temperatur des Reservoirs, aus dem Wärme entnommen wird, möglichst hoch und die Temperatur des anderen Reservoirs möglichst niedrig ist. Hier gibt es allerdings Grenzen. Die

Grenze für die obere Temperatur ist vor allem durch die Belastbarkeit des Materials der Maschine gegeben. Die meisten Metalle halten Temperaturen von über 1000 °C, wie sie z. B. in Düsentriebwerken auftreten, auf Dauer nicht aus. Auch Stahl ist kein echter Hochtemperaturwerkstoff. Ab 570 °C ist „normaler" Stahl nicht mehr geeignet, und man muss austenitische Stähle verwenden, die sehr teuer sind. Die hohen Drücke, die beim Carnot-Prozess bei den hohen Temperaturen auftreten, stellen eine weitere enorme Materialbeanspruchung dar. Der Wirkungsgrad wird bei gegebener oberer Temperatur höher, wenn die Temperatur des kalten Reservoirs niedrig ist. In der Praxis ist das kalte Reservoir aber die Umgebungsluft oder das Kühlwasser eines Kraftwerks. Unter normalen Bedingungen liegt T_- also so um die 300 K. Die Erzeugung tieferer Temperaturen ist zwar möglich, aber sehr teuer, da dafür Kältemaschinen nötig sind (siehe Kap. 4.17). Der Wirkungsgrad könnte nur dann gleich 1 werden, wenn T_- gleich 0 K wird, aber das ist unmöglich (siehe 3. Hauptsatz).

Der **Carnot-Prozess** hat zwar den durch den zweiten Hauptsatz bedingten maximal möglichen Wirkungsgrad, aber **in der Praxis ist er sehr ineffizient**. Der Grund dafür ist einfach – die Steigungen der Adiabaten und Isothermen unterscheiden sich so wenig, dass die Fläche im Zustandsdiagramm sehr klein ist, und damit ist auch die Arbeit, die bei einem Zyklus entnommen werden kann, sehr klein. Wenn Sie trotzdem viel Arbeit entnehmen wollen, muss der Prozess viele Zyklen durchlaufen. Das ist aber schlecht, denn bewegliche Teile haben unvermeidbare Reibungsverluste, die bei jedem Zyklus teuer zu Buche schlagen. Wenn Sie noch andere Verluste wie nichtideale Prozessführung und Wärmeverluste dazurechnen, bleibt von der Arbeit pro Zyklus nicht viel übrig. Dadurch entsteht das Paradox, dass ein Prozess mit dem maximal möglichen Wirkungsgrad nur sehr wenig nutzbare Arbeit liefert.

mehr Arbeit pro Zyklus

Was kann also getan werden, damit ein Prozess **mehr Arbeit pro Zyklus** liefert? Da die Arbeit gleich der Fläche im p-V-Zustandsdiagramm ist, kann man versuchen, diese Fläche durch andere Prozessführung zu vergrößern. Der schottische Pfarrer Robert Stirling, der es nicht mehr ansehen konnte, wie die Mitglieder seiner Pfarrgemeinde bei den häufigen Unfällen mit Dampfmaschinen getötet oder verstümmelt wurden, die durch die Kombination von hohem Druck und den damals zur Verfügung stehenden schlechten Materialien verursacht waren, überlegte sich einen Prozess, in dem die **adiabatischen Schritte durch isochore Schritte ersetzt** wurden. Dadurch muss der Druck nicht mehr so hoch sein, um trotzdem annehmbare Mengen von Arbeit pro Zyklus gewinnen zu können. Da sieht man, welche unerwarteten Motive zu Fortschritten in der Thermodynamik führen können ... Dieser **Stirling-Prozess** (zum Patent angemeldet 1816) war im Grunde ein Heißluftmotor, dessen Steuerung aber so kompliziert ist, dass er damals nicht durchführbar war.

Stirling-Prozess

Beide Prozesse (Carnot und Stirling) arbeiten mit einem heißen Reservoir, das „außen" liegt. Auch andere Prozesse wie der in modernen Dampfkraftwerken verwendete Clausius-Rankine-Prozess arbeiten mit **externen Wärmereservoiren**. Dabei sind verschiedene Wärmequellen denkbar. Die am meisten verwendete „Quelle" ist die Verbrennung von verschiedenen, meist fossilen Brennstoffen. Auch andere externe Wärmequellen sind möglich: Sonnenenergie in Solarkraftwerken oder Solarabsorber auf der sonnenseitigen Außenfläche einer Raumsonde (im interplanetaren Raum natürlich), Erdwärme in Gebieten mit heißen Quellen wie z. B. Island oder in Gebieten mit heißen oberflächennahen Schichten, in die Wasser gepumpt werden kann, oder auch die Wärme eines Kernreaktors. Da die Temperatur des Kühlmittels eines Reaktors, das als Wärmequelle für den Dampfprozess genutzt wird, aus Sicherheitsgründen niedrig gehalten werden muss, ist der maximal mögliche theoretische Wirkungsgrad von Kernkraftwerken eher niedrig (mit T_+ bei ca. 350 °C und T_- bei 20 °C ergibt sich $\eta = 0{,}53$). Moderne Dampfkraftwerke arbeiten bei T_+ von ca. 560 °C und Drücken von ca. 250 bar, was moderne Werkstoffe lange Zeit (> 20 Jahre) auch ohne unzulässige Materialermüdung aushalten. Theoretisch beträgt der Wirkungsgrad dieser Kraftwerke 64 %, aber der tatsächliche Wirkungsgrad liegt bei ca. 43 %. Diese Verringerung ist, wie schon erwähnt, durch nichtideale Verhältnisse der Prozessführung, Reibungs- und andere Verluste und auch den Energieaufwand für die Rauchgasreinigung bedingt. Seit Mitte der 1970er-Jahre z. B. ist der Wirkungsgrad von Dampfkraftwerken durch die Einführung von Entstickungsanlagen, in denen die bei der Verbrennung entstandenen Stickoxide (NO_x) entfernt werden, um 1,5 % gesunken.

externe Wärmereservoire

4.17 Motoren, Kältemaschinen und Wärmepumpen

Beim Begriff „Wärmekraftmaschinen" geht es Ihnen vielleicht so wie mir – ich sehe fauchende Dampfloks und andere Dampfmaschinen aus alten Filmen vor mir, bei denen sich Stangen und Kolben bewegen, Wolken von weißem „Dampf" aufsteigen (ist eigentlich kondensierter Dampf, aber so kleinlich wollen wir hier nicht sein) und alles faucht, scheppert und zischt. Kalorische Kraftwerke sind in dem Bild nicht so recht drin und Automotoren schon gar nicht. Das liegt vor allem daran, dass sich die Thermodynamik gemeinsam mit den Dampfmaschinen entwickelt hat. In den Büchern wird dann eben der Carnot-Prozess oder der Stirling-Prozess anhand von Dampfmaschinen erklärt. Dampfmaschinen sind aber nur eine von mehreren Gruppen von Wärmekraftmaschinen. Um das Ganze noch komplizierter zu machen, gibt es auch „Kraft-Wärme-“ oder „Kraft-Kälte“-Maschinen. In unserem täglichen Leben haben wir es nicht mehr mit den klassischen Dampfmaschinen zu tun (außer bei Nostalgiefahrten mit Dampfeisenbahnen oder in technischen Museen), sondern vor allem mit den anderen Gruppen, die wir uns jetzt exemplarisch ansehen wollen.

Automotoren

Auch **Automotoren** sind thermodynamische Maschinen – sowohl der Benzinmotor (Otto-Motor) als auch der Dieselmotor funktionieren mit Kreisprozessen. Diese Motoren haben aber keine externen Wärmequellen, sondern hier wird der Treibstoff direkt im Zylinder verbrannt. Da der Treibstoff dabei „explodiert“, sind Verbrennungsmotoren sehr laut. **Wärmepumpen** und **Kältemaschinen** sind wieder leiser, denn bei ihnen beschränkt sich der Lärm auf den Kompressor, der gut schallgedämpft werden kann. Bei den Verbrennungsmotoren kommt der Schall mit der heißen Luft durch den Auspuff nach außen. Sie kennen sicher Motorradfahrer, die den Auspufftopf (der als Schalldämpfer gebaut ist) manipulieren, damit ihre Maschine noch besser röhrt.

Wärmepumpen
Kältemaschinen

Benzinmotor
Otto-Prozess

Ein **Benzinmotor** funktioniert nach dem **Otto-Prozess**: (Abb. 4.10). Er besteht aus einer Abfolge einer **adiabatischen Kompression** des Luft-Treibstoff-Gemisches, das sich dabei stark erhitzt (1→2). Nach der **Zündung** steigt der Druck im Zylinder **isochor** (d. h. bei konstantem Volumen) stark an (2→3). Im darauf folgenden **Arbeitstakt** wird das Arbeitsgas (jetzt Luft mit Verbrennungsrückständen) **adiabatisch expandiert** (3→4) und geht anschließend durch den Auspuff in die Umgebung. So viel heißes Gas einfach auszublasen, ist aber eine Verschwendung (heißes Gas kann immer noch zur Gewinnung von Arbeit genutzt werden), daher ist es sinnvoll, damit eine kleine **Gasturbine** zu betreiben, die das Luft-Treibstoff-Gemisch für den nächsten Arbeitstakt schon einmal vorkomprimiert. Beim Otto-Motor ist das Kompressionsverhältnis (d. h. das Volumen vor der Kompression dividiert durch das Volumen nach der Kompression) auf etwa 10 begrenzt, damit sich das Benzin im Gemisch nicht zu früh entzündet. Der Motor „klopft“ dann und wird recht ineffizient, da der Kolben durch die Explosion schon wieder hinaus gedrückt wird, während er

Gasturbine

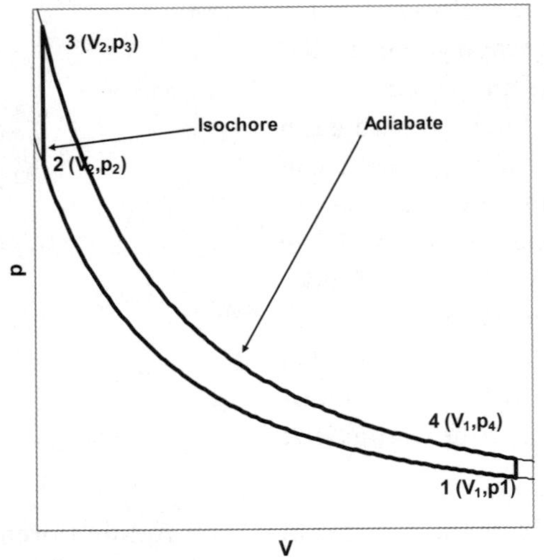

Abb. 4.10: Der Otto-Prozess (entspricht einem Benzinmotor)

von der Welle noch hineingeschoben wird. Durch diese Beschränkung ist auch die maximal erreichbare Temperatur begrenzt.

Dieselmotor

Expansion

Ein **Dieselmotor** (Abb. 4.11) erlaubt größere Kompressionsverhältnisse (ca. 18–25), wodurch höhere Temperaturen erreicht werden können und damit auch ein **höherer Wirkungsgrad** (theoretisch 0,75 verglichen mit 0,60 beim Benzinmotor). Da die **Expansion** bei der Zündung **isobar** erfolgt, wird eine größere Fläche im Zustandsdiagramm möglich, was bedeutet, dass mehr Arbeit pro Zyklus entnommen werden kann. Eine Abgasturbine (Turbolader) erhöht hier wieder die nutzbare Arbeit.

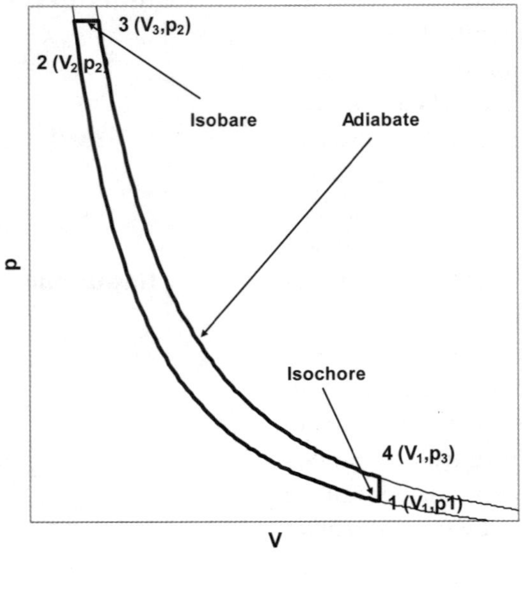

Abb. 4.11: Der Dieselprozess (entspricht einem Dieselmotor)

Bis jetzt haben wir nur über Wärmekraftmaschinen gesprochen, also Maschinen, die Wärme aufnehmen und Arbeit abgeben. Diese Maschinen beruhen auf Kreisprozessen. Wer sagt aber, dass so ein Kreisprozess nur in eine Richtung laufen darf? Natürlich kann man ihn auch „umdrehen". Dann muss Arbeit geleistet werden, um Wärme von einem Reservoir niedrigerer Temperatur in ein Reservoir höherer Temperatur zu pumpen. Je nachdem, ob das Reservoir niedrigerer Temperatur die „Umgebung" ist oder eine niedrigere Temperatur hat als die Umgebung, heißen sie **Wärmepumpen** oder **Kältemaschinen**. Eine Wärmepumpe kann z. B. einen Raum heizen, indem sie Wärme aus der (kühleren) Umgebung entnimmt und dem (hoffentlich wärmeren) Zimmer zuführt. Solche Wärmepumpen arbeiten z. B. mit Grundwasser, das auch in Europa im Winter noch immer ein paar °C hat, oder mit der Umgebungsluft. Eine Kältemaschine haben wir alle zu Hause, nämlich den **Kühlschrank**. Bei Kühlschränken oder Klimaanlagen wird dem kühleren Reservoir (dem Innenraum des Kühlschranks oder dem gekühlten Zimmer) Wärme entzogen und an die wärmere Umgebung abgegeben. In allen diesen Fällen ist aber mechanische Arbeit nötig, die üblicherweise von Elektromotoren geleistet wird. Manche Wärmepumpen zur Wohnraumheizung verwenden auch einen gasgetriebenen Verbrennungsmotor.

Wärmepumpen
Kältemaschinen

Kühlschrank

Bei diesen **„umgedrehten" Kreisprozessen** verwendet man **Arbeitsfluide**, die im Bereich der beim Prozess eingestellten Drücke und Temperaturen einen Phasenübergang haben, und nutzt die Verdampfungswärme. Im **Prinzip** geht das so: Ein Kompressor verdichtet das Arbeitsmedium, sodass es kondensiert. Dabei wird Wärme frei, die an das Reservoir höherer Temperatur abgegeben wird. Beim Kühlschrank wird diese Wärme z. B. über das hinten angebrachte „Gitter", das aus dünnen Röhren besteht, durch die das kondensierende Medium gepumpt wird, in den Raum (die Küche) abgegeben. Bei einer Klimaanlage wird die Wärme an die Außenluft abgegeben und bei der Wärmepumpe in den zu heizenden Raum. Das jetzt flüssige Medium strömt weiter und kommt zu einer Düse, wo es druckentlastet wird. Jetzt verdampft es wieder, und die dazu nötige Verdampfungswärme wird der Umgebung entzogen. Beim Kühlschrank ist diese „Umgebung" bzw. das Reservoir niedriger Temperatur das Innere des Kühlschranks, bei der Klimaanlage der zu kühlende Raum und bei der Wärmepumpe die Außenluft oder das Grundwasser oder Wasser, das durch Erdreich gepumpt wurde. Anschließend beginnt der Zyklus von neuem.

umgedrehte
Kreisprozesse
Arbeitsfluide

Manche moderne Klimaanlagen lassen sich auch umschalten von Sommerbetrieb (Kühlung) auf Winterbetrieb (Heizung). Dazu muss nur ein Ventil umgelegt werden, damit das Medium an der „Außenseite" der Anlage verdampft statt im Innern des Raumes. Allerdings sind Klimaanlagen optimal für Kühlung ausgelegt, denn es gibt sonst keine effiziente Möglichkeit, einen Raum zu kühlen. Als Heizungen sind sie eher schlecht und werden daher vor allem in Gegenden verwendet, in denen im eher milden Winter nicht viel Heizleistung nötig ist. Das sind meist auch die Gegenden, in denen die Sommer sehr heiß sind, sodass ein Leben ohne Klimaanlage anstrengend ist.

Wirkungsgrad

Bei Wärmepumpen und Kältemaschinen ist der **Wirkungsgrad** etwas unterschiedlich definiert. Hier interessiert ja vor allem, wie viel Arbeit ich zahlen muss, um eine bestimmte Wärmemenge aus dem kalten Reservoir hinauszubefördern (Kältemaschine), oder welche Wärmemenge ich für die bezahlte Arbeit im warmen Reservoir (zu heizendes Zimmer) bekomme. Das Verhältnis „Wärme pro Arbeit" heißt **Leistungsziffer** c_L. Für die **Kältemaschine** (Kühlschrank bzw. Klimaanlage) ist sie definiert als

Leistungsziffer Kältemaschine

$$c_L = \frac{\Delta Q_{kalt}}{\Delta W} = \frac{T_-}{T_+ - T_-}$$

Wärmepumpen

während die **Leistungsziffer** für **Wärmepumpen** so definiert ist:

$$c_L = \frac{\Delta Q_{heiß}}{\Delta W} = \frac{1}{\eta_{Carnot}} = \frac{T_+}{T_+ - T_-}$$

Typische Leistungsziffern für Wärmepumpen liegen zwischen 5 und 6, d. h. also, man bekommt von ihnen das 5- bis 6fache der Energie, die als Arbeit zugeführt wurde, als Wärme zurück. Auch dann, wenn wir berücksichtigen, dass moderne Dampfkraftwerke Wirkungsgrade in der Gegend von 0,4 für die Stromerzeugung haben, ist eine elektrisch getriebene Wärmepumpe noch immer sparsamer als eine Elektroheizung, auch was die CO_2-Emissionen betrifft.

5 Elektrizität und Magnetismus

5.1 Die Phänomene

Für die in der Mechanik behandelten Kräfte, wie zum Beispiel das Gewicht eines Körpers, haben wir in der Evolution ein Sensorium entwickelt: Wir können leicht und schwer voneinander unterscheiden und lernen aus Erfahrung über die unterschiedlichen Kräfte und deren Auswirkungen.

Deutlich anders stellt sich die Situation in Bezug auf Elektrizität und Magnetismus dar: Elektrische Ladungen sind für uns nicht sichtbar, elektrische Ströme erfahren wir im besten Fall als Kribbeln oder Schmerz oder sie bringen uns um. Elektrische Felder sind wie der gesamte Bereich der magnetischen Erscheinungen für den Menschen nicht fühlbar.

Und doch ist die Auseinandersetzung mit Elektrizität und Magnetismus im Rahmen der Physik wesentlich: Zum einen ist das Verständnis von elektrischen und magnetischen Kräften wesentliche Voraussetzung für eine Auseinandersetzung mit der unbelebten Natur, zum anderen ist das moderne Leben ohne elektrischen Strom oder auch elektromagnetische Felder undenkbar; immerhin verwenden Sie doch einen Kühlschrank und hören ab und zu Radio, oder?

elektrische Ladungen

Es gibt einen Zustand in der Natur, den wir als **elektrisch geladen** bezeichnen, mit zwei Ausprägungen, nämlich positiv und negativ geladen. Ungleichnamige Ladungen ziehen einander an, gleichnamige stoßen einander ab. Im einfachsten Fall werden in Materie positive und negative Ladungen durch Ladungsträger transportiert, der Fluss von Ladungen heißt (elektrischer) Strom. Ladungen können einzeln auftreten, so tritt zum Beispiel ein Elektron als negativer Ladungsträger allein auf weiter Flur auf.

magnetische Pole

Materie kann aber auch **magnetisch** sein. Hier spricht man von einem Nordpol und einem Südpol, gleichnamige Pole stoßen einander ab, ungleichnamige ziehen einander an. Magnetismus tritt sowohl natürlich auf, kann (manchen) Materialien aber auch aufgeprägt werden. Jedenfalls treten Nord- und Südpol immer nur gemeinsam auf, magnetische Einzelladungen existieren nicht.

Die Kräfte, die ungleichnamige elektrische Ladungen oder magnetische Pole aufeinander ausüben, sind allerdings nicht an das Vorhandensein von Materie gebunden. Der Zustand in der Natur, in dem sich elektrische und magnetische Kräfte/Energien im Raum ausbreiten, heißt elektrisches bzw. magnetisches Feld. Insbesondere hier sind elektrische und magnetische Erscheinungen eng miteinander verknüpft, man spricht daher von elektromagnetischen Feldern.

Wir wollen im Folgenden näher auf Elektrizität und Magnetismus eingehen, bevor wir uns mit Feldern im Rahmen des Elektromagnetismus beschäftigen.

5.2 Grundlagen

Wegen des atomaren Aufbaus sind in Materie positive und negative Ladungsträger (Protonen und Elektronen) vorhanden. In Metallen sind Elektronen nicht an einen bestimmten Ort gebunden, sondern frei beweglich; man nennt sie daher delokalisiert. Wenn an einem Ort im Metall ein Mangel an Elektronen herrscht und an einem anderen Ort ein Überschuss, werden die Ladungsträger Elektronen bemüht sein, diesen Unterschied auszugleichen.

Stellen wir uns das Metall zu einem Draht ausgezogen vor, mit Elektronenmangel bzw. -überschuss an jeweils einem Ende des Drahtes. Um einen Ausgleich zu erreichen, werden Elektronen innerhalb des Drahtes zu fließen beginnen. Eine bestimmte Menge an Ladungen (jedes Elektron trägt ja eine negative elektrische Ladung) wird also in jeder Zeiteinheit den Querschnitt des Drahtes passieren, d. h. durch den Querschnitt fließen.

elektrische Stromstärke

Als **elektrische Stromstärke** I bezeichnet man den Quotienten aus Ladung Q und Zeit t, also

$$I = Q/t$$

mit [I] = 1 A (d. h. die Einheit der Stromstärke ist das Ampere).

Umgekehrt kann dieser Zusammenhang auch verwendet werden, um die elektrische Ladungsmenge Q zu definieren: $Q = I \cdot t$, $[Q] = [I] \cdot [t] = 1\ \text{As} = 1\ \text{C}$ (1 Coulomb).

Eine – wie wir hoffen, überzeugende – Analogie bietet der Fluss von Wasser: Stellen Sie sich einen Staudamm vor, an dem das Wasser zu einer Höhe aufgestaut wird. Durch einen Durchstich am Fuß des Dammes wird eine bestimmte Wassermenge pro Zeiteinheit (ein „Wasserstrom“) fließen. Die Arbeit, die eine bestimmte Wassermenge leisten kann, lässt sich als Produkt des Gewichtes der Wassermenge und der Stauhöhe h berechnen und entspricht der potenziellen Energie des gestauten Wassers.

Entsprechend der Stauhöhe definiert man beim elektrischen Strom als Potenzialdifferenz (Höhendifferenz des Wassers entspricht einer Differenz der potenziellen Energie) die **elektrische Spannung** U mit der Einheit [U] = 1 V (1 Volt).

elektrische Spannung

Die Arbeit, die der elektrische Strom (in der Analogie: das Wasser) während einer Zeitspanne t leisten kann, folgt dann als Produkt aus der Ladungsmenge (dem Gewicht der Wassermenge) und der elektrischen Spannung (der Stauhöhe), so dass gilt:

$$W_{el} = U \cdot Q = U \cdot I \cdot t$$

Die **Leistung** ergibt sich daraus (siehe Kap. 2.4.2) als Arbeit pro Zeit, also

elektrische Leistung

$$P_{el} = U \cdot I \cdot {}^{t}\!/\!_{t} = U \cdot I$$

mit der Einheit 1 W = 1 VA (1 Watt)

Bei jedem elektrischen Gerät finden Sie, meist direkt neben der Seriennummer, Information über die für das Gerät zulässige Spannung (in Europa 230 V) sowie die Leistung des Gerätes in W bzw. kW bei der angegebenen Spannung. Leistet Ihr Kühlschrank z. B. 1 kW, bedeutet dies (wir nehmen der Einfachheit halber an, Sie leben in Europa) einen Stromfluss von I = 1000 W/230 V = 4,35 A.

Fassen wir also zusammen: Mittlerweile können wir uns vorstellen, dass in einem Stromkreis (also in einer Verbindung eines hohen mit einem niederen elektrischen Potenzial durch ein Metall) bedingt durch eine elektrische Spannung ein Strom fließt. Verdoppelt (halbiert) man die Spannung, so stellt sich ein doppelt (halb) so großer Strom ein. Strom und Spannung in einem Stromkreis sind also nicht unabhängig voneinander, sondern stehen in einem festen Verhältnis. Die Proportionalitätskonstante zwischen den beiden Größen heißt **elektrischer Widerstand** R, der Zusammenhang zwischen Spannung, Strom und Widerstand **Ohm'sches Gesetz:**

elektrischer Widerstand

Ohm'sches Gesetz

$$U = R \cdot I$$

Für den elektrischen Widerstand R kann dieser Zusammenhang als Definition verwendet werden, R = U/I mit der Einheit [R] = [U]/[I] = 1 V/1 A = 1 Ω (1 Ohm).

[Bitte bedenken Sie die Verknüpfung von Strom und Spannung durch den Widerstand, wann immer Sie sich mit einem Stromkreis auseinandersetzen! Unserer Erfahrung nach versuchen Teilnehmer

an Physikpraktika immer wieder, in einem bestehenden Stromkreis (d. h. bei fest vorgegebenem Widerstand) ohne Veränderung der einen Kenngröße (Spannung oder Stromstärke) die andere Größe (Stromstärke oder Spannung) zu verändern – das geht nicht!].
Die Praxis zeigt, dass der Widerstand eines Metalldrahtes steigt, wenn man seine Länge l vergrößert, und fällt, wenn man den Querschnitt A des Drahtes erhöht. Außerdem ist der Widerstand natürlich von dem Metall abhängig, aus dem der Draht besteht. Es gilt daher:

$$R = \rho \cdot l/A$$

spezifischer Widerstand

(ρ in Ωm heißt **spezifischer Widerstand** und kann als Materialkonstante in Tabellen gefunden werden.)

Anhand des spezifischen Widerstandes unterteilt man Materialien in

Leiter erster Klasse Metalle

- **Leiter erster Klasse**; dies sind **Metalle** wie Silber und Kupfer: $\rho \approx 10^{-8}$ Ωm. Hier stehen Elektronen als Ladungsträger zur Verfügung, Sie können sich den atomaren Aufbau als ein festes Gitter aus Atomrümpfen vorstellen (metallische Bindung), über dem die Valenzelektronen (d. h. die Elektronen in der äußersten Schale) in einem „Elektronensee schwimmen", also delokalisiert (keinen festen Platz haben) und nahezu frei beweglich sind. Im Mittel gibt jedes Atom ein Elektron an den „Elektronensee" ab.

Leiter zweiter Klasse Elektrolyte

- **Leiter zweiter Klasse;** dies sind **Elektrolyte**, z. B. Lösungen von Salzen, die in positive und negative Ionen dissoziieren. Auch die Ionen sind (da gelöst) beweglich und können zum Ladungstransport dienen; sie haben es aber deutlich schwerer als die Elektronen im Metall. Der spezifische Widerstand der Elektrolyte ist daher deutlich höher und liegt je nach Konzentration zwischen 10^{-2} und 1 Ωm.

Halbleiter

- **Halbleiter** wie Germanium oder Silizium mit $\rho \approx 10^{2}$ Ωm; diese sind als reine Kristalle schlecht leitend, ihre 4 Valenzelektronen fest gebunden. Man bringt in den jeweiligen Kristall ein Fremdatom ein (man „dotiert" den Halbleiter), das entweder 5 oder nur 3 Valenzelektronen hat. Im einen Fall ist das 5. Elektron überschüssig (z. B. durch Dotation mit Arsen), es steht als Ladungsträger zur Verfügung, der Halbleiter wird n-leitend (negativ leitend). Wird der Kristall z. B. mit einem Indiumatom (dreiwertig, d. h. es besitzt 3 Außenelektronen) verunreinigt, fehlt ein Elektron; auch diese Fehlstelle „Loch" kann wandern, wenn sie durch Elektronen der Nachbaratome aufgefüllt wird, und daher bei dem Nachbaratom eine Lücke aufreißen, d. h. dass dort dann ein Elektron fehlt. Ein derartig dotierter Halbleiter heißt p-leitend (positiv leitend), denn das Fehlen eines Elektrons kann als positives Loch verstanden werden.

- **Isolatoren**, z. B. Porzellan oder Glas ($\rho \approx 8 \cdot 10^{14}\,\Omega m$); durch die feste Bindung der Elektronen an die Atomrümpfe stehen keine Ladungsträger zur Verfügung.

Isolatoren

Die Einteilung der Leiter in „Klassen“ sagt nicht unbedingt etwas über die Leitungsmechanismen aus. Gase kommen z. B. in diesen Klassen gar nicht vor, können aber unter den richtigen Bedingungen sehr wohl Strom leiten, und dann kann es heftig werden. Blitze sind nicht unbedingt harmlos. Im Grunde hängt die Leitfähigkeit eines Materials nur von dem Vorhandensein von beweglichen Ladungsträgern ab, und davon, wie gut sich diese Ladungsträger bewegen können. Bei **metallischen Leitern** sind die Ladungsträger Elektronen, bei **elektrolytischen Leitern** positive und negative Ionen, bei **Halbleitern** Elektronen bzw. „Löcher“, und bei Gasen positive und negative Ionen. Auch in stark verdünnten Gasen bzw. im Vakuum gibt es Stromleitung, wenn Ladungsträger vorhanden sind.

metallische Leiter
elektrolytische Leiter
Halbleiter

Aber Achtung: Der elektrische Widerstand ist durch die Angabe von spezifischem Widerstand des Materials, Länge und Querschnitt noch nicht eindeutig definiert; zur allgemeinen Verwirrung ist er auch noch von der Temperatur abhängig.

Bei Metallen können Sie sich das leicht vorstellen: Wird die Temperatur erhöht, beginnen die Atomrümpfe stärker zu schwingen (siehe Kap. 4) und sind daher den Elektronen bei deren Bewegung im Weg. Der Widerstand steigt daher leicht (in der Größenordnung 0,35 % pro Grad) bei Temperaturerhöhung. Der Effekt ist zwar nur klein, kann aber zur Herstellung elektronischer Thermometer verwendet werden, bei denen aus der präzisen Messung des Widerstandes auf die Temperatur rückgeschlossen wird.

Elektrolyte (siehe Kap. 3.7.1) verringern ihre Zähigkeit mit steigender Temperatur, die Ionen können daher leichter fließen, der Widerstand sinkt mit steigender Temperatur. Diesen negativen Temperaturkoeffizienten (NTC) zeigen auch die Halbleiter, denn bei höherer Temperatur haben die Valenzelektronen eine höhere Energie, können „ihre“ Atome leichter verlassen und damit stehen mehr Ladungsträger zur Verfügung – der Widerstand sinkt.

Zu allem Überfluss können bei sehr hohen Temperaturen auch Isolatoren leitend werden.

5.3 Strom und Wärme

Sie kennen sicher aus Ihrer Umgebung elektrische Heizgeräte, bei denen durch einen Stromfluss Drähte zum Glühen gebracht werden und die entstandene Wärme durch einen Ventilator im Raum verteilt wird. Ebenso sind Sie sicher vorsichtig, wenn Sie eine Glühlampe wechseln müssen, die, bevor sie ihre Dienste eingestellt hat, längere Zeit gebrannt hat; Sie können sich an der Glühlampe durchaus die Finger verbrennen.

Diese Temperaturerhöhung in einem Ohm'schen Widerstand (also einem Widerstand, für den das Ohm'sche Gesetz gilt, wie zum Beispiel einem Draht) wird als elektrische Wärmeerzeugung bezeichnet. Im Widerstand wird elektrische Arbeit geleistet und diese elektrische Arbeit in Wärmeenergie umgewandelt. Diese Umwandlung ist ein Paradebeispiel für die Gültigkeit des Energieerhaltungssatzes, den Sie aus der Mechanik bereits kennen; dort kamen aber mechanische Energien vor, er gilt aber für alle Energieformen. Da diese Übereinstimmung von James Joule entdeckt wurde, wird die vom elektrischen Strom erzeugte Wärme auch **Joule'sche Wärme** genannt:

Joule'sche Wärme

$$W_{th} = W_{el} = I \cdot U \cdot t = \left(U^2/R\right) \cdot t = R \cdot I^2 \cdot t$$

(Die letzten Umformungen unter Verwendung des Ohm'schen Gesetzes)

In der Glühlampe wird der wesentlichste Teil der elektrischen Energie (etwa 96 %) aufgewendet, um den Draht so weit zu erhitzen, dass er 4 % der Energie als Lichtenergie abstrahlen kann.

Weil wir vorher vom Wechsel einer Glühbirne gesprochen haben: Dies ist doch üblicherweise notwendig, weil der dünne Glühdraht in der Birne durchgebrannt ist. Da könnte man doch auf die Idee kommen, ob nicht die Verwendung eines dickeren Drahtes günstiger wäre (nicht für die Hersteller, aber für die Konsumenten, die immer wieder kaputte Glühbirnen ersetzen muss). Warum also ist der Draht so dünn? Nun, einerseits lässt sich eine geringere Materialmenge mit weniger Energie (d. h. billiger) auf hohe Temperatur bringen. Andererseits ist aber der Widerstand (siehe oben) indirekt proportional dem Querschnitt des Drahtes; je dünner der Draht, desto höher der Widerstand. Je höher der Widerstand in der Glühbirne ist, desto weniger ausschlaggebend für den Gesamtwiderstand im Stromkreis sind die restlichen Zuleitungen; der größte Teil der Joule'schen Wärme wird also in der Glühlampe umgewandelt.

Stellen Sie sich umgekehrt einen Stromkreis vor, in dem wir auf die Glühbirne verzichten und die Zuleitungen direkt miteinander verbinden (einen Kurzschluss). Die Joule'sche Wärme wäre sehr hoch (weil ja R so klein ist) und damit auch die Gefahr, dass die Isolation des Kabels zu brennen oder schwelen beginnt. Ein derartiger Kurzschluss muss also jedenfalls verhindert werden.

Physikalisch bedeutet Kurzschluss das Auftreten sehr hoher Stromstärken, bedingt durch einen sehr kleinen Widerstand im Stromkreis ($U = 230\ V = R \cdot I$, wenn R sehr klein wird, wächst I umso stärker an.). Gegen hohe Stromstärken müssen also Sicherungen eingebaut werden, wie z. B.:

Schmelzsicherungen

- **Schmelzsicherungen** bestehen aus einem sehr dünnen Draht (einer Sollbruchstelle im Stromkreis), der infolge Überhitzung durchbrennt, bevor die weiteren Leitungen Schaden nehmen.

Bimetallstreifen

- **Bimetallstreifen** sind fest miteinander verbundene Streifen aus 2 Metallen mit unterschiedlicher Ausdehnung bei Erwärmung. Beim Auftreten hoher Ströme wird der Streifen erhitzt, die Metalle dehnen sich unterschiedlich aus und der Streifen verbiegt sich. Durch die Verbiegung wird der Kreis geöffnet und der Stromfluss unterbrochen.

5.4 Kontakt-, Thermo- und Piezoelektrizität und galvanische Elemente

Können Sie sich noch an das Modell erinnern, das wir zur Beschreibung der Leitung in Metallen verwendet haben? Über einem festen Gitter aus Metallatomen befinden sich die Elektronen in einem delokalisierten Zustand, die Metallatome teilen sich alle Elektronen brüderlich/schwesterlich und die Elektronen stehen daher zur elektrischen Leitung zur Verfügung.

Jetzt wenden wir einen alten Trick der PhysikerInnen an, wir verändern unser Beschreibungsmodell, um ein weiteres Phänomen zu klären. Dies ist glücklicherweise auch zulässig, solange durch das Modell die tatsächlichen Gegebenheiten nur vereinfacht und nicht entstellt werden.

Stellen wir uns die Elektronen also als Elektronengas über den Metallrümpfen vor. Die Verschiedenheit von Metallen drückt sich dann auch in einem unterschiedlichen Druck des Elektronengases im betreffenden Metall aus. Bringt man zwei ungeladene Metalle (z. B. Kupfer und Zink) in einen innigen Kontakt (z. B. durch sehr festes Aufeinanderpressen oder auch durch Aneinanderlöten), entsteht eine leitende Verbindung. Dies entspricht dem Öffnen einer Leitung zwischen zwei Ballons, die mit demselben Gas, allerdings unter verschiedenem Druck gefüllt sind. Bei den gasgefüllten Ballons ist das Ergebnis des Öffnens leicht vorhersehbar: Es wird so lange Gas aus dem Ballon mit höherem Druck in den anderen strömen, bis die Druckunterschiede ausgeglichen sind. Ähnliches passiert auch bei Metallen: Elektronen vom Metall mit höherem Druck des Elektronengases (Metall A) gehen in das andere Metall (B) über, das Gebermetall A verliert Elektronen, d. h. lädt sich positiv auf. Im Metall B wird die Konzentration an Elektronen höher, eine negative Aufladung ist die Folge. Dieser Vorgang endet automatisch, wenn diese negative Aufladung so groß wird, dass weitere Elektronen (die ja negative Ladung tragen) aus dem Metall A dagegen nicht mehr ankommen – gleichnamige Ladungen stoßen einander ja ab. Dieser Effekt heißt **Kontaktelektrizität,** die sich einstellende Spannung **Kontaktspannung**; sie kann zwischen unterschiedlichen Metallen leicht nachgewiesen werden.

Kontaktelektrizität
Kontaktspannung

Wenn man das Phänomen „Kontaktspannung" ein wenig genauer betrachten will, muss man sich vom Modell Elektronengas lösen: Ein Elektron muss Arbeit leisten, um ein Metall zu verlassen, die Austrittsarbeit bzw. das Verlassen eines Metalls kostet Energie (die Ionisierungsenergie). Bringt man zwei unterschiedliche Metalle in innigen Kontakt, haben bei einem die äußeren Elektronen höhere Energie als beim anderen. Höhere Energie bedeutet, dass sie sich leichter lösen können. Für diese Elektronen besteht die Möglichkeit, durch Übertritt im anderen Metall einen Zustand geringerer Energie zu erreichen. Sie werden diese Chance wahrnehmen, solange der Übertritt nicht mehr kostet, als er bringt, solange also die Austrittsarbeit geringer ist als die Energiedifferenz der entsprechenden Elektronenzustände in den beiden Metallen. Außerdem lädt sich das eine Metall durch die Übertritte negativ auf und das andere (aus dem die Elektronen austreten) positiv; es baut sich eine Spannung auf, die einem weiteren Wechsel entgegengerichtet ist. Je mehr Elektronen also gewechselt haben, desto weniger energetisch günstig ist ein Wechsel für die folgenden, sodass der gesamte Vorgang zum Stillstand kommt, sobald sich die Kontaktspannung vollständig aufgebaut hat.

Thermospannung

Unter **Thermospannung** versteht man die Spannung, die sich zwischen 2 „verkehrt herum" geschalteten Kontaktstellen verschiedener Metalle A und B einstellt, wenn diese Kontaktstellen unterschiedliche Temperatur haben. Da die Kontaktspannung temperaturabhängig ist, heben sich in einem Stromkreis der Metalle A und B die Kontaktspannungen AB und BA nicht auf, wenn die Kontaktstellen AB und BA nicht dieselbe Temperatur haben. Thermoelement-Thermometer basieren auf diesem Effekt. Man kann diesen Effekt allerdings auch „andersherum" betreiben: Haben die Kontaktstellen ursprünglich dieselbe Temperatur und verursacht man durch Anlegen einer Spannung einen Stromfluss durch die Kontaktstellen, kühlt sich die eine Kontaktstelle im selben Maß ab, wie sich die andere erwärmt, und so kann man z. B. einen Kühlschrank betreiben.

Piezoelektrizität

Die Anwendungen der **Piezoelektrizität** sind aus unserem Leben nicht mehr wegzudenken: Übt man auf bestimmte Kristalle wie z. B. Quarz Druck in einer bestimmten Richtung des Kristallgitters aus, treten an den Druckstellen positive und negative Ladungen aus; doppelter Druck bewirkt doppelte Zahl an Ladungen; zieht man, statt zu drücken, ändert sich das Vorzeichen der Ladungen. Viele Druckmessgeräte verwenden dieses Prinzip. Auch hier ist der Effekt umkehrbar: Durch Anlegen von Ladungen kann man ein Zusammenziehen und Strecken des Kristalls bewirken.

Sie haben sicher eine Anwendung des Piezo-Effekts in Ihrer Nähe – batteriebetriebene Uhren (z. B. Armbanduhren) haben einen Schwingquarz als Taktgeber.

Volta'sche Spannungsreihe

Galvanisches Element

Volta'sches Element

Batterien

Akkumulatoren

Kehren wir nochmals zur Kontaktspannung zurück: Verbindet man die verschiedensten Metalle A, B, C, … (alle auf gleicher Temperatur) miteinander zu einem geschlossenen Kreis A→B→C … →A, ergibt sich als Gesamtspannung null. (Übrigens: Man kann die Metalle je nach auftretender Spannung auch anordnen, dies heißt dann **Volta'sche Spannungsreihe**!). Schaltet man in eine solche Anordnung einen Leiter 2. Klasse, also z. B. einen Elektrolyten, ist die Gesamtspannung nicht mehr null. Eine derartige Anordnung heißt allgemein **Galvanisches Element**. Nun könnte man vermuten, dass in einem Galvanischen Element der Energieerhaltungssatz verletzt wird, tatsächlich wird chemische Energie (durch chemische Umformung) in elektrische Energie umgewandelt; der Elektrolyt verändert sich. Eine Anordnung von Zink → Schwefelsäure → Kupfer heißt **Volta'sches Element**; dies war die Urform aller **Batterien**. Bei **Akkumulatoren** (Akkus) wird die chemische Veränderung durch Zufuhr von elektrischer Energie wieder rückgängig gemacht (Ladezyklus), sodass dann wieder eine Entladung stattfinden kann.

5.5 Das elektrische Feld

Wir haben den Begriff „Feld“ in der Mechanik bereits verwendet, ohne ihn ausgesprochen zu haben: Bei der Diskussion des 3. Newton'schen Axioms war klar, dass die Erde auf einen auf ihr lebenden Menschen eine Anziehungskraft ausübt. PhysikerInnen sprechen vom Schwerefeld der Erde. Die Kräfte wirken auch ohne materielle Verbindung, ohne Seil, das Schwerefeld wirkt auch auf uns, wenn wir in einem Flugzeug sitzen.

Das elektrische Feld können Sie sich in einem Gedankenexperiment gut vorstellen: Angenommen, Sie bringen eine elektrische (Probe-) Ladung Q zwischen 2 Platten aus Metall mit Abstand d, von denen Sie vorher eine positiv und die andere negativ aufgeladen haben (gesamte Potenzialdifferenz U), dann erfährt die Probeladung zwischen den Platten eine Kraft F_E in Richtung der ungleichnamig aufgeladenen Platte (Sie wissen ja: Ungleichnamige Ladungen ziehen einander an, gleichnamige stoßen einander ab). Diese Kraft verschwindet sofort, wenn man die Metallplatten entlädt.

elektrische Feldstärke

Die Kraft auf die Einheitsladung heißt **elektrische Feldstärke $\vec{E}$**, sie ist (als Konvention) immer vom positiven zum negativen Pol gerichtet. Ihre Größe ergibt sich zu

$$\frac{F_E}{Q} = E = \frac{U}{d} \text{ (Einheit V/m)}$$

Umgekehrt folgt für die Kraft auf eine beliebige Ladung

$$\vec{F} = Q \cdot \vec{E}$$

In der nachfolgenden Abbildung wird das elektrische Feld zwischen 2 ungleichnamig aufgeladenen Kugeln gezeigt: Die Linien von einer Kugel zur anderen heißen Feldlinien; sie entspringen bei der positiven Ladung und enden bei der negativen und zeigen so die Richtung der elektrischen Feldstärke am betreffenden Ort. Die Dichte der Feldlinien gibt die Stärke des Feldes an. Normal zu den Feldlinien stehen Äquipotenzialflächen: Stellen Sie sich vor, Sie bewegen eine Probeladung entlang der Feldlinien. Dann müssen Sie Arbeit leisten (Sie erinnern sich, Arbeit war Kraft mal Weg in Richtung der Kraft). Äquipotenzialflächen verbinden jeweils Orte, zu deren Erreichen Sie dieselbe Arbeit aufwenden mussten, egal, welchen Weg (welche Feldlinie) Sie nehmen. Umgekehrt kostet Sie das Verschieben der Probeladung auf einer Äquipotenzialfläche keine Arbeit.

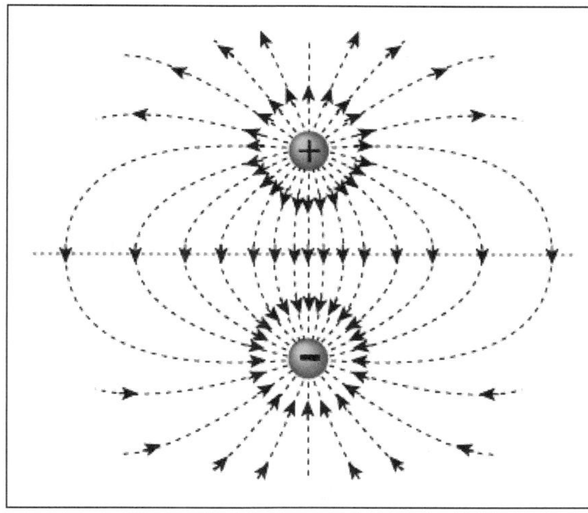

Abb. 5.1: Elektrisches Feld zweier ungleichnamig geladener Kugeln

Die Anordnung zweier elektrischer Ladungen in definiertem Abstand wie am Bild heißt elektrischer Dipol, das zugehörige Feld Dipolfeld. Haben die Kugeln die Ladungen Q_1 und Q_2 und den Abstand r, ist die wirkende Kraft gegeben durch

$$F = \frac{Q_1 \cdot Q_2}{4\pi \varepsilon_0 \cdot r^2}$$

($\varepsilon_0 \approx 8{,}86 \cdot 10^{-12}$As/Vm ist die Dielektrizitätskonstante des Vakuums). Wesentlich ist, dass die Kraft direkt proportional zur Größe der Ladungen ist und mit dem Quadrat des Abstandes sinkt.

Betrachten wir noch einmal die beiden ungleichnamig geladenen Platten mit definiertem Abstand. Werden die Platten mit einer Ladung versehen, baut sich zwischen ihnen eine Spannung (Potenzialdifferenz) auf. Ladungsmenge Q und Spannung U sind direkt proportional; der Proportionalitätsfaktor heißt **Kapazität** C der Anordnung. Es gilt daher: **Kapazität**

$$Q = C \cdot U$$

Durch Umformen zu C = Q/U erkennt man, dass man die Kapazität auch auffassen kann als jene Ladungsmenge, die die Anordnung auf 1 V auflädt. Als Einheit der Kapazität ergibt sich [C] = [Q]/[U] = 1 As/V = 1 F (1 Farad).

Eine Anordnung von Platten wie oben beschrieben heißt **Kondensator** (genauer: Plattenkondensator). Die Kapazität eines Kondensators hängt wesentlich von der Plattenfläche A und dem Abstand der Platten d ab: **Kondensator**

$$C = Q/U = \varepsilon_0 \cdot A/d$$

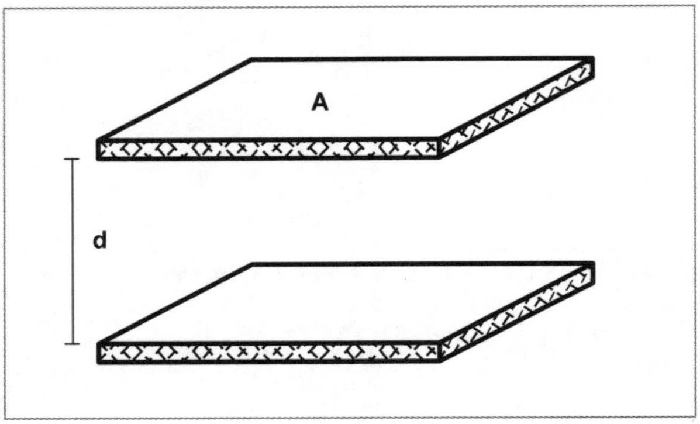

Abb. 5.2: Plattenkondensator

Bei der Beschreibung der Feldlinien war deutlich geworden, dass bei der Bewegung einer Probeladung entlang der Feldlinien Arbeit geleistet werden muss. Umgekehrt bedeutet dies, dass beim Entladen des Kondensators die zuvor hineingesteckte Arbeit wieder verfügbar wird. Ähnliches haben Sie in der Mechanik bereits kennengelernt: Stellen Sie ein Buch vom Boden auf ein Regal, müssen Sie Arbeit leisten; die Arbeit bleibt im Buch gespeichert und wird wieder frei, wenn Sie das Buch vom Regal herunterheben. Gespeicherte Arbeit wird als Energie bezeichnet, im Falle des Buches war dies die potenzielle Energie.

Ebenso muss bei der Aufladung eines Kondensators Arbeit geleistet werden. Es entsteht, wie oben beschrieben, ein elektrisches Feld. Im elektrischen Feld eines geladenen Kondensators wird also offensichtlich Energie gespeichert:

$$W = Q \cdot U/2 = C \cdot U^2/2$$

dielektrische Polarisation

Bringt man ein Dielektrikum (ein nichtleitendes Material) zwischen die Platten eines Kondensators, dann erfolgt **dielektrische Polarisation**:

- Wenn in dem Isolator ursprünglich keine Dipole (Anordnungen von positiver und negativer Ladung, deren Ladungsschwerpunkt nicht zusammenfällt) vorhanden gewesen sind, werden durch das elektrische Feld die positiven und negativen Ladungen der Isolatormoleküle bzw. -atome auseinandergezogen.
- Enthält der Isolator von vornherein Dipole, dann werden diese durch das elektrische Feld im Kondensator ausgerichtet in Richtung der Feldlinien.

Ein Teil der Energie des elektrischen Feldes wird für diese Polarisation benötigt. Dadurch verringert sich die Stärke des elektrischen Feldes und es können weitere Ladungen auf die Kondensatorplatten aufgebracht werden, um die ursprüngliche Stärke des elektrischen Feldes wieder zu erreichen. Durch das Einbringen eines Dielektrikums zwischen die Platten eines Kondensators kann dessen Kapazität vergrößert werden. Man beschreibt dies durch eine Materialkonstante, die Dielektrizitätskonstante ε; diese ist praktischerweise dimensionslos. Mit ihrer Hilfe lässt sich die Kapazität eines Kondensators mit Dielektrikum beschreiben als:

$$C = \varepsilon_0 \cdot \varepsilon \cdot A/d$$

5.6 Fließender elektrischer Strom I: Gleichstrom

Jetzt wird es aber langsam Zeit, dass wir den elektrischen Strom in einen Stromkreis packen und vernünftig fließen lassen. Unter einem Stromkreis wollen wir im Folgenden eine Spannungsquelle (also z. B. ein galvanisches Element) verstehen, deren einer Pol über eine Leitung mit einem Widerstand verbunden ist. Vom anderen Anschluss des Widerstandes führt eine weitere Leitung zum zweiten Pol der Spannungsquelle. Unter Leitung verstehen wir (Modell, Modell!) einen idealen elektrischen Leiter, eine Vorrichtung, die keinen Widerstand besitzt. Ein derartiger Stromkreis kann grafisch wie in der nächsten Abbildung gezeichnet werden:

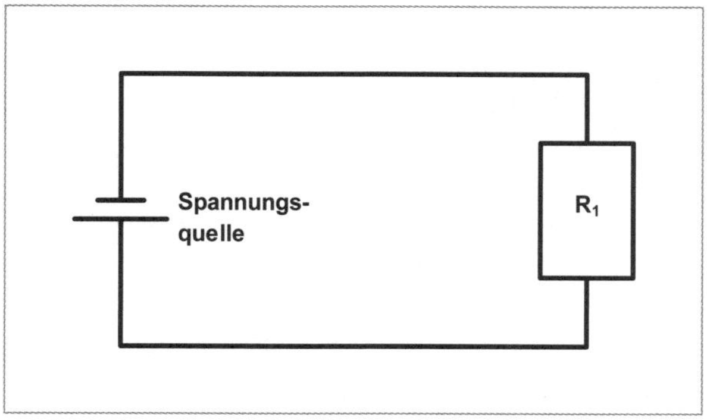

Abb. 5.3: Stromkreis mit Spannungsquelle und Widerstand

Da wir uns der ganzen Sache methodisch nähern, ist zunächst zu klären, wie wir z. B. die Spannung variieren können. Angenommen, wir haben 2 galvanische Elemente mit den Spannungen 1 V und 2 V. Um einen Stromkreis mit einer Versorgungsspannung von 3 V zu bauen, müssen die Einzelelemente hintereinander geschaltet werden (**Serienschaltung**). Führen Sie sich wieder das Bild des Staudammes vor Augen: Das Arbeitsvermögen des Wassers steigt, wenn 2 Staudämme derart hintereinander liegen, dass das untere Niveau des oberen gleich dem oberen Niveau des unteren Dammes ist. Die

Serienschaltung

Parallelschaltung

andere Möglichkeit des Verbindens, die **Parallelschaltung** (die unteren Niveaus auf gleicher Höhe, die oberen unterschiedlich), ergibt keine Erhöhung der Spannung, sondern führt zu einem sehr hohen Ausgleichsstrom, der wegen der Joule'schen Wärme jedenfalls zu vermeiden ist.

Wenn man Spannungsquellen entweder in Serie oder parallel schalten kann, gilt dies selbstverständlich auch für Ohm'sche Widerstände:

Serienschaltung

- **Serienschaltung**: Angenommen, wir schalten 3 Widerstände R_1, R_2 und R_3 in Serie (Abb. 5.4). Ein Ladungsträger, der durch den Stromkreis vom einen Pol der Spannungsquelle (diese soll die konstante Spannung U_0 haben) zum anderen Pol fließt, muss alle drei Widerstände passieren, die Ladungsträger können nirgendwo abbiegen. Also muss die Stromstärke durch jeden Widerstand gleich groß sein. Für jeden der Widerstände gilt das Ohm'sche Gesetz $U = R \cdot I$, d. h. aber $I = U_1/R_1 = U_2/R_2 = U_3/R_3$. Ein wenig mathematisch gezaubert lässt sich dies auch schreiben als $U_1:U_2:U_3 = R_1:R_2:R_3$ (in der Serienschaltung verhalten sich die Teilspannungen wie die Widerstände).

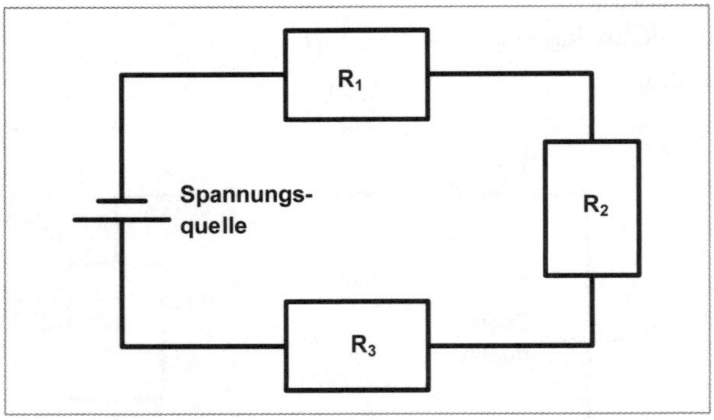

Abb. 5.4: Serienschaltung von Widerständen

Die Differenzen der Spannungen vor und hinter einem Widerstand heißen auch Spannungsabfälle. Die Summe der einzelnen Spannungsabfälle ist aber gleich der Gesamtspannung: $U_0 = U_1 + U_2 + U_3$. Dies ergibt sich aus der Energieerhaltung: An jedem Widerstand wird ein Teil der Gesamtenergie in Wärme umgesetzt. Insgesamt muss die gesamte potenzielle Energie der Spannungsquelle umgewandelt werden, es kann ja Energie nicht verloren gehen oder gewonnen werden.

Ein Ersatzwiderstand für die 3 Einzelwiderstände im Stromkreis ergibt sich bei Serienschaltung als Summe der Einzelwiderstände:

$$R = R_1 + R_2 + R_3$$

(Begründung wie vorher aus der Energieerhaltung: Die gesamte Joule'sche Wärme muss so groß sein wie die Summe der drei „Teilwärmen" an den Widerständen.)

Parallelschaltung

- **Parallelschaltung**: Widerstände lassen sich aber auch parallel, in einem Parallelstromkreis (Abb. 5.5), anordnen. Für jeden Verzweigungspunkt von Leitern muss in einem solchen Stromkreis die Summe der ankommenden Ströme gleich der Summe der abfließenden Ströme sein: $I = I_1 + I_2$, Elektronen können ja an einem Verzweigungspunkt weder verschwinden noch entstehen.

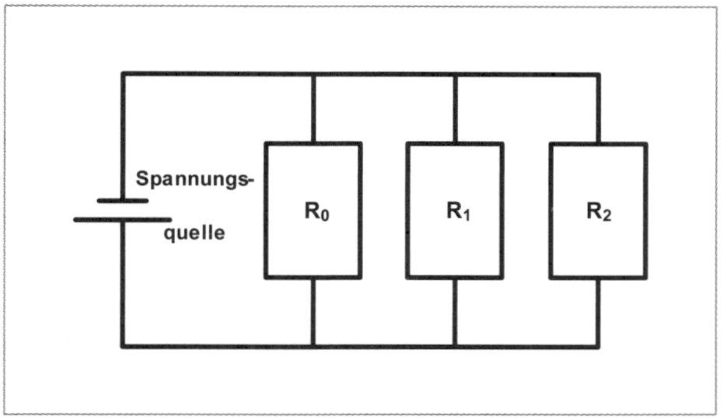

Abb. 5.5: Parallelschaltung von Widerständen

Um uns die Sache zu vereinfachen, wollen wir uns statt der Verzweigung wieder einen Ersatzwiderstand denken, dann ist auch dieser Ersatzwiderstand durch einen Spannungsabfall gekennzeichnet. Umgekehrt muss diese Spannung auch zwischen den Verzweigungspunkten abfallen, d. h. $U_0 = U_1 = U_2$ bzw. $I_1 \cdot R_1 = I_2 \cdot R_2$.

Für die Größe R des Ersatzwiderstandes ergibt sich aus $I = I_1 + I_2$ mit dem Ohm'schen Gesetz: $U_0/R = U_0/R_1 + U_0/R_2$, durch die Spannung kann man aber dividieren und es folgt:

$$1/R = 1/R_1 + 1/R_2$$

Bei Parallelschaltung findet man den reziproken Wert des Gesamtwiderstandes als Summe der Reziprokwerte der Einzelwiderstände.

So weit zu den Ohm'schen Widerständen. Was ist nun aber mit den anderen möglichen Bauteilen, die wir bereits erwähnt haben, Kondensator und Spule?

Schließt man einen Kondensator an ein galvanisches Element, dann wird sich zwischen den Platten des Kondensators blitzartig (in Millisekunden oder weniger) ein elektrisches Feld aufbauen. Dann aber

– ein Kondensator war ja eine Kombination aus 2 Metallplatten ohne elektrische Verbindung zwischen den Platten – wird mangels Verbindung der beiden Pole der Spannungsquelle kein Strom fließen können. Für einen Gleichstrom ist ein Kondensator ein unendlich großer Widerstand.

Eine Spule wiederum ist nichts anderes als ein aufgewickelter Draht. In diesem Sinn ist eine Spule für einen Gleichstrom nur eine lange elektrische Leitung, birgt also keine weitere Besonderheit in sich. Bei Wechselstrom liegen die Dinge bei Spulen und Kondensatoren allerdings ganz anders. Wir werden uns in Kapitel 5.9 damit beschäftigen.

5.7 Das magnetische Feld

Eine Magnetnadel in einem Kompass stellt sich so ein, dass ihr Südpol in Richtung des Nordpols der Erde weist und ihr Nordpol in Richtung des Südpols der Erde. Nähert man sich mit dem Südpol eines Stabmagneten dem Südpol eines frei beweglichen zweiten Stabmagneten, beobachtet man Abstoßung. Offensichtlich ziehen einander ungleichnamige Pole an und gleichnamige stoßen einander ab. So wie beim elektrischen Feld oder beim Schwerefeld der Erde ist dies eine Fernwirkung, die Magneten müssen nicht in Kontakt zueinander kommen. Es liegt daher nahe, von einem **Magnetfeld** zu sprechen, das sich zwischen Nord- und Südpol eines Magneten spannt. Die Feldlinien können z. B. anhand der Ausrichtung einer Magnetnadel sichtbar gemacht werden (Abb. 5.6). Anders als beim elektrischen Feld gibt es beim Magnetfeld nur Dipole und keine „Einzelpole".

Magnetfeld

Eine Magnetnadel richtet sich aber auch in der Nähe eines stromdurchflossenen Drahtes aus. Die Feldlinien verlaufen dabei in kon-

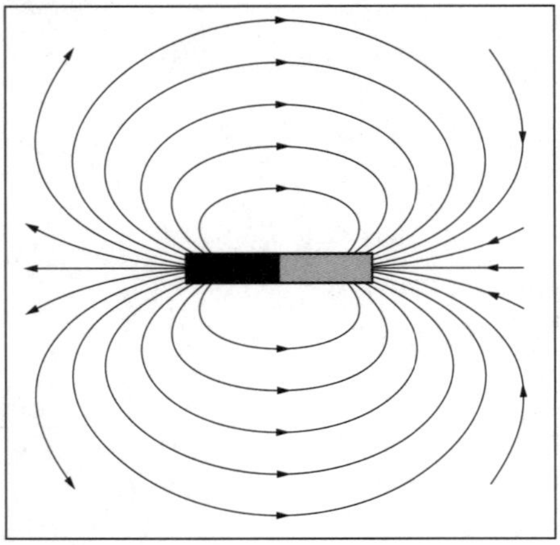

Abb. 5.6: Magnetfeld eines Stabmagneten

zentrischen Kreisen um den elektrischen Leiter. Elektrischer Strom erzeugt ein Magnetfeld.

Eine Spule ist nichts anderes als ein langer aufgewickelter Draht. Das Magnetfeld, das durch eine stromdurchflossene Spule erzeugt wird, ähnelt dem eines Stabmagneten. Es ist im Inneren homogen und steigt mit der Stromstärke und der Windungszahl der Spule. Aufgrund dieser Ähnlichkeit definiert man die **magnetische Kraftflussdichte** B über das Magnetfeld im Inneren einer Spule der Länge l mit n Windungen, die vom Strom I durchflossen wird:

magnetische Kraftflussdichte

$$B = \mu_0 \cdot n \cdot I/l \text{ mit } [B] = 1\,\text{T} \;(1\,\text{Tesla})$$

($\mu_0 \approx 1{,}26 \cdot 10^{-6}$ Vs/Am heißt magnetische Feldkonstante.)

Beim elektrischen Feld hatten wir von Dielektrika gesprochen. Wird ein Dielektrikum in einen Kondensator eingebracht, so steigt dessen Kapazität. Beim magnetischen Feld wird es komplizierter und wir unterscheiden Materialien nach ihrer Wirkung auf vorhandene magnetische Felder bzw. danach, wie sie sich in einem äußeren Magnetfeld verhalten.

ferromagnetische Stoffe

- **Ferromagnetische Stoffe** (z. B. Eisen, Nickel und Kobalt) zeigen unbehandelt kein magnetisches Verhalten. Sie werden aber z. B. im Feld eines Stabmagneten sehr wohl ihrerseits magnetisch. Vergleicht man die magnetische Feldstärke einer stromdurchflossenen Spule mit der Feldstärke einer Spule mit Eisenkern, zeigt sich, dass durch Einbringen des Eisenkerns die magnetische Kraftflussdichte um einen Faktor erhöht wird: $B_{Fe} = \mu \cdot B_{Luft}$. Dieser Faktor μ heißt **Permeabilität.** Wenn Sie ein Ferromagnetikum in die Nähe eines Magnetfeldes bringen, wird es vom Magnetfeld angezogen. Bei den Ferromagnetika erreicht die Permeabilität eine Größe von etwa 2000. Durch die Anwesenheit des ferromagnetischen Stoffes erhöht sich die magnetische Kraftflussdichte drastisch!

  Permeabilität

  Wie kann man das erklären? Man stellt sich im Inneren der Ferromagnetika kleine Elementarmagneten vor, die zunächst aufgrund der thermischen Bewegung der Moleküle ungeordnet sind. Durch das magnetische Feld der Spule richten sich diese Elementarmagnete aus, es bilden sich magnetische Dipolketten. Von diesen gehen nach außen ebenfalls Feldlinien, sodass insgesamt das Magnetfeld deutlich erhöht wird.

  Steigert man die Stromstärke in der Spule, erhöht man also die magnetische Kraftflussdichte der Spule, klappen immer mehr Elementarmagnete um, bis letztendlich Sättigung erreicht wird;

mehr als alle können's ja nicht sein. Reduziert man dann das äußere Magnetfeld, bleibt eine erhebliche Zahl von Elementarmagneten in der neuen Orientierung. Aus dem ursprünglich nicht magnetischen Eisenstück ist ein Permanentmagnet geworden (z. B. ein Stabmagnet). Wenn Sie das jetzt mit einer Büroklammer ausprobieren und es funktioniert nicht, seien Sie nicht überrascht, denn bei den Ferromagnetika gibt es auch welche, bei denen nach „Abschalten" des äußeren Magnetfeldes die Orientierung der Elementarmagnete sehr schnell zusammenbricht. Diese Materialien werden „magnetisch weich" genannt, Büroklammern sind aus solchem „Weicheisen". Materialien, die nach einer einmaligen Magnetisierung Magnete bleiben, heißen „magnetisch hart".

paramagnetisch

- Bei **paramagnetischen** Stoffen ist die Permeabilität nur wenig größer als 1. Die Atome benehmen sich zwar auch wie kleine Magnete, können sich aber aus ihrer ursprünglichen Lage nur wenig entfernen. Paramagnetika verstärken das magnetische Feld nur wenig. Sie werden ebenfalls von einem äußeren Magnetfeld angezogen.

diamagnetisch

- **Diamagnetische** Stoffe zeigen eine Permeabilität zwischen 0 und 1. Die Atome werden erst durch die Einwirkung des äußeren Magnetfeldes der Spule zu Magneten. Allerdings schwächen sie mit ihrem Magnetfeld das äußere Magnetfeld. Diamagnetische Stoffe werden von einem äußeren Magnetfeld abgestoßen.

Ganz analog zum elektrischen Feld gibt es auch im Magnetfeld Kraftlinien zwischen Nord- und Südpol, entlang derer zum Verschieben eines magnetischen Dipols Arbeit notwendig ist. Daher ist wie im elektrischen Feld auch im magnetischen Feld Energie gespeichert.

5.8 Elektrizität und Magnetismus: Die Verbindung

Bis jetzt war eigentlich kein zwingender Grund vorhanden, warum Elektrizität und Magnetismus in einem einzigen Kapitel eines Physikbuches behandelt werden sollten – daher ist jetzt dringend geboten, diesen Umstand gründlich zu verändern:

Ein stromdurchflossener Draht erfährt zwischen den Polen eines Magneten eine Kraft. Die Größe dieser Kraft wächst mit der Stromstärke im Leiter und mit der magnetischen Feldstärke des Magneten. Dieser Zusammenhang ist aber nicht nur ein Indiz für die Verknüpfung von Strom und Magnetfeld, sondern wird auch handfest benutzt, um z. B. die Stromstärke zu messen. Bei Verwendung eines bestimmten Magneten ist die Stärke der Kraft proportional zur

Stromstärke; damit kann dies zur Konstruktion eines Amperemeters, eines Messgerätes für die Stromstärke, verwendet werden. Zusätzlich kann man damit aber auch die Spannung messen; wenn man erst einmal die Stromstärke I kennt, kann man über das Ohm'sche Gesetz (Sie erinnern sich: $U = R \cdot I$), wenn nur den Widerstand R bekannt ist, auf die Spannung U schließen.

Ganz wesentlich ist noch, dass die Richtung des Stromes, die Richtung des Magnetfeldes und die Richtung der Kraft jeweils rechtwinkelig zueinander stehen (Abb. 5.7).

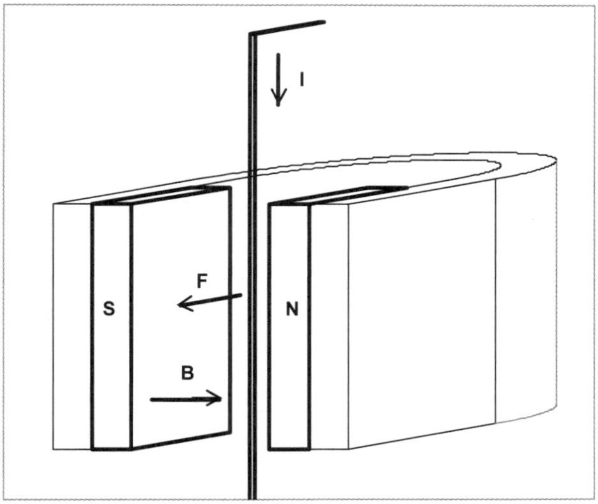

Abb. 5.7: Kraft auf einen stromdurchflossenen Draht im Feld eines Magneten

Vorher (im Abschnitt „Das magnetische Feld") haben wir schon beschrieben, dass ein stromdurchflossener Leiter von einem Magnetfeld umgeben ist. Man kann das leicht feststellen, wird doch eine Magnetnadel in der Nähe eines solchen Leiters abgelenkt. Ändert sich der Strom, dann ändert sich auch das Magnetfeld. (Im Detail muss man ein wenig aufpassen: Die Magnetnadel bewegt sich nur nicht, wenn sie parallel zum Draht gehalten wird; dies lässt den Schluss zu, dass der Strom das Magnetfeld in konzentrischen Kreisen um den Leiter entstehen lässt [Abb. 5.8].)

Umgekehrt funktioniert's aber auch: In einer (richtig gehaltenen) Drahtschleife kann ein elektrischer Strom hervorgerufen werden, wenn man sich der Drahtschleife mit einem Magneten nähert. Auf „Physikalisch" übersetzt bedeutet dies: Ändert sich das Magnetfeld am Ort des Drahtes, so entsteht eine elektrische Spannung und ein Strom beginnt zu fließen. Dieser Effekt kann auch hervorgerufen werden, wenn man die Drahtschleife dreht, d. h. wenn man den

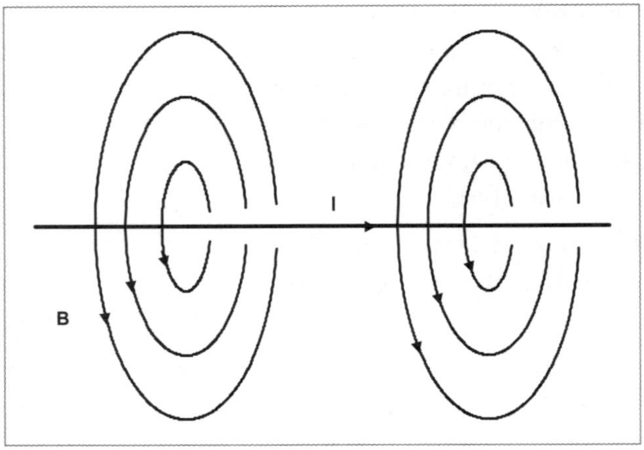

Abb. 5.8: Magnetfeld um einen stromdurchflossenen Leiter

Winkel ändert, in dem die Drahtschleife zu den magnetischen Feldlinien steht. (Wenn Sie's ganz genau wissen wollen: Es entsteht eine elektrische Spannung, wenn sich der magnetische Fluss ändert. Der magnetische Fluss wiederum ergibt sich im Wesentlichen als Produkt aus der Stärke des Magnetfeldes, der von der Schleife aufgespannten Fläche und dem Sinus des Winkels zwischen Fläche und Feldlinien.)

Induktion

Diese Spannung heißt induzierte Spannung, der Effekt heißt **Induktion**. Achtung: Nur die Änderung des magnetischen Flusses bewirkt Induktion, aber wenn man sich mit einem Permanentmagneten einem Draht nähert, dann ändert sich für den Draht ja das magnetische Feld (der Abstand des Magneten bestimmt ja unter anderem die Größe des Feldes). Auch hier gilt: Der größte Effekt entsteht, wenn die Richtung des Magnetfeldes genau im rechten Winkel zur Fläche der Drahtschleife steht, bzw. es passiert gar nichts, wenn die Drahtschleife und das Magnetfeld parallel zueinander sind (Abb. 5.9).

Gegeninduktion

Lassen Sie uns die oberen Absätze verbinden: Stellen Sie sich nun einmal zwei Leiter (für die Puristen: in der geeigneten geometrischen Anordnung) nebeneinander vor, in einem ändert sich die Stromstärke. Dann entsteht durch die sich ändernde Stromstärke ein magnetisches Feld, das sich auch in seiner Stärke verändert. Dieses sich ändernde magnetische Feld wirkt auf den zweiten Leiter und erzeugt dort wiederum eine Spannung und einen Strom. Diese gegenseitige Wirkung heißt **Gegeninduktion**.

Jetzt aber Physik pur: das Ganze ohne zweiten Leiter (d. h. Selbstinduktion). An einem Draht möge sich die Spannung ändern, damit ändert sich die Stromstärke und es entsteht ein sich änderndes Magnetfeld. Das Magnetfeld ändert sich natürlich auch in Bezug auf den

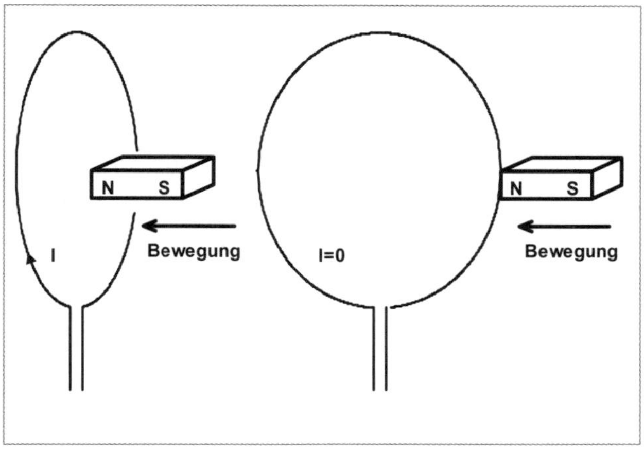

Abb. 5.9: Induktion von Spannung in einer Leiterschleife

Draht und dadurch entsteht auch in diesem ein Spannungsstoß. Dieser Spannungsstoß ist der ursprünglichen Spannungsänderung entgegengerichtet. (Als Maß für den – auch materialabhängigen – Quotienten aus induzierter Spannung und Änderung des Stromes hat man die **Selbstinduktion** L, gemessen in Henry (1 H = 1 Vs/A) eingeführt.)

Selbstinduktion

Alles andere als ein negatives Vorzeichen des Spannungsstoßes würde dem Energieerhaltungssatz widersprechen, denn würde die selbstinduzierte Spannung die ursprüngliche Spannung verstärken, entstünde aus der vergrößerten Erregerspannung (über den Umweg Magnetfeld) eine höhere selbstinduzierte Spannung und ein Perpetuum mobile wäre perfekt.

Induktion ist die Grundlage für elektrische Maschinen, in denen eine Änderung einer Stromstärke über das Magnetfeld in die Bewegung einer Drahtschleife umgesetzt wird; diese Bewegung kann zum Antrieb von Maschinen verwendet werden. Genauso ist Induktion auch die Grundlage für **Generatoren**, bei denen durch eine äußere Kraft eine Drahtschleife im Feld von Magneten gedreht wird und dadurch in der Schleife eine Spannung induziert wird. Wenn sich die Schleife dreht, ändert sich auch ständig der Winkel der Drahtschleife zum Magnetfeld, daher wechselt aber auch die induzierte Spannung in ihrer Stärke und ihrem Vorzeichen – es entsteht Wechselspannung. Bei einem Transformator wird auch die Induktion ausgenützt, um Wechselspannungen ziemlich verlustlos zu vergrößern bzw. zu verringern. Ein **Transformator** besteht aus zwei Spulen mit einem gemeinsamen Eisenkern. Fließt durch eine Spule (die Primärspule) ein Wechselstrom, erzeugt er ein magnetisches Wechselfeld, das durch den Eisenkern auf die zweite Spule (die Sekun-

Generatoren

Transformator

därspule) übertragen wird und dort eine Wechselspannung induziert. Wenn die Spulen gleich viele Windungen haben, sind die Spannungen auf beiden Seiten gleich. Wenn die zweite Spule mehr Windungen hat als die erste, ist die Spannung auf der Sekundärseite höher, und umgekehrt.

Die technische Umsetzung ist etwas komplizierter als hier geschildert, aber uns kommt es weiterhin auf die wesentlichen Grundlagen an.

5.9 Fließender elektrischer Strom II: Wechselstrom

Für unser Wechselstromnetz werden Generatoren betrieben, in denen eine sinusförmige Spannung des Wechselstromes mit einer Frequenz von f = 50 Hz erzeugt wird; zwischen zwei aufeinander folgenden Maxima vergeht also die Zeit von 1/50 s. Mathematisch lässt sich das darstellen durch $u(t) = U_0 \cdot \sin(\omega t)$, wobei u(t) die sich zeitlich verändernde Spannung und U_0 den maximalen Scheitelwert bedeuten; die Kreisfrequenz ω ergibt sich durch $\omega = 2\,\pi f$ – die Kleinbuchstaben sind uns übrigens nicht passiert, sondern werden gesetzt, um Gleichstrom- und Wechselstromgrößen auseinander zu halten. Nach dem Ohm'schen Gesetz hat dies einen Wechselstrom zur Folge, der genauso sinusförmig sein muss, mit derselben Frequenz von 50 Hz. [$i(t) = I_0 \cdot \sin(\omega t)$, i(t) die aktuelle Stromstärke, I_0 der Scheitelwert der Stromstärke.]

Die Leistung hatten wir uns am Anfang des Kapitels als Produkt von Stromstärke und Spannung überlegt. Im Fall von Wechselstrom und Wechselspannung bedeutet dies das Produkt aus dem Scheitelwert des Stromes, dem Scheitelwert der Spannung und dem Quadrat von sin (ωt). Die Leistung schwankt daher ständig (mit 100 Hz), allerdings nicht wie Strom und Spannung zwischen positivem und negativem Scheitelwert, sondern zwischen einem positiven Scheitelwert ($U_0 \cdot I_0$) und null. Dazu muss man sich nur überlegen, dass $\sin^2(\omega t)$ als quadratische Größe niemals kleiner als 0 sein kann (Abb. 5.10).

effektive Spannung
effektive Stromstärke

Dies bedeutet, dass sich die Leistung eines (wechsel)strombetriebenen Heizofens ständig verändert. Damit wird aber die Leistungsangabe in der Praxis höchst kompliziert. Zur Vereinfachung stellt man sich vor, dass die Leistung durch eine Gleichspannung und einen Gleichstrom bewirkt wird und gibt als **effektive Spannung** (bzw. **effektive Stromstärke**) jene Spannung (bzw. Stromstärke) eines Gleichstromes an, der dieselbe Leistung erbringt wie der fragliche Wechselstrom. Mathematisch bedeutet das, dass man eine mittlere

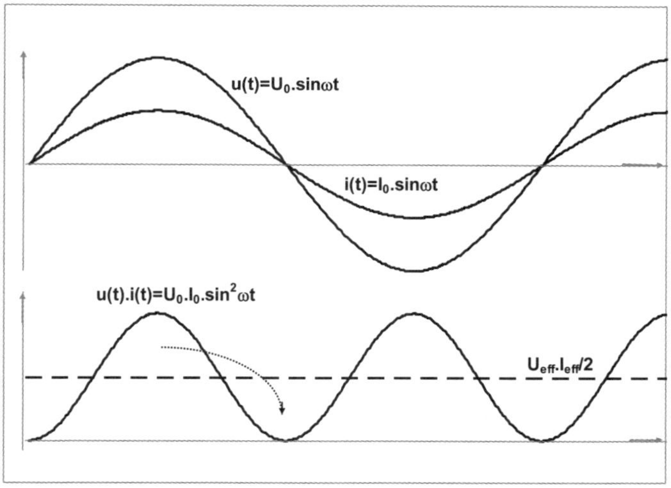

Abb. 5.10: Wechselstrom und Wechselspannung

Leistung (die effektive Leistung) berechnet durch Bildung eines zeitlichen Mittelwertes über $u(t) \cdot i(t) = U_0 \cdot I_0 \cdot \sin^2(\omega t)$, und der ist gleich der Hälfte vom Produkt $U_0 I_0$. Dieses „1/2" teilen wir jetzt auf U_0 und I_0 auf und bekommen die Effektivwerte von Strom und Spannung.

Für die effektive Spannung und die effektive Stromstärke (gekennzeichnet durch „eff") ergeben sich daraus:

$$U_{eff} = U_0/\sqrt{2} \text{ und } I_{eff} = I_0/\sqrt{2}$$

Unser Wechselstrom in Europa hat eine Spannung von 230 V; diese 230 V sind die effektive Spannung, also jene Spannung, die zum Erzielen einer Leistung im zeitlichen Mittel ständig zur Verfügung steht. Der Scheitelwert der Spannung ist allerdings um den Faktor $\sqrt{2}$ (also 1.4) höher!

Wie sieht es aber nun mit den anderen elektrischen Bauteilen aus, die wir beim Gleichstrom (nicht so ganz zufällig) erwähnt haben, also Kondensatoren und Spulen?

Kondensator

Schließt man einen **Kondensator** in Serie an eine Wechselstromquelle, dann fließt im Stromkreis ein Strom der Größe $i_C = \omega \cdot C \cdot u$, der Strom ist also proportional der Spannung, der Kreisfrequenz und der Kapazität des Kondensators. Vergleicht man diesen Zusammenhang formal mit dem Ohm'schen Gesetz ($i = u/R$), kann man einem Kondensator einen Wechselstromwiderstand von

$$R_C = 1/\omega C$$

zuschreiben. Der beobachtete Strom entspricht dem Ladestrom des Kondensators: Wenn die Wechselspannung sich kurzzeitig nicht ändert, d. h. ihren Scheitelwert erreicht hat, fließen keine Ladungen, der Strom ist 0. Dann fällt die Spannung und ändert sich am stärksten beim Nulldurchgang. Zu diesem Zeitpunkt erreicht der Strom sein Maximum; sobald die Spannung auf ihren unteren Scheitelwert abgefallen ist (also durch das Minimum geht), ist der Strom wieder null. Der Strom eilt der Spannung um den Winkel von 90° voraus (Abb. 5.11).

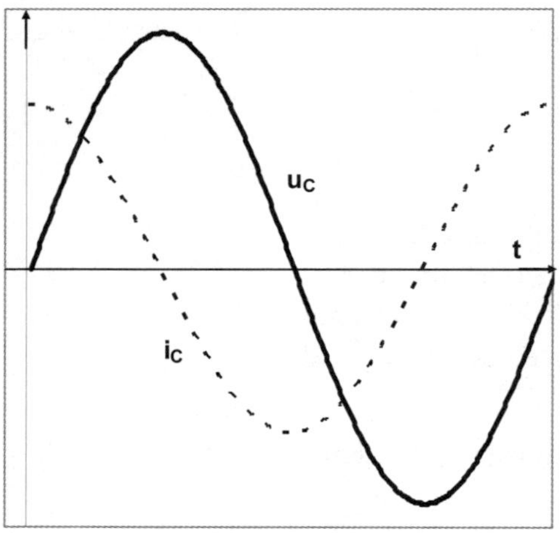

Abb. 5.11: Strom und Spannung am Kondensator beim elektrischen Schwingkreis

Einen wesentlichen Unterschied von Kondensator und Ohm'schen Widerstand müssen wir noch erwähnen: Im Ohm'schen Widerstand wird elektrische Leistung in Wärme umgesetzt. Im Kondensator wird beim Aufladen dem Stromkreis zwar Energie entnommen, um das elektrische Feld im Kondensator aufzubauen, beim Entladen des Kondensators aber bricht ja das Feld zusammen und die Energie wird dem Stromkreis wieder zur Verfügung gestellt. Im Kondensator wird keine Wärme „erzeugt", er ist ein leistungsloser Wechselstromwiderstand. (Wie in der Physik üblich, gehen wir hier von einem idealen Kondensator aus, der nicht von den Niederungen eines Ohm'schen Widerstandes geplagt wird.)

Spule

Und wie sieht dies im Falle einer in einen Wechselstromkreis geschaltenen **Spule** aus? Hier ergibt sich ein Strom der Größe $i_L = u/(\omega L)$ und ein Wechselstromwiderstand der Spule von

$$R_L = \omega L$$

Hier hinkt der Strom der Spannung um einen Winkel von 90° hinterher (Abb. 5.12).

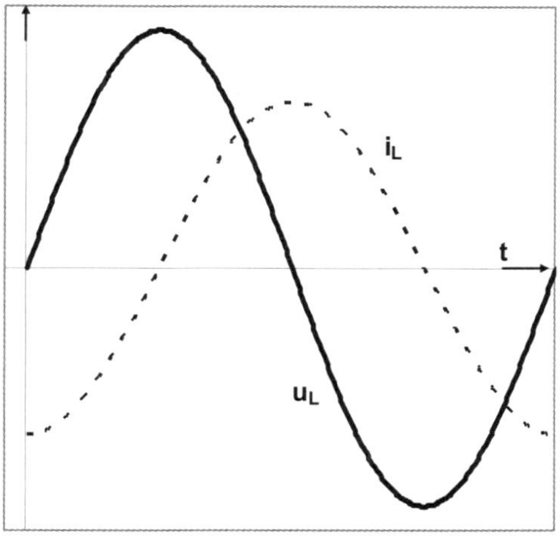

Abb. 5.12: Strom und Spannung an der Spule beim elektrischen Schwingkreis

Auch eine Spule ist ein leistungsloser Wechselstromwiderstand, Energie wird dem Stromkreis zum Aufbau eines magnetischen Feldes entnommen und beim Zusammenbruch des Feldes wieder zur Verfügung gestellt.

Besonders spannend wird die Sache, wenn man sich überlegt, was in einem Stromkreis passieren kann, in dem eine Spule und ein Kondensator in Serie geschaltet sind. Betreibt man nämlich so einen Kreis mit einem Strom der Frequenz ω, dann passiert Folgendes: Die Spannungen im Kondensator und in der Spule sind gegenüber dem Strom jeweils um 90° verschoben, allerdings in unterschiedliche Richtungen; ihre Verschiebung zueinander beträgt also 180°. Zwei Sinusfunktionen gleicher Amplitude, aber mit Phasenverschiebung von 180° heben einander zu jedem Zeitpunkt auf. Während also die Spannungen in der Spule und dem Kondensator sehr hohe Werte annehmen können, ist dies für den gesamten Stromkreis bedeutungslos, da sich die erhöhten Spannungen wegen der Phasenlage in Summe nicht auswirken (**Spannungsresonanz**). Man kann sich dies energetisch so vorstellen, dass die Energie zwischen der Energie des elektrischen Feldes im Kondensator und der Energie des magnetischen Feldes in der Spule hin- und herpendelt, so wie die Energie in einem Federpendel zwischen elastischer Energie in der Feder und kinetischer Energie bei der Bewegung wandert. Ein zusätzlicher Ohm'scher Widerstand entspricht dann der Reibung, er entzieht Energie und führt diese in Wärme über.

Spannungsresonanz

In einem Parallelkreis aus Spule und Kondensator kann **Stromresonanz** auftreten, d. h. in jedem der Teilkreise können Ströme fließen, die durchaus sehr hoch sein können, allerdings – so wie vorher

Stromresonanz

die Spannungen – einen Phasenwinkel von 180° zueinander aufweisen und sich daher zu null addieren. Für die Frequenz, bei der Stromresonanz auftritt, stellt der Stromkreis einen unendlich großen Widerstand dar. Hier wurde zweimal der Begriff „Resonanz" verwendet. Resonanz tritt bei Schwingungen auf (nächstes Kapitel). Eine Schaltung von einem Kondensator und einer Spule, bei der

elektrischer Schwingkreis

$\omega = 1/\sqrt{L.C}$ ist, heißt **elektrischer Schwingkreis** mit der Resonanzfrequenz ω. Technisch wird dies verwendet, um Signale bestimmter Frequenzen zu isolieren. Wenn Sie zum Beispiel an Ihrem Radiogerät einen Sender suchen, wählen Sie die Frequenz des Signals, das dann verstärkt und via Lautsprecher hörbar wird. Dieses Auswählen der Frequenz wird durch geschickte Kopplung von Parallelkreisen aus Spulen und Kondensatoren erreicht.

5.10 Elektromagnetische Wellen

Lassen Sie uns nochmals einen kurzen Streifzug durch die vorherigen Abschnitte machen: Als wesentliche Grundtatsachen haben wir entdeckt:

- Ein elektrisches Feld geht von Ladungen aus. Die Quellen eines elektrischen Feldes sind positive Ladungen und die Senken sind negative Ladungen, d. h. das Feld und daher auch die Feldlinien beginnen in den positiven Ladungen und enden in den negativen.
- Magnetische Einzelladungen hingegen existieren ebenso wenig wie magnetische Ströme. Das magnetische Feld beginnt und endet daher nicht in magnetischen Einzelladungen, magnetische Feldlinien sind in sich geschlossen.
- Ein sich zeitlich änderndes elektrisches Feld erzeugt ein magnetisches Feld, dessen Feldlinien geschlossen sind.
  Ein sich zeitlich veränderndes elektrisches Feld entsteht zum Beispiel durch das Einschalten eines Stromes, wenn Ladungen zu fließen beginnen, aber ebenso durch das Aufladen eines Kondensators. Ein derartiges sich änderndes Feld erzeugt ein magnetisches Feld, dessen Feldlinien konzentrische Kreise um den Leiter bilden.
  Das wirklich Spannende haben wir Ihnen soeben in einem Nebensatz untergejubelt: Die Veränderung eines elektrischen Feldes kann auch durch Vorgänge, wie sie im Kondensator zwischen den Platten passieren, realisiert werden. Für die Veränderung eines Feldes ist daher das Vorhandensein eines Leiters nicht Bedingung!

- Ein sich zeitlich änderndes Magnetfeld erzeugt ein elektrisches Feld, bzw. ruft in einem elektrischen Leiter eine Spannung hervor (Induktion).

Dies bedeutet wiederum, dass sich elektrische und magnetische Felder gegenseitig „erzeugen" können: Wird ein elektrisches Feld gebildet, ändert es sich zeitlich. Ein sich zeitlich änderndes elektrisches Feld führt aber zum Entstehen eines Magnetfeldes. Ein entstehendes Magnetfeld ändert sich allerdings und dadurch entsteht ein elektrisches Feld. Sie sehen also, elektrische und magnetische Felder können einander gegenseitig induzieren.

Die exakte mathematische Formulierung für die elektromagnetischen Wellen, die wir Ihnen hier vorenthalten (seien Sie nicht allzu unglücklich, der mathematische Aufwand wäre doch erheblich), wurde von **James Maxwell** Mitte des 19. Jahrhunderts durchgeführt. Sie lässt eine Berechnung der Geschwindigkeit zu, mit der sich elektromagnetische Wellen im Raum fortpflanzen: Es ist dies die Lichtgeschwindigkeit.

James Maxwell

Und wie funktioniert's nun wirklich, dass eine elektromagnetische Welle ausgesandt wird? Stellen Sie sich einen Kondensator vor (das waren, Sie erinnern sich, zwei leitende Platten, an die eine Spannung angelegt wird und zwischen denen dadurch ein elektrisches Feld entsteht), bloß verändern wir den Kondensator, wir tauschen die Platten gegen zwei Drähte. Nun legen wir eine Spannung an die Drähte an. Durch den fließenden Ladestrom entsteht einerseits ein kreisförmiges Magnetfeld. Andererseits bildet sich zwischen den Drähten ein elektrisches Feld aus. Der Aufbau der Felder erfolgt mit Lichtgeschwindigkeit. Nun verändern wir in Blitzesschnelle die Polung an unserem Drahtkondensator (technisch: Wir legen eine Wechselspannung an): Dadurch entsteht ein elektrisches Feld, das sich vom ursprünglichen in seiner Richtung unterscheidet, gleichzeitig entsteht aber auch ein Magnetfeld, dessen Richtung ebenfalls gegenüber dem ursprünglichen gewechselt hat. Auch diese Vorgänge erfolgen mit Lichtgeschwindigkeit.

In großer Entfernung von diesem Sender kann man demzufolge ein elektrisches Feld messen, das seine Stärke in derselben Frequenz verändert, wie die Polung am Drahtkondensator gewechselt wurde. Genauso kann man ein magnetisches Feld messen, auch der Richtungswechsel des magnetischen Feldes erfolgt mit derselben Frequenz. Elektrisches und magnetisches Feld erreichen ihre Maxima und Minima gleichzeitig, ihre Ausbreitung im Raum erfolgt mit Lichtgeschwindigkeit. Eine elektromagnetische Welle breitet sich im Raum aus.

Die zunächst berechnete und dann gemessene Ausbreitungsgeschwindigkeit dieser Welle hat die Physik wesentlich verändert. Die Geschwindigkeit war nämlich dieselbe, die man schon in einem anderen Teilgebiet der Physik festgestellt hatte: die Ausbreitungsgeschwindigkeit des Lichtes.

Dies wiederum ließ einen Schluss zu, der heute völlig unbestritten ist: Elektrizität, Magnetismus und Optik sind Teile eines gemeinsamen Phänomens in der Natur, des Elektromagnetismus.

6 Schwingungen und Wellen

Schwingungen und Wellen kommen in der gesamten Physik vor. Zuerst fallen uns bei diesen Begriffen wahrscheinlich mechanische Schwingungen ein, wie z. B. ein schwingendes Pendel oder eine schwingende Gitarrensaite. Bei Wellen denken wir wohl zuerst an Wasserwellen. Es gibt aber noch viele andere Schwingungen und Wellen – denken Sie an elektromagnetische Wellen (Licht) oder an die thermischen Schwingungen von Atomen in Festkörpern. Mit dem Dualismus von Welle und Teilchen können Elektronen, die sich mit hoher Geschwindigkeit bewegen, als Materiewellen beschrieben werden. Auch die Schrödingergleichung, die Energiezustände in Atomen beschreibt, ist rein mathematisch gesehen nichts anderes als die Gleichung einer schwingenden Saite.

Das Angenehme dabei ist, dass alle Schwingungs- und Wellenphänomene durch relativ wenige Gleichungen mit charakteristischen Grundstrukturen beschrieben werden können. Wenn bei einem Phänomen klar wird, dass es Schwingungs- oder Wellencharakter hat, kann man die bekannten Gleichungen anwenden. Die einzelnen Parameter müssen dann eben an das neue Phänomen angepasst werden, aber es ist viel einfacher, einen vorhandenen Formalismus anzupassen, als einen völlig neuen zu entwickeln. Da die formalen Beschreibungen von Wellen und Schwingungen so grundlegend sind, müssen wir sie am Anfang dieses Kapitels kurz darstellen. Die Beschreibung ist notgedrungen eher mathematisch, aber doch nicht so kompliziert, dass man es sich nicht mehr vorstellen könnte. Wir beschränken uns hier sowieso vor allem auf Definitionen und Beschreibung von einfachen Phänomenen.

6.1 Der harmonische Oszillator

harmonischer Oszillator
schwingungsfähiges System

Wie üblich betrachten wir zuerst einen einfachen Fall, nämlich den **harmonischen Oszillator**. Ein harmonischer Oszillator ist ein **schwingungsfähiges System**, das durch **rücktreibende Kräfte** an eine **Ruhelage** „gebunden“ wird. Zu jedem Zeitpunkt wirken diese Kräfte einer eventuell auftretenden Auslenkung entgegen. Die Kräfte müssen proportional zur Auslenkung aus der Ruhelage sein. (Reibungskräfte lassen wir einmal weg.) Eine ganz einfache solche rücktreibende Kraft ist die **Federkraft** oder **elastische Kraft** F (siehe Kap. 2.9).

Federkraft
elastische Kraft

$$F = -k\,y$$

einer Feder mit Federkonstante k, die um ein Stück y gedehnt oder gestaucht wird. Federpendel (bestehen aus einer Schraubenfeder, an der eine Masse hängt) werden daher gerne als Beispiel für harmonische Oszillatoren verwendet.

freie Schwingung
Eigenschwingung
Frequenz
Eigenfrequenz

Wird ein harmonischer Oszillator einmal angeregt (Sie ziehen kurz an der Feder an), so führt er **freie Schwingungen** aus, d. h. er schwingt ohne weitere Anregung mit einer Frequenz, die nur von den Eigenschaften des Oszillators abhängt. Diese freien Schwingungen heißen auch **Eigenschwingungen**, und ihre **Frequenz** (d. h. die Zahl der Schwingungen pro Zeit) heißt **Eigenfrequenz**.

Potenzialmulde

Eine stabile Ruhelage entspricht einem Minimum an potenzieller Energie, sodass man sich einen harmonischen Oszillator auch als System vorstellen kann, das sich in einer „**Potenzialmulde**" befindet. Denken Sie z. B. an eine Kugel in einer konkaven Schale. Immer, wenn Sie die Kugel anstupsen, rollt sie eine Weile herum, bis sie (durch Reibung) zur Ruhe kommt und am tiefsten Ort liegen bleibt.

Sobald ein schwingungsfähiges System aus der Ruhelage ausgelenkt wird, beginnt es zu schwingen. Wenn es keine Reibungskräfte gibt, schwingt das System „in alle Ewigkeit" mit konstanter Frequenz und maximaler Auslenkung (**Amplitude**) weiter.

Amplitude

rücktreibende Kraft

Die **rücktreibende Kraft** muss aber nicht die elastische Kraft einer makroskopischen Feder sein. Bei einem Fadenpendel (d. h. einer Masse, die an einem Faden aufgehängt ist) wirkt die Schwerkraft als rücktreibende Kraft. Bei Atomen im Festkörper wirken die Gitterkräfte und bei Ionenkristallen die elektrostatischen Kräfte als rücktreibende Kräfte. Außer am absoluten Nullpunkt schwingen die Atome oder Ionen in Festkörpern immer um ihre Ruhelage, und zwar umso stärker, je höher die Temperatur ist (siehe Kap. 4).

Am anschaulichsten sind mechanische Schwingungen. Stellen Sie sich vor, Sie haben eine masselose Schraubenfeder, an der ein Massenpunkt aufgehängt ist (Abb. 6.1). Beides gibt es nicht, wie Sie wissen, aber vorstellen kann man es sich ja. Die belastete Feder hat eine bestimmte Länge, die sich aus dem Gleichgewicht zwischen Gewichtskraft auf die Masse (nach unten) und Federkraft (nach oben) ergibt. Diese Position des Massenpunkts entspricht der Ruhelage. Bei jeder Auslenkung nach unten oder nach oben wirkt die Federkraft gegen die Auslenkung und treibt die Masse zurück. Am Ort der Ruhelage wirkt auf die Feder keine Nettokraft, aber die Masse bewegt sich wegen ihrer Trägheit weiter, sodass die rücktreibende Kraft der Feder sofort wieder wirksam wird. Die Energie des Systems pendelt dabei zwischen potenzieller Energie (elastische Energie der Feder) und kinetischer Energie der Masse hin und her.

Abb. 6.1: Federpendel. Im oberen Umkehrpunkt (links) wirken Schwerkraft (G) und Federkraft (F) in die gleiche Richtung. In der Mittellage (Ruhelage) des Pendels sind Federkraft und Gewichtskraft gleich groß und entgegengesetzt gerichtet (Mitte). Am unteren Umkehrpunkt (rechts) wirken Schwer- und Federkraft in entgegengesetzte Richtungen.

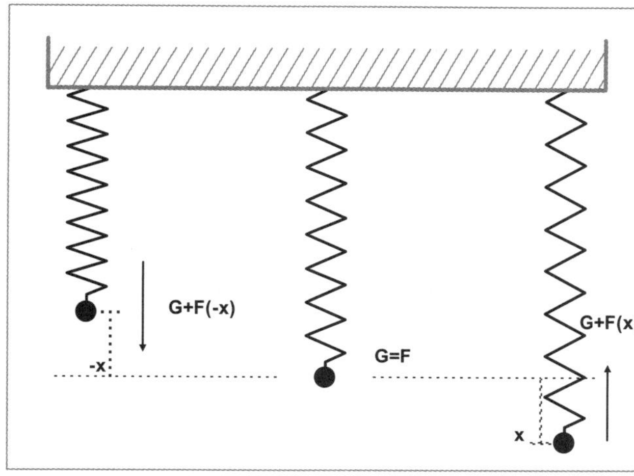

Wenn wir die schwingende Masse betrachten, so sehen wir, dass ihre Geschwindigkeit nahe der Ruhelage an größten ist und nahe den Umkehrpunkten sehr klein wird. Wenn wir hinter einem Radfahrer herfahren, sehen wir bei den Pedalen dasselbe Muster – sie scheinen sich auf und ab zu bewegen, wobei die Geschwindigkeit in der Mittellinie am größten ist. Von der Seite sehen wir natürlich, dass die Pedale eine Kreisbewegung vollführen. (Abb. 6.2) Zu jeder Zeit kann die Position eines Pedals entweder durch seine Höhe (gerechnet von der Mittellage) oder durch den Winkel angegeben werden, um den es gegenüber einer horizontalen Lage verdreht ist.

Abb. 6.2: Projektion einer Kreisbewegung. Von der Seite her gesehen erscheint eine Kreisbewegung (links) als Auf- und Ab-Bewegung, die durch eine Sinusfunktion (rechts) dargestellt werden kann.

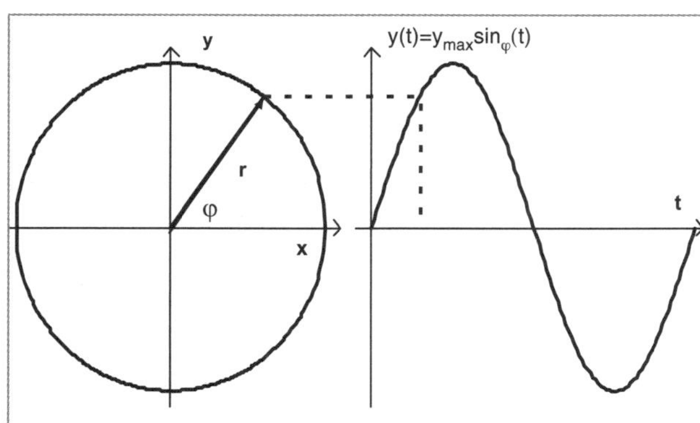

Schwingung
Kreisbewegung

Man kann mit dieser Überlegung die **Schwingung** eines Federpendels auch als eine Art **Kreisbewegung** auffassen, die „von vorne“ (oder von hinten) gesehen wird. So wie es bei der Kreisbewegung einen Drehwinkel gibt, der eine Funktion der Zeit ist (Kap. 2.5), können wir auch die Schwingung durch eine Funktion darstellen, deren Argument ein Winkel ist, der von der Zeit abhängt.

Kreisfrequenz

Eigenschwingung

Bei Kreisbewegungen wird die Zahl der vollen Umläufe pro Sekunde durch die **Kreisfrequenz** ω_0 beschrieben. (Wir verwenden hier absichtlich den Index 0, obwohl es sich nicht um die Kreisfrequenz zur Zeit t = 0 handelt. ω_0 bezeichnet die Kreisfrequenz der freien Schwingung, d. h. die Kreisfrequenz der **Eigenschwingung** des Systems.) Allgemein hängen Frequenz f und Kreisfrequenz ω einer Schwingung über

$$\omega = 2\pi f$$

zusammen. Die Einheit der Kreisfrequenz ist Radiant/Sekunde, wobei Radiant (rad) die Einheit eines Winkels im Bogenmaß ist. Ein voller Winkel von 360° entspricht im Bogenmaß einem Winkel von 2π rad.

Auslenkung Elongation

Die **Auslenkung** y der Masse am Federpendel aus der Ruhelage (**Elongation**) als Funktion der Zeit t kann durch Sinus- bzw. Cosinusfunktionen beschrieben werden.

$$y(t) = A\sin(\omega_0 t + \varphi_0) \quad \text{oder} \quad y(t) = A\cos(\omega_0 t + \varphi_0)$$

Amplitude

A bezeichnet dabei die maximale Auslenkung aus der Ruhelage, d. h. die **Amplitude**. Zu φ_0 kommen wir gleich. Der (ungedämpfte, d. h. reibungsfreie) harmonische Oszillator hat seinen Namen von den harmonischen Funktionen (Sinus- und Cosinusfunktionen). Es kann aber auch umgekehrt sein – egal, beide haben das Wort „harmonisch“ im Namen.

Wir beschränken uns bei der Darstellung von Schwingungen auf die Form

$$y(t) = A\sin(\omega_0 t + \varphi_0)$$

Phasenlage

denn sie entspricht der Schwingung bei einem Federpendel. Wenn die Schwingung zum Zeitpunkt t = 0 aus der Ruhelage „startet“, ist y(0) = 0 und $\varphi_0 = 0$. Es könnte aber sein, dass der Oszillator zur Zeit t = 0 schon eine Elongation hat, die von null verschieden ist (die Feder könnte schon gedehnt oder gestaucht gewesen sein). Die Elongation zur Zeit t = 0 ist dann nicht gleich null, sondern hat einen bestimmten Wert. Wenn Sie jetzt die Sinusfunktion zeichnen, so erscheint sie gegen $A \cdot \sin(\omega_0 t)$ um einen bestimmten Winkel φ_0 verschoben. Die Größe φ_0 wird als die **Phasenlage** zur Zeit t = 0 bezeichnet. Zu jeder Zeit t ist die Phasenlage (φ) der Schwingung durch den Winkel

$$\varphi(t) = \omega_0 t + \varphi_0$$

gegeben. Wenn Sie zwei Schwingungen mit gleicher Frequenz, aber unterschiedlicher Phasenlage miteinander vergleichen (Abb. 6.3), so scheint eine der anderen in der Zeit voraus zu sein. In diesem Bild können wir die **Phasendifferenz** der Schwingungen, d. h. die Differenz der $\varphi_0 = \omega_0 \cdot \triangle t$ leicht ablesen. Phasendifferenzen zwischen Schwingungen spielen bei der Überlagerung von Schwingungen eine große Rolle (siehe Kap. 6.3), daher weisen wir schon jetzt darauf hin.

Phasendifferenz

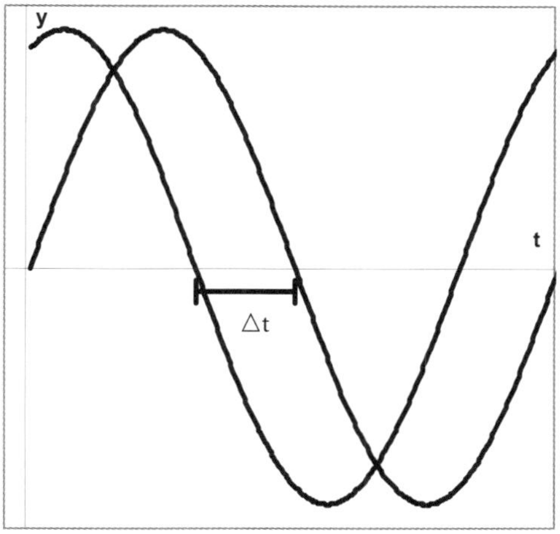

Abb. 6.3: Zwei gegeneinander um △t phasenverschobene Sinusschwingungen

Die **Schwingungsdauer** T ist die Zeit, die zwischen zwei gleichen Schwingungszuständen vergeht. Bei einem Federpendel ist das z. B. die Zeit zwischen zwei aufeinander folgenden Durchgängen durch den oberen oder den unteren Umkehrpunkt. Die **Frequenz** f einer Schwingung hängt mit der Schwingungsdauer T sehr einfach zusammen:

Schwingungsdauer

Frequenz

$$f = \frac{1}{T}$$

Hier ist ein Hinweis für praktische Berechnungen fällig, der meist verschwiegen wird. Wir verwenden für Winkel üblicherweise das Gradmaß (voller Winkel: 360°). Wenn wir bei Schwingungsgleichungen die Winkel im Gradmaß einsetzen, sind die Ergebnisse erbärmlich falsch. Die Kreisfrequenz ω hat die Einheit Radiant pro Sekunde, denn in der Definition steht 2π, und das ist der volle Winkel im Bogenmaß. Für Berechnungen von Schwingungen muss ωt im **Bogenmaß** sein, und, wenn eine Phasenlage oder irgendein Phasenwinkel dabei ist, müssen auch diese Winkel im Bogenmaß sein. Taschenrechner sind üblicherweise im „normalen" Gradmaß (voller Winkel entspricht 360°) eingestellt. Sie müssen den Taschenrechner also ins Bogenmaß umstellen, sonst bekommen Sie falsche Ergebnisse (und Punkteabzüge bei Prüfungen).

Bogenmaß

Federpendel

Für das **Federpendel** ergeben sich die Kreisfrequenz ω_0 und die Schwingungsdauer T als

$$\omega_0 = \sqrt{\frac{k}{m}} \quad \text{bzw.} \quad T = 2\pi\sqrt{\frac{m}{k}}$$

wobei m die Masse und k die Federkonstante bezeichnen. Fällt Ihnen auf, dass hier die Schwerkraft (Schwerebeschleunigung g) nicht vorkommt? Federpendel schwingen auch im schwerefreien Raum, denn die rücktreibende Kraft wird von der Feder ausgeübt. Noch etwas fehlt in dieser Formel: die Amplitude der Schwingung. Das ist wichtig, denn man könnte meinen, dass ein Pendel heftiger (d. h. mit einer größeren Frequenz) schwingt, wenn es stärker ausgelenkt wird. Das stimmt aber nicht: die Frequenz des Pendels (bzw. des harmonischen Oszillators) hängt *nicht* von der Amplitude ab.

Fadenpendel (mathematisches Pendel)

Wir können auch ein **Fadenpendel** (**mathematisches Pendel**) (Abb. 6.4) als harmonischen Oszillator beschreiben. Wenn wir einen Massenpunkt an einem masselosen Faden aufhängen (na ja, wir wissen, dass es beides nicht gibt), so hängt der Faden senkrecht und das Pendel befindet sich in seiner Ruhelage. Wenn wir es ein bisschen auslenken, d. h. nach einer Seite ziehen, dann heben wir es zwangsläufig an, und es beginnt unter dem Einfluss der Schwerkraft zu schwingen. Hier „pendelt" die Energie dauernd zwischen potenzieller Energie (im Schwerefeld) und kinetischer Energie der Masse hin und her. Für kleine Auslenkungen gilt für die Kreisfrequenz ω_0 bzw. die Schwingungsdauer T

$$\omega_0 = \sqrt{\frac{g}{L}} \quad \text{bzw.} \quad T = 2\pi\sqrt{\frac{L}{g}}$$

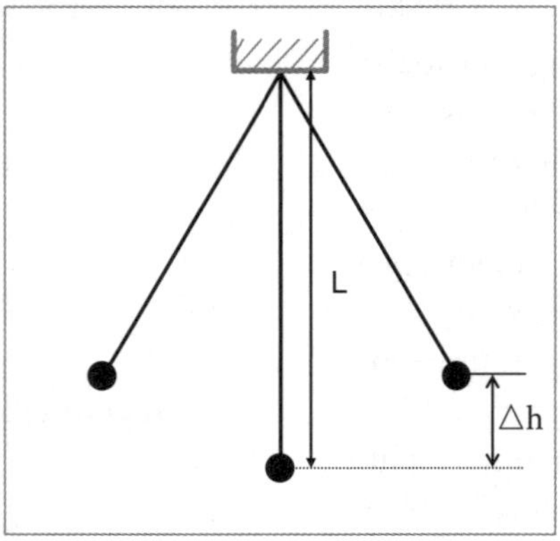

Abb. 6.4: Mathematisches Pendel der Länge L. Bei einer Auslenkung wird die Masse um Δh gehoben.

wobei L für die Länge des „Fadens" und g für die Schwerebeschleunigung steht. Hier geht die Masse des Pendelkörpers nicht ein, denn beim Hin und Her der potenziellen und kinetischen Energie kürzt sich die Masse weg. Ein mathematisches Pendel funktioniert aber nur, wenn eine Schwerkraft (oder eine andere Beschleunigungskraft, z. B. in einem beschleunigenden Raumschiff) auf eine Masse wirkt. Auf dem Mond (ca. 1/6 der irdischen Schwerkraft) schwingen Fadenpendel langsamer als auf der Erde, und in einem Raumschiff, das antriebslos im schwerefreien Raum treibt, schwingen sie gar nicht.

Die bisherigen Beispiele für harmonische Oszillatoren waren eindimensional, denn es gab nur eine mögliche Schwingungsrichtung (auf/ab bei der Feder, hin/her beim mathematischen Pendel). Es gibt aber auch **zweidimensionale Schwingungen**, z. B. schwingende Saiten oder Platten, oder **dreidimensionale Schwingungen**, z. B. in Hohlräumen. Diese „Schwingungen" sind eigentlich eher stehende Wellen (Kap. 6.5), aber die Nomenklatur ist hier etwas verwaschen. Bei mehrdimensionalen „Schwingungen" können mehr als eine Eigenfrequenz auftreten. Alle möglichen Eigenschwingungen eines Systems ergeben zusammengenommen sein **Eigenfrequenzspektrum**. Die Schwingung mit der kleinsten Frequenz wird als **Grundschwingung** bezeichnet. **Oberschwingungen** haben größere Frequenzen.

zweidimensionale Schwingungen
dreidimensionale Schwingungen

Eigenfrequenzspektrum
Grundschwingung
Oberschwingungen

Schwingungsfähige Systeme kommen im Alltag viel häufiger vor, als wir auf den ersten Blick sehen. Alles, was eine Masse hat und irgendwo befestigt ist, kann schwingen. Brücken, Gebäude, Bäume, Grashalme, unsere Arme und Beine sind schwingungsfähige Systeme, die teils sehr komplizierte Schwingungen ausführen können. Haben Sie sich schon einmal gefragt, warum die normale Gehgeschwindigkeit von Menschen bei etwa 4 km/h liegt? Wenn wir mit dieser Geschwindigkeit gehen, strengen wir uns nicht sonderlich an – sie ergibt sich aus der Schrittlänge und der Frequenz der Eigenschwingung des „physikalischen Pendels" Bein, dessen „Aufhängepunkt" im Hüftgelenk liegt. Ein Bein ist natürlich kein Massenpunkt an einem masselosen Faden, sondern die Masse über die Länge des Beines verteilt, aber man kann die Schwingungsdauer über eine etwas andere Formel leicht ausrechnen. Dass Autos schwingungsfähige Systeme sind, haben Sie sicher auch schon gemerkt – hier stellen die Stoßdämpfer die elastischen Elemente dar, die aber – siehe ihr Name – stark gedämpfte Schwingungen ausführen.

6.2 Die gedämpfte Schwingung

Jetzt betrachten wir den Einfluss von Reibung. Bei makroskopischen Schwingungen entzieht Reibung dem schwingenden System Energie. Die Schwingungsamplitude wird mit der Zeit immer kleiner, bis wir keine Schwingung mehr feststellen können. Das ist auch gut so, denn ohne Reibung würden die vielen schwingungsfähigen Systeme für immer und ewig weiterschwingen, wenn sie einmal angestoßen wurden.

In der Schwingungsgleichung kommt ein Dämpfungsglied in Form einer negativen Exponentialfunktion dazu

$$y(t) = A_0 \, e^{-\beta t} \sin \omega_0 t$$

Dämpfungsglied
Dämpfungskonstante

Dieses **Dämpfungsglied** ($e^{-\beta t}$) mit der **Dämpfungskonstante** β verringert die ursprüngliche Amplitude (A_0) mit der Zeit. Mathematisch wird die Amplitude einer gedämpften Schwingung nie gleich null (Exponentialfunktionen gehen immer nur asymptotisch gegen null), aber spätestens dann, wenn die Amplitude nicht mehr messbar ist, ist für uns die Schwingung erloschen. Erinnern Sie sich an den radioaktiven Zerfall (Kap. 1.7.2)? Auch dort war eine negative Exponentialfunktion, und auch dort wurde darauf hingewiesen, dass physikalisch gesehen etwas „weg“ ist, wenn es nicht mehr messbar ist. Meistens stört es uns, dass Messungen nie absolut genau sein können, aber manchmal ist es doch gut.

Kreisfrequenz

Die **Kreisfrequenz** ω_0 der gedämpften Schwingung z. B. eines Federpendels hängt nicht mehr nur von der Masse m und der Federkonstante k, sondern auch von β ab:

$$\omega_0 = \sqrt{\frac{k}{m} - \frac{1}{2}\beta^2}$$

Wenn β zu groß wird, wird der Ausdruck unter der Wurzel negativ, und es gibt dann keinen reellen Wert für ω_0. Nur wenn β klein genug ist („**schwache Dämpfung**“), ist der Term unter der Wurzel positiv und wir haben tatsächlich eine **gedämpfte Schwingung**, deren Amplitude mit der Zeit exponentiell abnimmt (Abb. 6.5). Wenn die Wurzel gleich null wird, so geht das System ohne Schwingung in die Ruhelage zurück („**mittlere Dämpfung**“). Hier spricht man vom **aperiodischen Grenzfall** (Abb. 6.6). Wenn die Dämpfung so groß ist, dass der Term unter der Wurzel negativ wird („**starke Dämpfung**“), gibt es keine reelle Lösung. Dieser Fall wird „**Kriechfall**“ genannt, da das System mit der Zeit in seine Ausgangslage „zurückkriecht“.

gedämpfte Schwingung

aperiodischer Grenzfall
Kriechfall

Gedämpfte Schwingungen kennen wir viele – z. B. ein Pendel in Luft, das einmal angestoßen wurde und dessen Schwingungsamplitude mit der Zeit immer kleiner wird, bis es „stehen bleibt“. Der Fall der mittleren Dämpfung wäre z. B. ein Pendel in Wasser, und den

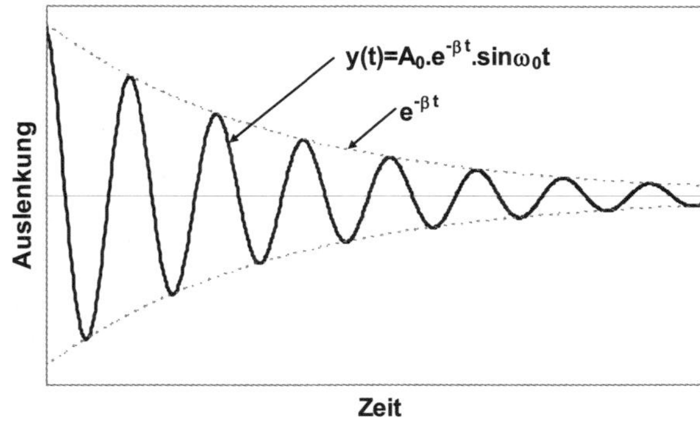

Abb. 6.5: Gedämpfte Schwingung. Die Amplitude der Schwingung nimmt exponentiell mit der Zeit ab.

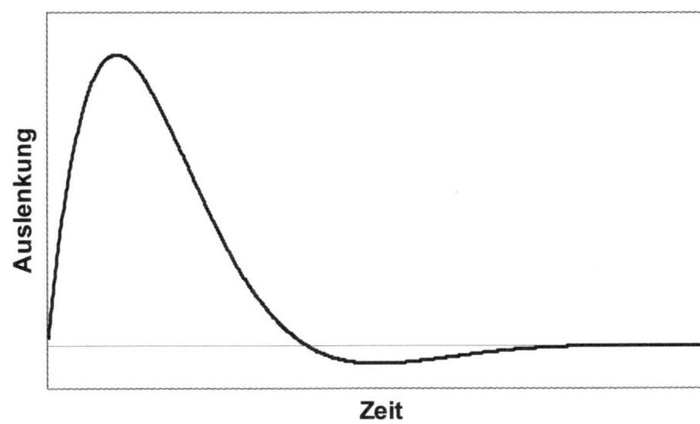

Abb. 6.6: Aperiodischer Grenzfall. Das System geht ohne Schwingung in die Ruhelage zurück.

Kriechfall können Sie erreichen, wenn Sie ein Pendel in Honig auslenken – es pendelt sicher nicht, aber irgendwann hängt es doch senkrecht hinunter.

6.3 Erzwungene Schwingungen

Bis jetzt haben wir nur freie Schwingungen (mit Eigenfrequenz f_0 bzw. ω_0) beschrieben. Die Systeme werden „angestoßen“ oder angeregt, aber nach dieser einmaligen Anregung schwingen sie frei (mit oder ohne Einfluss von Reibung) weiter. Was passiert aber, wenn eine periodische Kraft mit einer Frequenz f_e bzw. ω_e (**Erregerfrequenz**) auf ein schwingungsfähiges System wirkt?

Erregerfrequenz

Probieren Sie es selbst einmal aus. Nehmen Sie ein Pendel in die Hand (z. B. einen Schlüsselbund an einer Schnur oder ein Radieschen mit langer Wurzel – wer sagt denn, dass Experimente immer mit „richtigen“ Geräten gemacht werden müssen?). Lenken Sie dieses Pendel einmal aus, lassen es dann frei schwingen und merken sich die Frequenz dieser freien (Eigen)Schwingung. Als Nächstes bewegen Sie die Hand ganz langsam hin und her. Das Pendel wird sich so ziemlich mit der gleichen Frequenz und in der gleichen Richtung bewegen wie die Hand. Wenn Sie Ihre Hand sehr schnell bewegen, wird das Pendel kaum schwingen, sondern höchstens etwas herumwackeln. Bei dieser hohen Frequenz kann es nicht zu Schwingungen angeregt werden. Was passiert aber, wenn Sie die Hand mit der Frequenz der Eigenschwingung des Pendels bewegen? Immer, wenn das Pendel „nach links" schwingt, bekommt es von der Hand ebenfalls einen Impuls nach links. Wenn das Pendel am Umkehrpunkt wieder nach rechts zu schwingen beginnt, schiebt auch die Hand nach rechts. Zu jedem Zeitpunkt führt die Hand dem Pendel Energie zu. In diesem Fall reichen winzige, fast unsichtbare Bewegungen der Hand, um das Pendel immer weiter ausschwingen zu lassen. Die Amplitude wird hier immer größer – das schwingungsfähige System ist in Resonanz. (Private Bemerkung am Rande: Wenn man über Resonanz Bescheid weiß, sollte man „Pendeleien" nicht zu leicht Glauben schenken. Ich kann perfekt pendeln, ohne dass jemand sieht, dass ich schwindle.)

Resonanz

Hier ist die Definition für **Resonanz**: Resonanz ist das starke Mitschwingen eines schwingungsfähigen Systems, das von einem periodischen Erreger mit einer Frequenz angeregt wird, die der Eigenfrequenz des Systems entspricht bzw. dieser Eigenfrequenz sehr nahe liegt.

Beschreiben wir das Experiment mit dem Schlüsselbund jetzt formal. (Abb. 6.7) Wenn die Frequenz des Erregers f_e viel kleiner ist als die Eigenfrequenz f_0 des Systems ($f_e << f_0$), so schwingt das System mit f_e mit, d. h. die Schwingung des Systems ist in Phase mit der Erregerschwingung. Wenn $f_e >> f_0$, dann schwingt es kaum oder gar nicht. Wenn $f_e \cong f_0$ ist, kann die Amplitude der erzwungenen Schwingung sehr groß werden. Die Geschwindigkeit des schwingenden Systems ist dann in Phase mit der periodischen Kraft, die der Erreger ausübt (die Schwingung von Erreger und angeregtem System sind um 90° phasenverschoben – nur der Vollständigkeit halber). Zu jedem Zeitpunkt wird der Schwingung vom Erreger her Energie zugeführt. Ohne Dämpfung würde die Amplitude der erzwungenen Schwingung auch bei ganz schwacher Anregung „unendlich" werden, wenn der Erreger nur lange genug auf das System einwirkt. In der Praxis gibt es keine unendlichen Schwingungsamplituden, da irgendwann die Festigkeit des Materials des Systems überschritten wird, und das Material reißt. Nicht umsonst spricht man in diesem Fall von **Resonanzkatastrophe**.

Resonanzkatastrophe

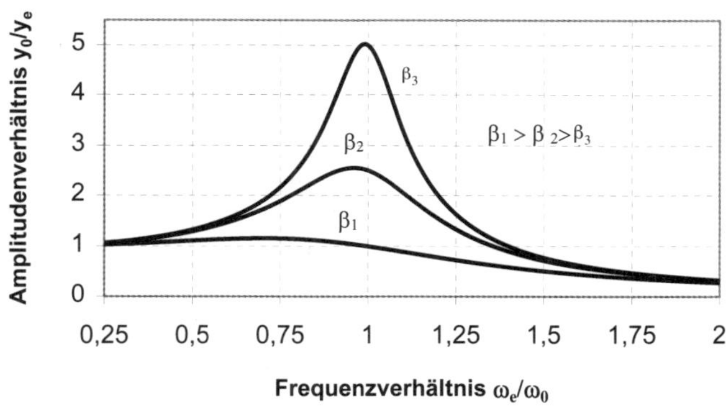

Abb. 6.7: Resonanz: Die Amplitude der erzwungenen Schwingung wird durch die Dämpfung begrenzt. Die drei Schwingungen haben unterschiedlich große Dämpfungskonstanten β.

Katastrophe ist ein starkes Wort, aber es ist gerechtfertigt, wenn z. B. eine Brücke einstürzt, weil Soldaten beim Marschieren zufällig die Eigenfrequenz „erwischen“, oder wenn der Boden eines Tanzsaales bei einer Polka einbricht. Häuser können auch bei relativ schwachen Erdbeben schwer beschädigt werden, wenn das Beben die „richtige“ Frequenz hat und lang genug auf das Gebäude einwirkt.

Haben Sie schon einmal das folgende Resonanzexperiment gemacht? Bei Schotterstraßen bilden sich nach einiger Zeit der Benutzung Querrillen mit einem ziemlich gleichen Abstand. Wenn Sie mit einem Auto ganz langsam über so eine Straße fahren, ist die Fahrt recht holprig. Wenn Sie schneller fahren, kann es sein, dass die Zahl der Rillen pro Zeit sich der Eigenfrequenz der Stoßdämpfer nähert. Sie werden fürchterlich durchgeschüttelt, und das Auto droht von der Straße zu springen. Wenn Sie noch schneller fahren könnten (geht bei Schotterstraßen aus Sicherheitsgründen meist nicht), wird die Fahrt wieder ruhiger. Bremsen ist dann recht unangenehm – Sie kommen wieder in den Bereich der Resonanz.

Resonanzen vermeiden

Unerwünschte **Resonanzen** lassen sich **vermeiden**, wenn schon bei der Konstruktion eines Bauwerks an die Möglichkeit von Resonanz gedacht wird. Wenn klar ist, dass Schwingungen auftreten können, muss das System ausreichend **gedämpft** werden. Bei vorher bekannten Erregerfrequenzen kann die Eigenfrequenz des Systems durch Konstruktionsmaßnahmen so gewählt werden, dass kaum eine Resonanz erreicht werden kann, und zur Sicherheit werden dann noch Dämpfungselemente eingebaut. Bei Brücken gilt auf jeden Fall, dass Soldaten, Musikkapellen etc. nicht im Gleichschritt gehen dürfen. Tanzveranstaltungen müssen abgebrochen werden, wenn der Boden zu schwingen beginnt.

gedämpft

Resonanz ist aber nicht immer „schlecht“, sondern manchmal auch erwünscht. Fernsehen, Rundfunk und mobile Telefonnetze würden ohne Resonanz nicht existieren. Sender und Empfänger enthalten elektromagnetische Schwingkreise, die mit ihrer Resonanzfrequenz angeregt werden und elektromagnetische Wellen abstrahlen (Sender) bzw. von schwachen Wellen zur Schwingung (in der Resonanzfrequenz) angeregt werden (Empfänger). Ob das Klingeln von Mobiltelefonen immer und überall erwünscht ist, steht aber auf einem anderen Blatt.

6.4 Überlagerung von Schwingungen

zusammengesetzte Schwingung

Bis jetzt haben wir von einzelnen Schwingungen gesprochen, bei denen das System nur eine Schwingung ausführt. Es kann aber sein, dass ein System gleichzeitig zu mehr als einer Schwingung angeregt wird. Was passiert, wenn sich Schwingungen überlagern? Formal ist das sehr einfach zu beschreiben: Wir addieren die Elongationen zu jedem Zeitpunkt (und passen auf die Vorzeichen auf!). Wie die **zusammengesetzte Schwingung** aussieht, hängt von Frequenz, Amplitude und Phasenlage der überlagerten Schwingungen ab. Im allgemeinen Fall kann das sehr kompliziert werden, daher verwenden wir dafür am besten einen Computer (Maschinen sind geduldig). Sehen wir uns jetzt einige wenige Spezialfälle an, die in der Praxis große Bedeutung haben.

6.4.1 Überlagerung von Schwingungen gleicher Frequenz und gleicher Amplitude

Im einfachsten Fall werden zwei Schwingungen mit gleicher Frequenz und Amplitude überlagert. Wenn die Schwingungen in Phase sind, d. h. wenn sie nicht zeitlich gegeneinander verschoben sind, bekommen wir einfach eine Schwingung mit gleicher Frequenz und doppelter Amplitude, die in Phase mit den beiden Einzelschwingungen ist. Wenn die Schwingungen genau um π (d. h. eine halbe Schwingungsperiode) phasenverschoben sind, sind die Elongationen zu jedem Zeitpunkt zwar gleich groß, haben aber entgegengesetzte Vorzeichen und heben sich somit gegenseitig auf. Das System schwingt gar nicht. Bei Phasenverschiebungen zwischen null (Schwingungen in Phase) und π (gegenphasig) ergibt sich wieder eine harmonische Schwingung (Abb. 6.8) mit gleicher Frequenz, die zu beiden ursprünglichen Schwingungen phasenverschoben ist und eine andere Amplitude hat. Das klingt noch nicht sehr aufregend, aber gleich wird es interessanter.

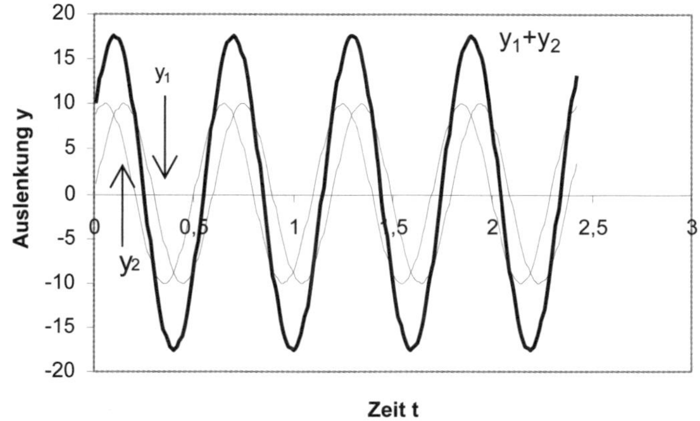

Abb. 6.8: Überlagerung von zwei Schwingungen gleicher Amplitude und Frequenz. Die zweite Schwingung (y_2) ist gegen die erste (y_1) phasenverschoben.

6.4.2 Überlagerung von Schwingungen mit festen Frequenzverhältnissen

Wenn die Schwingungen zwar nicht die gleiche Frequenz, aber ein **festes Frequenzverhältnis** haben, ergibt sich eine **periodische Schwingung**. Solche festen Frequenzverhältnisse treten z. B. bei Musikinstrumenten auf, wo sowohl die Grundschwingung als auch Oberschwingungen angeregt werden. Ein Bild einer solchen zusammengesetzten Schwingung sehen Sie unten (Abb. 6.9). Mit Hilfe einer Fourieranalyse lassen sich solche zusammengesetzten Schwingungen mathematisch wieder in ihre einzelnen Teile zerlegen. In der Musik ergibt eine Überlagerung von Schwingungen mit bestimmten Frequenzverhältnissen einen **Klang** (wenn nur eine einzelne Schwingung vorliegt, spricht man von einem **Ton**).

festes Frequenzverhältnis
periodische Schwingung

Klang
Ton

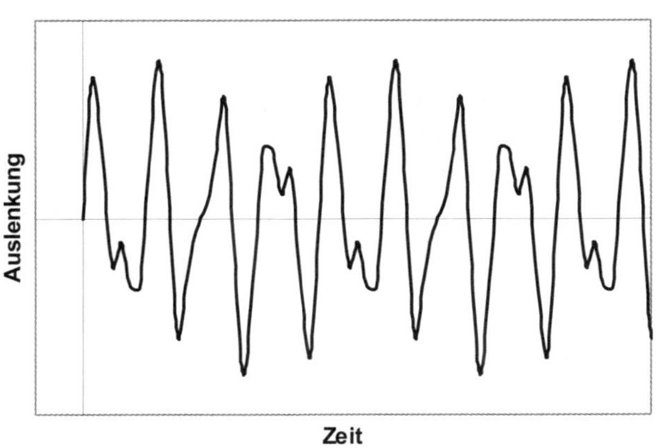

Abb. 6.9: Überlagerung von mehreren Schwingungen unterschiedlicher Amplitude mit festen Frequenzverhältnissen

6.4.3 Die Schwebung

Besonders interessant ist die Überlagerung von zwei Schwingungen mit leicht unterschiedlichen Kreisfrequenzen ω_1 und ω_2. Die Amplituden A müssen dabei nicht gleich sein, aber wir nehmen es hier an, da die Rechnung dann einfacher wird. Wenn Sie jetzt in Gedanken beide Schwingungen gleichzeitig anstoßen, sind sie (fast) gleichphasig und verstärken einander daher. Die schnellere Schwingung „eilt" der langsameren aber voraus, und zu einem bestimmten Zeitpunkt werden die Schwingungen gegenphasig (sie löschen einander aus) und anschließend irgendwann wieder gleichphasig (Verstärkung). Wenn Sie die Schwingungsgleichungen mathematisch addieren, erhalten Sie als Ergebnis

$$y = y_1 + y_2 = 2A\cos\left(\frac{\omega_1 - \omega_2}{2}t\right)\sin\left(\frac{\omega_1 + \omega_2}{2}t\right)$$

Schwebung
Schwebungsdauer
Schwebungs-frequenz

Diese zusammengesetzte Schwingung können wir auch lesen als eine „schnelle" Schwingung mit der mittleren Frequenz der beiden ursprünglichen Schwingungen – beschrieben durch den Term sin (…), deren Amplitude sich mit der Zeit langsam ändert. Diese veränderliche Amplitude ist durch den Term 2A cos (…) gegeben. Eine solche Schwingung wird als **Schwebung** (Abb. 6.10) bezeichnet. Die **Schwebungsdauer** T_S bzw. die **Schwebungsfrequenz** f_S ist gegeben durch

$$T_S = \frac{1}{f_S} \qquad \text{mit} \qquad f_S = f_1 - f_2$$

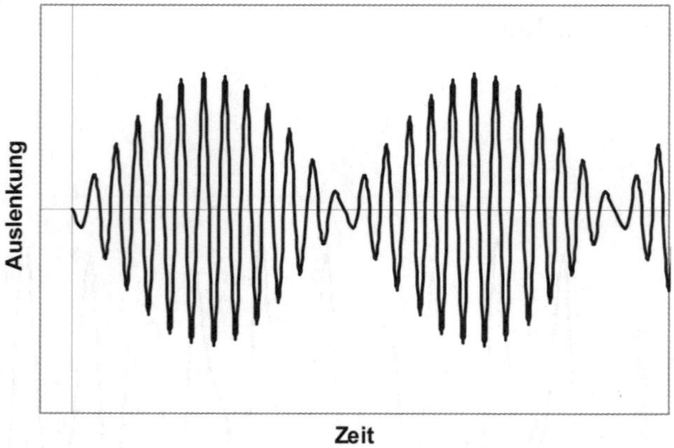

Abb. 6.10: Schwebung. Die Amplitude der Sinusschwingung ändert sich periodisch mit der Zeit.

In der Akustik hört man Schwebungen mit kleinen Schwebungsfrequenzen (<2–3 Hz) als lauter und leiser werdende Töne oder, bei höheren Schwebungsfrequenzen (< ca. 10 Hz), als eine Art Klopfen, das dem Ton überlagert ist. Zum Stimmen von Saiteninstrumenten sind Schwebungen sehr nützlich. Verstimmte Saiten werden angeschlagen oder angestrichen und ihr Ton mit dem einer Stimmgabel mit der richtigen Frequenz überlagert. Wenn die Saite nur wenig verstimmt ist, hört man eine Schwebung und kann die Spannung der Saite (von der die Eigenfrequenz abhängt) so lange ändern, bis die Schwebung weg ist. Wenn Saiten stark verstimmt sind, hört man keine Schwebung, denn unser Gehör kann Frequenzen über ca. 10 Hz nicht mehr auflösen. Eine so schlimm verstimmte Saite klingt aber auch anders als die Stimmgabel, und so kann man sich nahe genug an die richtige Frequenz „herantasten", dass die Schwebung wieder hörbar wird.

6.5 Wellen

Beim Begriff Wellen denken wir wohl zuerst an Wasserwellen – rollende Dünung, rauschende Brandung, spiegelglattes Wasser mit kleinen Kräuselwellen etc. Es gibt aber in der Natur viel mehr Phänomene, bei denen wir nicht sofort erkennen, dass es sich um Wellen handelt. Beim Schall oder beim Licht „sehen" wir den Wellencharakter nicht direkt. Bei Licht hat es daher sehr lange gedauert, bis akzeptiert war, dass Licht sich als Welle verhält. Goethe war da ganz anderer Meinung (er war auch Naturforscher, nicht nur Dichter und Staatsmann) und befand sich zu seiner Zeit in guter Gesellschaft. Seit gut hundert Jahren allerdings wissen wir, dass Licht doch auch als ein Strom von einzelnen Teilchen (Photonen) angesehen werden kann (siehe Kap. 7.1). Na ja, nichts ist so einfach, wie wir es gerne hätten.

Da die Phänomene, die mit Wellengleichungen beschrieben werden können, so vielfältig sind, beschränken wir uns hier auf die grundlegenden Gemeinsamkeiten. Wenn Sie die verstanden haben, dann können Sie sie leicht auf spezielle Fälle anwenden.

6.5.1 Allgemeine Beschreibung von Wellen

Bis jetzt hatten wir nur ein einzelnes schwingungsfähiges System, den **Oszillator**, der eine gedämpfte oder ungedämpfte freie oder erzwungene Schwingung ausführt. Hier „pendelt" die Schwingungsenergie an einem festen Ort zwischen verschiedenen Energieformen hin und her. In den meisten Fällen gibt es aber **Nachbarsysteme**, und wenn diese Systeme auch schwingen können und es eine **Kopplung** zwischen den Systemen gibt, dann pflanzt sich die Schwingung von einem System zum nächsten fort. Dabei wird **Energie transpor-**

Oszillator

Nachbarsysteme
Kopplung
Energie transportiert

tiert, aber **keine Materie**. Die einzelnen schwingungsfähigen Systeme bleiben an ihrem Ort und schwingen dort um ihre Ruhelage. Bei einem Seil z. B. hängen die einzelnen Teile des Seils über zwischenmolekulare Kräfte zusammen. Wenn Sie z. B. an einem herunterhängenden Seil das untere Ende rasch hin- und herbewegen, dann pflanzt sich diese „Störung" das Seil hinauf fort. Beim **Schall** handelt es sich um Druckschwankungen in der Luft, die sich von einem (winzigen) Luftvolumen zum nächsten ausbreiten. Wenn Sie einen Stein ins Wasser werfen, breiten sich kreisförmige Wellen um den Einschlagpunkt aus.

Schall

Beim Stein, der ins Wasser fällt, handelt es sich um eine einmalige Erregung. Wellen, die durch einmalige Erregung entstehen, hören durch Dämpfung bald wieder auf. Eine Welle kann aber auch durch eine periodische Erregung hervorgerufen werden und bleibt bestehen, solange die Erregung anhält (und noch ein bisschen länger, bis die Schwingungsenergie durch Dämpfung aufgebraucht ist).

Bei der Verwendung der Begriffe „Schwingung" und „Welle" muss man immer unterscheiden, ob es sich um die Schwingung eines einzelnen Oszillators handelt (dann ist es eine Schwingung) oder ob sich eine Schwingung von einem Oszillator zum nächsten ausbreitet (dann ist es eine Welle). Wenn Sie hier präzise unterscheiden, ersparen Sie sich bei Prüfungen Punkteabzüge.

Medium

Noch ein Wort über das „**Medium**". Mechanische Wellen breiten sich in einem Medium aus (Gas, Flüssigkeit und Festkörper). Elektromagnetische Wellen brauchen kein Ausbreitungsmedium. Das Licht ferner Sterne gelangt durch lange Strecken Vakuum zu uns. Elektromagnetische Wellen werden durch veränderliche elektromagnetische Felder bzw. Schwingungen im elektromagnetischen Feld hervorgerufen. Darüber finden Sie im Kapitel Elektrodynamik (Kap. 5.10) mehr.

Welle

Phasengeschwindigkeit

Wellengleichung

Eine **Welle** bildet sich, wenn sich ein Schwingungszustand von einem System auf benachbarte Systeme ausbreitet, die untereinander gekoppelt sind. Die **Ausbreitung** des Schwingungszustands **braucht Zeit** (denken Sie an das ausgelenkte Seil, da dauert es auch ein wenig, bis die Störung bis zum Befestigungspunkt fortgeschritten ist), d. h. die Ausbreitung erfolgt mit einer Geschwindigkeit, der **Phasengeschwindigkeit** c. Wenn ein Punkt die Entfernung x vom Ausgangspunkt der Welle hat, so kommt die Welle erst zum Zeitpunkt $t = x/c$ an diesem Punkt an. Wenn wir in der Schwingungsgleichung diese Zeit berücksichtigen, erhalten wir die **Wellengleichung** (y ist wieder die Elongation).

Schwingung: $y(t) = y_0 \sin \omega t$

Welle: $y(x,t) = y_0 \sin \omega \left(t - \frac{x}{c} \right)$

Am „x/c“ erkennen Sie, ob eine Gleichung eine Schwingung (ohne x/c) oder eine Welle (mit x/c) beschreibt. Das Minus in der Wellengleichung kommt daher, dass die Schwingung am Punkt x der Schwingung am Ausgangspunkt (x = 0) hinterherhinkt, denn es dauert ja einige Zeit, bis sich die Welle zum Punkt x ausbreiten kann. Die Elongation einer Welle kann positiv oder negativ sein. Die Amplitude (maximale Elongation) wird immer positiv gezählt. In vielen Fällen ist aber nicht die Amplitude, sondern die „Stärke“ der Welle, d. h. ihre Intensität interessant. Die **Intensität** ist definiert als das Quadrat der Amplitude.

Intensität

Wenn wir eine Momentaufnahme der Welle betrachten (Abb. 6.11), dann sehen wir diesen Unterschied in der Elongation als Funktion vom Ort x. Die Distanz zwischen zwei Orten, bei denen die Welle den gleichen Schwingungszustand hat, wird als **Wellenlänge** λ bezeichnet. Im Grunde können das beliebige Punkte sein, aber am besten lässt sich λ als Distanz zwischen Berg und Berg oder Tal und Tal (d. h. die Punkte mit maximaler positiver oder negativer Elongation) abmessen. Man kann auch zwei Nulldurchgänge nehmen, nur muss man dann aufpassen, dass es sich um gleichartige handelt (d. h. beide Nulldurchgänge „von unten kommend“ oder „von oben kommend“, aber nicht gemischt, denn zwischen denen liegt nur eine halbe Wellenlänge).

Wellenlänge

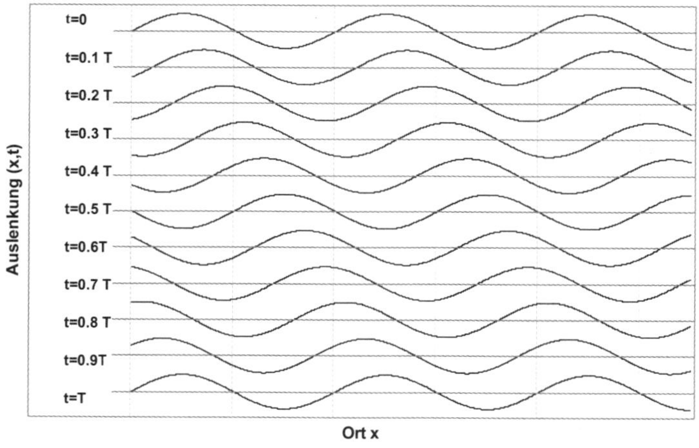

Abb. 6.11: Momentaufnahmen einer Welle zu verschiedenen Zeitpunkten. Nach t = T wiederholt sich das Bild der Welle.

Phasengeschwindigkeit

Phasengeschwindigkeit c, **Wellenlänge** λ und **Frequenz** f einer Welle hängen mit einer einfachen Beziehung zusammen

$$c = \lambda f$$

Wellenlänge
Frequenz

Bei der Welle schwingen miteinander gekoppelte Oszillatoren um ihre jeweilige Ruhelage. Die Schwingung der Einzelsysteme kann normal zur Ausbreitungsrichtung sein (das sind wir von Wasserwellen gewöhnt, denn dort schwingt die Wasseroberfläche auf und ab, während sich die Wellen entlang der Oberfläche bewegen) oder parallel zur Ausbreitungsrichtung (z. B. ein Spielzeugzug aus aneinander gehängten Waggons, bei denen man den ersten Waggon hin- und herschiebt). Wellen, bei denen die Schwingung normal zur Ausbreitungsrichtung erfolgt, werden **Transversalwellen** genannt, während Wellen, deren Oszillatoren parallel zur Ausbreitungsrichtung der Welle schwingen, als **Longitudinalwellen** bezeichnet werden (Abb. 6.12).

Transversalwellen

Longitudinalwellen

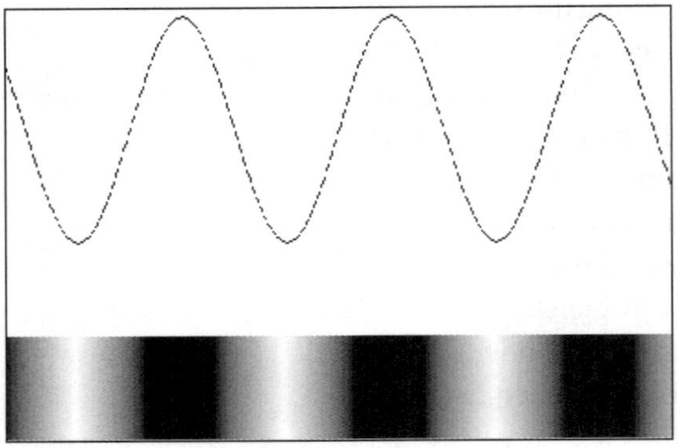

Abb. 6.12: Transversalwelle (oben) und Longitudinalwelle (unten). Die Welle schreitet von links nach rechts fort.

Volumselastizität

Longitudinalwellen können in jedem Medium vorkommen, solange es **Volumselastizität** hat, d. h. es muss Kräfte geben, die einer Kompression oder Expansion entgegenwirken. Schall in Luft oder Wasser ist z. B. eine solche Longitudinalwelle. Sie besteht aus Dichteschwankungen, d. h. also aus einer Abfolge von Kompression und Expansion von (kleinen) Luftvolumina bzw. Wasservolumina. In Festkörpern gibt es sowohl longitudinale als auch transversale Schallwellen.

transversale Wellen
Rückstellkräfte

Transversale Wellen sind nur in Medien möglich, in denen **Rückstellkräfte** vorhanden sind. Wenn ein Oszillator normal zur Ausbreitungsrichtung ausgelenkt wird, wirkt die Rückstellkraft der Auslenkung entgegen (denken Sie an das Federpendel). Elektromagnetische Wellen („Licht“ verschiedenster Wellenlängen), Seilwellen und Wellen an der Grenzfläche von Medien sind Transversalwellen.

Bei Wellen an Wasseroberflächen können wir sogar zwei verschiedene Arten von Rückstellkräften feststellen, die unterschiedliche Wellen ergeben. Die „normalen" Wasserwellen (Dünung, Brandung, windbewegtes Wasser oder auch Tsunamis) sind **Schwerewellen**, denn die Schwerkraft wirkt als Rückstellkraft. Die kleinen Kräuselwellen, die Sie sehen, wenn eine Bö über das Wasser streicht, sind **Kapillarwellen**. Hier wirkt die Oberflächenspannung des Wassers als Rückstellkraft. Die elastischen Kräfte im Festkörper ermöglichen zusätzlich zu den longitudinalen auch transversale Schallwellen (in Flüssigkeiten und Gasen gibt es die aber nicht). Erdbeben rufen longitudinale und transversale Wellen in der Erdkruste hervor.

Schwerewellen

Kapillarwellen

Die Ausbreitung von Wellen erfolgt mit der Phasengeschwindigkeit c. Sehen wir uns die Phasengeschwindigkeit von Schall (die Schallgeschwindigkeit) in Gasen etwas genauer an. Die Gasmoleküle bewegen sich so schnell um ihre Mittellage, dass die Dichteschwankung **adiabatisch** ist (d. h. es wird dem komprimierten/expandierten Luftelement keine Wärme zugeführt – siehe Kap. 4.8). Die **Schallgeschwindigkeit** lässt sich als Funktion der Temperatur T berechnen

adiabatisch

Schallgeschwindigkeit

$$c = \sqrt{\frac{\kappa RT}{M}}$$

wobei M die molare Masse des Gases, R die Gaskonstante und κ der Adiabatenkoeffizient ist. In Luft liegt die Schallgeschwindigkeit bei 20 °C bei 343 m/s, was etwa einem Drittel Kilometer pro Sekunde entspricht. Daher kommt auch die Daumenregel, mit der man bei einem Gewitter abschätzen kann, wie weit Blitze entfernt sind. Man zählt die Sekunden zwischen Blitz und Donner und dividiert die Zahl durch drei. Das entspricht ungefähr der Entfernung des Blitzes in km und man kann sich überlegen, ob (und wie schnell) man Schutz suchen muss oder ob man das Gewitter (noch) ignorieren kann.

Die Schallgeschwindigkeit in einem Gas nimmt mit der Temperatur und mit der molaren Masse des Gases ab. In Helium ist die Schallgeschwindigkeit z. B. bei 20 °C 1007 m/s – das ist etwa das Dreifache der Schallgeschwindigkeit in Luft (bei dieser Temperatur). In Wasser breitet sich Schall mit 1485 m/s aus, während die Schallgeschwindigkeiten in Festkörpern wie Stahl (5100 m/s) und Glas (bis 4000 m/s) noch viel größer sind.

Eine ganz wichtige physikalische Größe ist **Phasengeschwindigkeit von Licht im Vakuum** (c = 299 792 458 m/s; oft reicht auch die Angabe $c = 3 \cdot 10^8$ m/s), die zu den wichtigsten Naturkonstanten zählt.

Phasengeschwindigkeit von Licht im Vakuum

Diese Geschwindigkeit ist die maximale Geschwindigkeit in der Natur, die nach der Relativitätstheorie (siehe Kap. 2.11) nicht überschritten werden kann. In allen anderen Medien ist die Phasengeschwindigkeit des Lichts kleiner, d. h. das Licht breitet sich weniger schnell aus.

6.5.2 Polarisation

Lassen Sie uns kurz zur Unterscheidung von Longitudinal- und Transversalwellen zurückgehen. Bei Longitudinalwellen schwingen die einzelnen Oszillatoren parallel zur Ausbreitungsrichtung, während sie bei Transversalwellen normal zur Ausbreitungsrichtung schwingen. Bei Licht schwingen zwar keine Oszillatoren, sondern das elektrische Feld, aber auch hier ist die Schwingungsrichtung des Feldvektors normal zur Ausbreitungsrichtung. Wenn mehrere Transversalwellen vorliegen, wie z. B. in einem Lichtstrahl, so können deren Schwingungsrichtungen unterschiedlich sein. Wenn nur eine dieser Richtungen herausgefiltert wird, bzw. alle Wellen von vorne herein dieselbe Schwingungsrichtung haben, ist die Welle **vollständig polarisiert** (Abb. 6.13). Genauer gesagt handelt es sich bei dieser Art von Polarisation um **lineare Polarisation**, denn die Schwingungsrichtung ist konstant. Bei **zirkularer Polarisation**, die bei Licht auftreten kann, dreht sich die Schwingungsrichtung mit der Zeit um die Ausbreitungsrichtung. Hier beschränken wir uns allerdings auf lineare Polarisation.

vollständig polarisiert
lineare Polarisation
zirkulare Polarisation

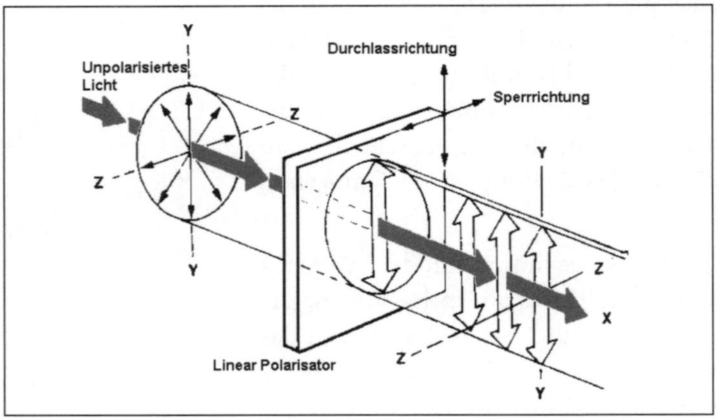

Abb. 6.13: Polarisation einer Welle. Aus den möglichen Schwingungsrichtungen wird durch den Polarisationsfilter eine einzelne ausgewählt.

Theoretisch gibt es unendlich viele Schwingungsebenen, denn jede Richtung normal zur Ausbreitungsrichtung der Transversalwelle ist möglich. In der Praxis ist die Zahl der Möglichkeiten oft sehr stark eingeschränkt. Bei Wellen an Wasseroberflächen ist das der Fall, denn diese Wellen müssen sich entlang der Oberfläche ausbreiten (d. h. in horizontaler Richtung), während die Oszillatoren unter dem Einfluss der Schwerkraft (oder auch der Oberflächenspannung) auf und ab schwingen (d. h. in vertikaler Richtung). Bei Licht ist jede Schwingungsrichtung normal zur Ausbreitungsrichtung möglich. **Natürliches Licht** (das Licht der Sonne und das Licht von Lampen oder anderen Leuchtkörpern) enthält tatsächlich Wellen mit allen möglichen Schwingungsrichtungen, d. h. es ist **unpolarisiert**.

natürliches Licht
unpolarisiert

Unpolarisierte Wellen (bzw. Wellen mit beliebiger Schwingungsrichtung) können mit Hilfe von **Polarisationsfiltern** bzw. **Polarisatoren** polarisiert werden. Ein Polarisator lässt nur Wellen mit genau einer Schwingungsebene durch. Wenn wir uns die (beliebige) Schwingungsrichtung einer Welle als Vektor vorstellen, können wir diesen Vektor immer in Komponenten zerlegen, die in Summe wieder den ursprünglichen Vektor ergeben. Wir können den Schwingungsvektor daher in eine Komponente parallel und eine normal zur Durchlassrichtung des Polarisators zerlegen. Der Polarisator lässt dann nur die Parallelkomponente des Schwingungsvektors durch.

Polarisationsfilter
Polarisatoren

Wenn die Welle normal zur Durchlassrichtung schwingt, wird sie gar nicht durchgelassen. Wenn sie in Durchlassrichtung schwingt, geht sie ungehindert durch. Wenn zwischen Schwingungsrichtung und Durchlassrichtung der Winkel θ liegt, ist die Amplitude des durchtretenden Teils der Welle gegeben durch

$$A = A_0 \cos\theta$$

wenn A_0 die Amplitude der ursprünglichen Welle bezeichnet. Bei Licht interessiert aber vor allem die Intensität (d. h. das Quadrat der Amplitude), und so ist die **Intensität** (I) des von einem Polarisator durchgelassenen Lichtstrahls

Intensität

$$I = I_0 \cos^2\theta$$

bei einer Intensität I_0 des unpolarisierten Lichts. Wenn vollständig polarisiertes Licht durch einen zweiten Polarisator geschickt wird, so hängt die durchgelassene Intensität vom Winkel zwischen den Durchlassrichtungen ab (siehe oben). Stehen die Richtungen normal aufeinander, geht nichts durch, und wenn die Richtungen zueinander parallel sind, geht alles durch.

Warum verwendet man eigentlich zwei Polarisatoren? Nach dem Durchgang durch den ersten ist das Licht ja ohnedies linear polarisiert, und da die Durchlassrichtung üblicherweise bekannt ist (bei optischen Geräten ist sie durch einen Pfeil gekennzeichnet), ist auch die Polarisationsrichtung bekannt? Nun, es gibt Stoffe, die die Pola-

optisch aktive Stoffe

Analysator
Polarimeter

risationsrichtung von Licht drehen (**optisch aktive Stoffe**). Zucker ist optisch aktiv, und auch verschiedene andere organische Substanzen, die ein Kohlenstoffatom mit voneinander unterschiedlichen Liganden enthalten, können die Polarisationsrichtung von Licht „links" oder „rechts" herum drehen. Mit dem zweiten Polarisator, der dann **Analysator** genannt wird, kann der Drehwinkel festgestellt werden. **Polarimeter** werden auf diese Weise zur Konzentrationsbestimmung von Zuckerlösungen und Lösungen anderer optisch aktiver Stoffe verwendet. Sie haben sicher schon Werbung für Joghurt mit rechtsdrehenden Milchsäuren gesehen, von denen behauptet wird, dass sie gesünder seien als Joghurts, die anders herum drehende Milchsäuren enthalten. Ob das stimmt, wollen wir hier nicht näher untersuchen, denn wir befassen uns hier nur mit Physik und nicht mit Ernährungsphysiologie.

6.5.3 Stehende Wellen

Bevor wir uns allgemein der Überlagerung von Wellen (Interferenz) zuwenden, sehen wir uns noch einen wichtigen Spezialfall an. Nehmen wir an, wir haben ein begrenztes Medium und eine Welle, die an den Grenzen des Mediums reflektiert wird. Wir nehmen auch an, dass die Welle genau normal auf die Grenzfläche trifft (d. h. der Winkel zwischen Grenzfläche und Ausbreitungsrichtung der Welle ist 90°), sodass die reflektierte Welle genau in die entgegengesetzte Richtung läuft wie die ursprüngliche.

Ein Beispiel dafür wäre eine Badewanne, in der wir eine Welle erzeugen, die vom Rand reflektiert wird, zum anderen Rand läuft, wieder reflektiert wird etc. (Badewannen sind ohnedies gute „Spielwiesen" für Wellenphänomene – und wenn wir das Herumplantschen als physikalisches Experiment deklarieren können, haben wir sogar noch eine gute Ausrede dafür. Da solche Experimente meist mit einem nassen Badezimmerboden enden, können wir auch gleich noch Experimente mit der Kapillarwirkung verschieden nasser Handtücher machen.)

Bei der Überlagerung müssen wir wieder die Elongationen der Wellen als Funktion von Ort und Zeit addieren. Das Resultat wird in den meisten Fällen keine „schöne" Welle sein, sondern ein wirres Durcheinander von verschiedenen Wellen, die sich irgendwie überlagern. Auf See heißt so ein Durcheinander Kabbelwasser und bei Schall nennen wir es Krach.

Wenn allerdings die Länge des Mediums genau so groß ist, dass die zweifach reflektierte Welle mit der ursprünglichen in Phase ist, d. h.

also, dass Berg auf Berg und Tal auf Tal trifft, dann ergibt sich eine Welle mit der doppelten Amplitude, die nicht mehr weiterzulaufen scheint – sie „steht". Natürlich können Wellen nicht „wirklich" stehen (sonst wären es nach der Definition keine Wellen), aber die Berge und Täler „wandern" nicht mehr. In Abbildung 6.14 sehen Sie Momentaufnahmen einer stehenden Transversalwelle (stehende Wellen können auch bei Longitudinalwellen auftreten, aber das ist schwierig zu zeichnen). Es gibt Orte, an denen zu jeder Zeit die Amplitude gleich null ist. Solche Orte werden als **Knotenpunkte** oder einfach nur **Knoten** bezeichnet. Zwischen zwei Knoten schwingen die Oszillatoren in unserem Bild auf und ab, wobei es Orte gibt, an denen die Amplitude maximal ist. Diese Orte werden als **Bäuche** bezeichnet.

Knotenpunkte
Knoten

Bauch

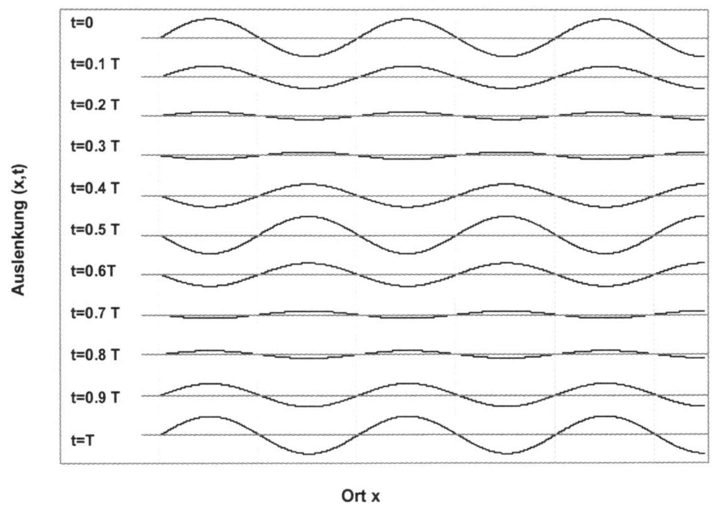

Abb. 6.14: Momentaufnahmen einer stehenden Welle zu verschiedenen Zeiten

Es gibt zwei Möglichkeiten von Grenzen, an denen eine Welle reflektiert werden kann. Die **Reflexion am festen Ende** können wir uns leichter vorstellen. Ein festes Ende ist z. B. eine Stelle, an der ein Seil festgebunden oder eine Saite eingespannt ist. An solchen festen Enden kann keine Schwingung stattfinden, also müssen dort Knoten sein. Wenn eine Welle gegen ein solches festes Ende läuft, wird der hinlaufende „Berg" als „Tal" reflektiert. Im Wellenbild sind Berg und Tal um eine halbe Wellenlänge versetzt bzw. um den Phasenwinkel $\Delta\varphi = \pi$ verschoben, also tritt bei der Reflexion am festen Ende ein „**Phasensprung**" von π auf. Die **Reflexion am offenen Ende** ist nicht so leicht zu verstehen – wie soll eine Welle reflektiert werden, wenn an der Grenzfläche „nichts" ist? Doch, das geht. Denken Sie an einen schwingenden Stab (z. B. eine Blattfeder), der an einer Seite zur Schwingung angeregt wird. Im Stab pflanzt sich eine Wel-

Reflexion am festen Ende

Phasensprung
Reflexion am offenen Ende

le fort. Dort, wo der Stab aufhört, schwingt er frei hin und her. Bei dieser Schwingung entsteht aber wieder eine Welle, die zurückläuft, d.h. eine reflektierte Welle. Da am freien Ende aber maximale Schwingungsmöglichkeit besteht, ist dort ein **Schwingungsbauch**. Ein „Berg" kommt als „Berg" zurück. In diesem Fall gibt es keinen Phasensprung bei der Reflexion.

Schwingungsbauch

In begrenzte Medien „passen" aber nur bestimmte Wellenlängen hinein. Nehmen wir ein beidseitig geschlossenes Medium, z. B. eine Gitarrensaite, die an **beiden Enden fest** eingespannt ist (Abb. 6.15). An den eingespannten Enden kann die Saite nicht schwingen, also müssen dort Knoten sein. In der Mitte kann die Saite maximal schwingen, also ist dort ein Bauch. Wenn Sie das Bild ansehen, sehen Sie, dass die Länge L der Saite genau einer halben Wellenlänge entspricht. Wir können noch weitere stehende Wellen auf der Saite „unterbringen". Die einzige Bedingung ist, dass die Enden Knotenpunkte sein müssen. Also geben wir noch einen Knoten (und einen Bauch) dazu. Die Länge entspricht dann dem Doppelten der halben Wellenlänge einer anderen stehenden Welle. Der nächste Knoten (und Bauch) gibt dann die dritte stehende Welle usw. Da mit einer großen Wellenlänge eine kleine Frequenz verbunden ist, entspricht die erste stehende Welle der Grundschwingung und die weiteren Wellen den Oberschwingungen. Für die Wellenlängen des so entstehenden **Spektrums von Eigenschwingungen** gilt

beidseitig geschlossenes Medium

Spektrum von Eigenschwingungen

$$L = n\frac{\lambda_n}{2} \quad n = 1, 2, 3, \ldots$$

wobei λ_n die Wellenlänge der n-ten Eigenschwingung der Saite ist. Eigenschwingungen kamen schon einmal vor (Kap. 6.1). Bei einem schwingenden Pendel oder einer schwingenden Feder gibt es nur eine mögliche Frequenz der freien Schwingung. Bei stehenden Wellen entspricht jeder möglichen stehenden Welle eine Frequenz, d. h. dass bei der schwingenden Saite mehrere Frequenzen möglich sind, bei denen die Saite (nach einmaliger Anregung) „frei" schwingen kann. (Für Puristen: Eigentlich sind solche „Schwingungen" von Saiten etc. stehende Wellen, aber trotzdem sprechen wir von Schwingungen. Sehr exakt ist die Sprache hier nicht!) – Abb. 6.15.

beidseitig offene Medien

Die Formel oben gilt auch für die Eigenschwingungen von **beidseitig offenen Medien** (z. B. die stehende Wellen in den Röhren einer Panflöte). Hier müssen an beiden Enden Schwingungsbäuche sein, und dazwischen sind ein oder mehrere Knoten.

einseitig offen

Wenn das Medium an **einer Seite offen** ist und auf der anderen Seite eine feste Grenze hat (z. B. eine einseitig geschlossene Pfeife oder

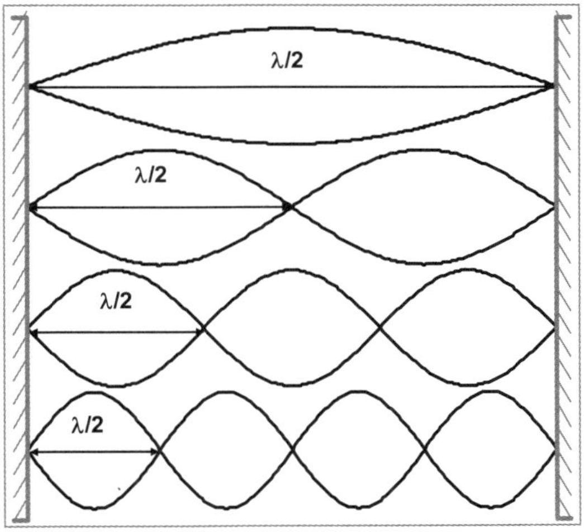

Abb. 6.15: Stehende Welle in einem beidseitig geschlossenen Medium. An den Begrenzungsflächen muss die Welle Knoten haben.

eine leere Colaflasche – mit der kann man wunderschöne röhrende Töne erzeugen), sieht die Formel für die Eigenschwingungen etwas anders aus. Am festen Ende muss ein Knoten sein und am offenen ein Bauch (Abb. 6.16). Die Länge L des Mediums entspricht dann einem Viertel der Wellenlänge der Grundschwingung. Wenn wir je einen weiteren Knoten und Bauch dazugeben, kommen wir auf drei Viertel der Wellenlänge der ersten Oberschwingung usw. Für das **Spektrum der Eigenschwingungen in einseitig offenen Medien** sind die Wellenlängen gegeben durch

Spektrum der Eigenschwingungen in einseitig offenen Medien

$$L = \frac{2n+1}{4}\lambda_n \qquad n = 0, 1, 2, 3, \ldots$$

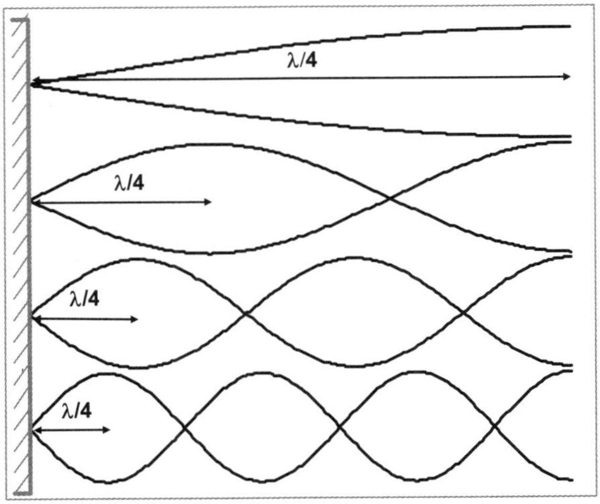

Abb. 6.16: Stehende Welle in einem einseitig offenen Medium. An der festen Begrenzungsfläche muss die Welle einen Knoten haben. An der offenen Fläche muss ein Bauch sein.

Es gibt viele Beispiele für stehende Wellen. Stehende Schallwellen treten bei allen Saiteninstrumenten auf, aber auch bei schwingenden Hohlräumen in Pfeifen. Auch bei Wasserwellen gibt es stehende Wellen. In manchen Flussmündungen ist der Tidenhub (der Unterschied im Wasserstand zwischen Ebbe und Flut) besonders hoch und höher als in benachbarten Küstengebieten. Dort sind die geometrischen Bedingungen des Flusses so, dass sich stehende Wellen im Zusammenspiel des Flusses mit Ebbe und Flut ausbilden können. Ein Beispiel für stehende Lichtwellen finden wir beim Laser. Laserröhren sind optische Resonatoren, in denen stehende Lichtwellen entstehen. Nur ein kleiner Teil (in der Gegend von 1 %) des Lichts im Resonator (Cavity) des Lasers bildet den austretenden Laserstrahl.

6.5.4 Interferenz

Interferenz Überlagerung von Wellen mit fester Phasenbeziehung

Da wir das Thema stehende Welle so ausführlich behandelt haben, ist der nächste Schritt ganz leicht. Stehende Wellen entstehen bei der phasenrichtigen Überlagerung einer Welle mit der reflektierten Welle. Jede Überlagerung einer Welle mit einer anderen kann als Interferenz bezeichnet werden, aber im engeren Sinn bedeutet **Interferenz** die **Überlagerung von Wellen mit fester Phasenbeziehung**. Bei der stehenden Welle hatten wir so eine feste Phasenbeziehung zwischen der ursprünglichen und der zweimal reflektierten Welle. Wir können uns die reflektierte Welle aber auch so vorstellen, als käme sie von einer Quelle hinter der Mediengrenze (einer „Bildquelle" – ganz analog zum Bild in einem Spiegel). Wenn die Wellen der „echten" Quelle und der Bildquelle überlagert werden, gibt es stehende Wellen, wenn Berg auf Berg und Tal auf Tal trifft. Trifft Berg auf Tal, dann ist die Amplitude an dieser Stelle gleich Null. Damit sind wir schon auf dem Weg zur allgemeinen Interferenz zweier Wellen.

Wir überlagern (wieder der Einfachheit halber) zwei Wellen gleicher Amplitude und Frequenz, die aber nicht mehr unbedingt genau gegeneinander laufen müssen, sondern auch einen anderen Winkel als 180° miteinander einschließen können. Nehmen wir an, die eine Welle läuft der anderen etwas voraus. Wenn wir diese Wellen überlagern, müssen wir wieder die Elongationen an jedem Ort und zu jeder Zeit addieren. Wenn die Wellen gar nicht oder um eine oder mehrere ganze Wellenlängen gegeneinander verschoben sind, trifft Berg auf Berg und Tal auf Tal – Elongation und Amplitude der zusammengesetzten Welle sind genau das Doppelte der Elongation und Amplitude der ursprünglichen Wellen. Sind die Wellen genau um eine halbe Wellenlänge gegeneinander verschoben, löschen sie einander völlig aus – die Elongationen sind überall gleich groß, aber entgegengesetzt gerichtet und heben sich somit auf (Abb. 6.17).

Bei Licht kann man da nicht einfach von „Berg" und „Tal" sprechen, sondern genauer von den Feldstärkevektoren des elektromagnetischen Feldes. Hier müssen die Vektoren addiert werden.

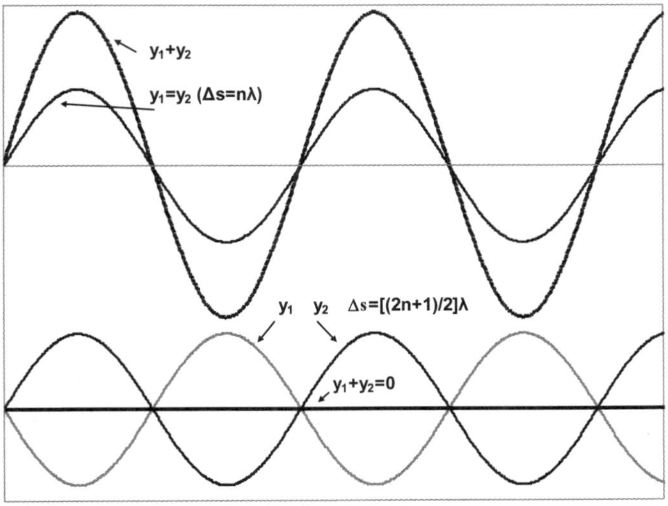

Abb. 6.17: Interferenz von Wellen. Oben: konstruktive Interferenz; unten: destruktive Interferenz.

Gangdifferenz
konstruktive Interferenz
destruktive Interferenz

Diese Überlagerung von Wellen mit fester Phasenbeziehung heißt Interferenz. Die räumliche Verschiebung der Wellen gegeneinander wird als **Gangdifferenz** Δs bezeichnet. Wenn die Wellen sich so überlagern, dass sie einander **verstärken**, spricht man von **konstruktiver Interferenz** und im anderen Fall von **destruktiver Interferenz**. Die Bedingungen für die Gangunterschiede dazu sind:

Konstruktive Interferenz: $\Delta s = n\,\lambda \quad n = 1, 2, 3, \ldots$

Destruktive Interferenz: $\Delta s = \frac{2n+1}{2}\lambda \quad n = 0, 1, 2, 3, \ldots$

Im Bereich der Überlagerung entsteht ein typisches Interferenzmuster, das bei monochromatischem Licht (Licht mit nur einer Wellenlänge) z. B. als helle (konstruktive Interferenz) und dunkle (destruktive Interferenz) Streifen erscheint.

Bei Wellen mit gleicher Wellenlänge, aber unterschiedlicher Amplitude kommt es zu keiner völligen Auslöschung, sondern nur zu einer Abschwächung. Wenn die Wellenlängen der Wellen unterschiedlich sind, entsteht ein Bild von „laufenden“ Interferenzstreifen.

Interferenzerscheinungen gibt es viele. Wenn Sie gleichzeitig zwei Steine nebeneinander ins Wasser werfen, gibt es Stellen, wo die Wellen einander auslöschen, und Stellen, wo sie einander verstärken. Wenn Sie den Schall von zwei Quellen gleicher Frequenz überlagern oder den direkten Schall einer Quelle mit reflektiertem Schall, gibt es Stellen, an denen die Wellen einander auslöschen, was bedeutet, dass man an diesen Stellen nichts hört. Dafür kann es auch Stellen geben, an denen konstruktive Interferenz auftritt und der Schall besonders laut wird. Das kann bei einem schlecht gebauten Vortrags- oder Konzertsaal recht unangenehm sein, denn man sollte dort überall gleich gut hören.

Bunt schillernde Seifenblasen oder Ölflecken auf Wasser sind auch auf Interferenz zurückzuführen. In beiden Fällen wird Licht an der Oberseite der Seifenlamelle bzw. der Ölschicht reflektiert und ein Teil des Lichts, das in die Lamelle (Ölschicht) eindringt, wird an der Innenseite (Unterseite) reflektiert. Die reflektierten Wellen haben einen Gangunterschied zueinander, denn die eine Welle musste ja die Schicht zweimal durchqueren und ist daher zeitlich gegenüber der direkt reflektierten Welle verschoben. Bei Seifenblasen kommt noch der Phasensprung am „festen“ Ende (d. h. der Grenzfläche zwischen dem optisch dichteren Medium Seifenlauge und dem dünneren Medium Luft) dazu und vergrößert den Gangunterschied zusätzlich um eine halbe Wellenlänge. Wenn Sie die Seifenblase unter einem bestimmten Winkel betrachten, so ist der Gangunterschied für einige Wellenlängen (d. h. einige Farben) gerade richtig für konstruktive Interferenz, während für andere Wellenlängen destruktive Interferenz auftritt. Im reflektierten Licht fehlen dann etliche Wellenlängen, und wir sehen bunte Farben (nur das volle Sonnenspektrum erscheint unseren Augen als „weißes“ Licht, d. h. wir haben keinen Farbeindruck). Bei Seifenblasen können Sie noch einen weiteren Effekt sehen. Kurz bevor eine Blase platzt, bekommt sie schwarze Punkte bzw. Flecken. Dort ist die Seifenlaugenlamelle schon so dünn, dass das außen und innen reflektierte Licht gar nicht mehr konstruktiv interferieren kann.

Hier haben Sie einen **praktischen Hinweis**: Immer, wenn Sie Farberscheinungen bei der Reflexion oder nach der Transmission von weißem Licht an bzw. durch transparente Medien sehen, die in Farben „schillern“ (d. h. der Farbeindruck ändert sich mit dem Winkel, unter dem man das Objekt betrachtet), die nicht nach Regenbogenfarben aussehen, handelt es sich um Fehlfarben, die durch Interferenz ausgelöst wurden. Solche Interferenzfarben haben meist Rosa- und Lilatöne. Giftgrün und Goldtöne kommen auch vor. Wenn Sie Regenbogenfarben sehen, handelt es sich um Spektren, die durch Lichtbrechung entstanden sind (z. B. beim Regenbogen, beim Funkeln eines Brillanten etc.; Kap. 6.7.3), oder um Beugungsspektren, die an Spalten oder Gittern entstanden sind (Kap. 6.6.1 und 6.6.2).

6.5.5 Kohärenz

Bei mechanischen Wellen (Wasserwellen, Schall etc.) ist Interferenz immer möglich, solange die Quellen aktiv sind. Bei Licht sehen wir aber nur sehr selten Interferenzerscheinungen. Wenn Sie in einem Zimmer eine zweite Lampe einschalten, wird es heller, Sie sehen aber keine Interferenzmuster oder Interferenzfarben. Das ist ja auch ganz gut so – stellen Sie sich vor, Sie schalten eine zweite Lampe ein und an manchen Stellen des Raums wird es völlig dunkel. Dieser Umstand ist uns vertraut, aber wenn wir an die Welleneigenschaft von Licht denken, sollte er uns erstaunen – Licht ist eine Welle, also sollte Interferenz auftreten. Bei Seifenblasen, Ölfilmen etc. sehen wir ja Interferenzfarben. Warum sehen wir sie so selten?

„weißes" Licht

Ein Lichtstrahl besteht aus sehr vielen verschiedenen Wellen, die alle aus einzelnen Emissionsakten der Atome der Lichtquelle entstanden sind. **„Weißes" Licht** enthält sehr viele Wellenlängen, d. h. man kann sich einen Lichtstrahl als Bündel von Wellen sehr unterschiedlicher Frequenz vorstellen. Ein Bild dafür wäre ein Sortiment Wellblech mit unterschiedlich breiten Rippen. Wenn Sie versuchen, diese Bleche übereinander zu schichten, bekommen Sie nie einen „ordentlichen" Stapel. Die Phasenlage der Wellen im weißen Licht (bzw. der Bleche im Stapel) ist nicht definiert. Es gibt sicher immer wieder einzelne Wellen, die miteinander interferieren können, aber bei den sehr vielen unterschiedlichen Wellen werden die Interferenzmuster so verwischt, dass wir sie nicht merken. Bei scharfen Spektrallinien ist das anders – sie enthalten nur Licht aus einem sehr begrenzten Wellenlängenbereich (hier kommt die prinzipielle Auflösungsgrenze ins Spiel, siehe Kap. 7.3), also können die einzelnen Wellen eine konstante Phasenlage zueinander haben. Im „Wellblechbild" entspricht das einem Stapel von Blechen gleicher Spezifikation. Jedes Stück Blech hat (im Rahmen der fabrikationsbedingten Toleranzen) gleich breite Rippen. Wenn man solche Bleche aufschichtet, gibt es einen ordentlichen Stapel. Damit haben wir schon die Grundbegriffe der Kohärenz eingeführt – mit dem Bild von Wellblech kann man sie recht gut verstehen.

kohärent

(zeitliche) Kohärenzlänge

zeitliche Kohärenz

Das Wort „**kohärent**" bedeutet eigentlich „zusammenhängend". Interferenz tritt nur bei kohärenten Wellen auf. In der Optik definiert man als **(zeitliche) Kohärenzlänge** die Länge eines „Wellenzugs" (d. h. eines Abschnitts im Wellenbündel), innerhalb dessen die Wellen ein feste Phasenbeziehung zueinander haben (d. h. sie sind noch nicht zu sehr gegeneinander „verrutscht"). Nur solche Wellen können miteinander (konstruktiv oder destruktiv) interferieren. Bei weißem Licht ist die Kohärenzlänge sehr klein (< 1 μm), aber das Licht von Spektrallampen oder Lasern hat sehr scharfe Frequenzen und mithin große Kohärenzlängen. Je nach Lasertyp kann die Kohärenzlänge im Bereich von Kilometern liegen. Man spricht hier von „**zeitlicher Kohärenz**", denn die Länge lässt sich mit der Lichtgeschwindigkeit in Zeit umrechnen. Der Begriff „räumlich" wird für eine andere Art von Kohärenz benötigt, die wir gleich behandeln werden.

räumliche Kohärenzlänge

Was passiert, wenn wir zwei Wellenzüge überlagern wollen, die von verschiedenen Orten der Lichtquelle stammen? Wenn die Orte sehr nahe beieinander liegen, besteht eine Phasenbeziehung zwischen den Wellenzügen (solange die zeitliche Kohärenz gegeben ist). Wenn sie weit auseinander liegen, gibt es keine. Die Distanz zwischen zwei Punkten der Lichtquelle (oder zwischen zwei Stellen im Lichtstrahl), deren Wellenzüge noch feste Phasenbeziehungen haben, ist die **räumliche Kohärenzlänge** (Abb. 6.18). Bei normalen Lichtquellen ist die räumliche Kohärenzlänge sehr klein, und Sie sehen keine Interferenzerscheinungen, wenn Sie Strahlen überlagern, die von weiter entfernten Punkten der Lichtquelle kommen. Bei Strahlen, die vom selben Ort der Lichtquelle kommen, gibt es allerdings schon Interferenz, denn sie sind räumlich kohärent.

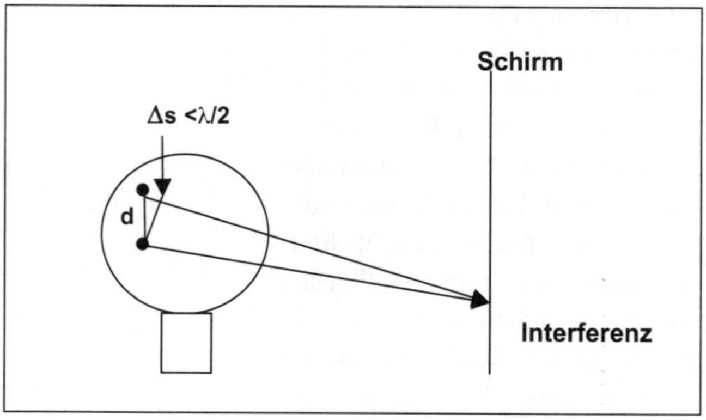

Abb. 6.18: Interferenzbedingung für zwei Strahlen einer ausgedehnten Lichtquelle. Der Gangunterschied zwischen den Strahlen darf nicht größer als eine halbe Wellenlänge sein.

Das kann man ausnützen, indem man z. B. einen Lichtstrahl mit einem Strahlteiler teilt und die beiden Teile dann wieder überlagert.

Am Ort der Überlagerung gibt es Interferenzmuster. Man kann aber auch einen Strahl „mit sich selbst" zur Interferenz bringen, indem man ihn durch ein durchsichtiges Medium schickt und die an der Vorderseite und an der Rückseite des Mediums reflektierten Strahlen überlagert. Auf diesem Prinzip basieren die oben beschriebenen Farbeffekte bei Seifenblasen und Ölflecken. Wenn die Schicht allzu dick ist, gibt es aber keine Interferenz mehr – die Strahlen sind nicht mehr zeitlich kohärent.

Früher war es sehr schwierig, optische Interferenzen zu erzeugen. Heute ist das gar kein Problem mehr, denn mit einem passenden Laser und einem Strahlteiler lassen sich ganz einfach zwei Strahlen erzeugen, die zur Interferenz gebracht werden können, und damit lassen sich leicht alle Phänomene untersuchen, die im weitesten Sinn auf Interferenz zurückzuführen sind, wie z. B. stehende Lichtwellen etc. Auch Beugungsphänomene werden oft mit Lasern demonstriert, denn diese Demonstrationsversuche gelingen immer. Ein Segen für die armen VorlesungsassistentInnen, LehrerInnen und anderen DemonstratorInnen, aber ein ästhetischer Verlust für die ZuseherInnen, denn bunte Interferenzerscheinungen sehen viel besser aus als die von monochromatischem Laserlicht.

6.5.6 Das Huyghens'sche Prinzip

Das Huyghens'sche Prinzip ist ein besonders nützliches Werkzeug für die Beschreibung von Wellen, daher behandeln wir es hier kurz. Im Abschnitt über Beugung von Wellen sehen Sie dann eine Anwendung.

Sie kennen alle die kreisförmigen Wellen, die Regentropfen auf Wasserflächen hervorrufen. Wenn zwei Tropfen nebeneinander auftreffen, überlagern sich die beiden Wellen, und wenn mehrere Tropfen gleichzeitig auftreffen, gibt es komplizierte Interferenzmuster, aber wir können immer noch Teile von kreisförmigen Wellen sehen.

Huyghens'sches Prinzip
Wellenfläche

Das **Huyghens'sche Prinzip** verallgemeinert die zweidimensionalen Kreiswellen auf Wasseroberflächen zu dreidimensionalen Kugelwellen. Jeder Punkt einer **Wellenfläche** (d. h. der Fläche, bis zu der die Welle zu einem bestimmten Zeitpunkt vorgeschritten ist) wird als Ausgangspunkt einer **elementaren Kugelwelle** gesehen. Die vielen Kugelwellen, die von den Punkten der Wellenfläche ausgehen, überlagern sich und bilden eine neue Wellenfläche (Abb. 6.19).

elementare Kugelwelle

ebene Wellen

Wenn die ursprüngliche Welle Kugelgestalt hatte, ist die neue Wellenfläche eine Kugel mit einem größeren Radius. Bei **ebenen Wel-**

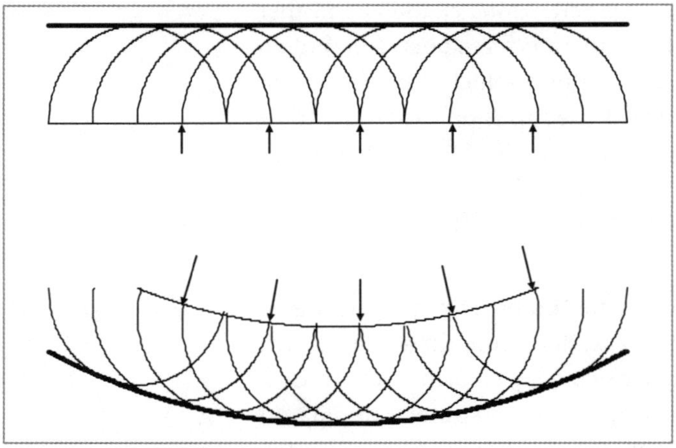

Abb. 6.19: Zum Huyghens' schen Prinzip. Die Ausbreitungsrichtungen der ebenen Welle (oben) und der Kugelwelle (unten) sind durch Pfeile gekennzeichnet.

len, d. h. Wellen, deren Front Gerade bilden, ist die neue Welle wieder eine ebene Welle, die ein bisschen weiter fortgeschritten ist. Das ist nicht gerade eine aufregend neue Erkenntnis, oder? Na ja, für Kugelwellen, bzw. ebene Wellen, die sich in einem unbegrenzten **homogenen Medium** (d. h. einem Medium mit konstanter Phasengeschwindigkeit) ausbreiten, brauchen wir das Huyghens'sche Prinzip wirklich nicht. Was ist aber in einem Medium, in dem sich ein Hindernis befindet? Für Meereswellen wäre das z. B. ein Wellenbrecher, eine an beiden Seiten befestigte Hafeneinfahrt, eine kleine Insel oder ein Felsen, der über den Meeresspiegel ragt. Da tun wir uns ohne das Huyghens'sche Prinzip doch schwer bei der Vorhersage, wie das Wellenbild hinter dem Hindernis aussehen wird.

homogenes Medium

6.6 Beugungserscheinungen

Wenn eine Welle auf ein Hindernis trifft, könnte man eigentlich annehmen, dass sie erstens an dem Hindernis reflektiert wird (stimmt) und zweitens neben dem Hindernis ungestört weitergeht. Die zweite Annahme stimmt nicht – die Welle wird **gebeugt**, d. h. ihre Ausbreitungsrichtung ändert sich. Das passiert bei der Brechung zwar auch, aber der **grundlegende Unterschied zwischen Brechung und Beugung** liegt darin, dass die Welle bei der Brechung in ein Medium mit einer anderen Phasengeschwindigkeit übertritt, während sie bei der Beugung nur auf Hindernisse in ein und demselben Medium trifft. Brechung gibt es auch bei Partikelstrahlen, aber **Beugung** ist eine reine **Welleneigenschaft** und kann daher nur bei Wellen auftreten. Wann immer Sie Beugungsphänomene sehen, *muss* es sich um eine Welle handeln. Der erste Hinweis auf Materiewellen (z. B. bei schnell

grundlegender Unterschied zwischen Brechung und Beugung

Welleneigenschaft

„fliegenden" Elektronen) kam aus einem Versuch, bei dem Beugungserscheinungen bei Elektronenstrahlen beobachtet wurden.

Wie sich die Ausbreitungsrichtung der Welle hinter dem Hindernis ändert, hängt davon ab, wie **groß** das Hindernis ist – und zwar nicht absolut (in Metern), sondern **im Vergleich zur Wellenlänge**. Bei Wasserwellen mit einigen Metern Wellenlänge dürfen die Hindernisse sehr viel größer sein als bei Lichtwellen mit Wellenlängen von einigen 100 Nanometern. Wir werden daher in diesem Abschnitt „groß" und „klein" immer auf die Wellenlänge beziehen. Bei der Beugung gibt es keinen Unterschied zwischen Longitudinal- und Transversalwellen. Alle Wellen werden gebeugt, wenn das Verhältnis der Hindernisgröße zur Wellenlänge stimmt.

groß im Vergleich zur Wellenlänge

6.6.1 Beugung am Spalt

Als Erstes betrachten wir den Fall, dass eine ebene Welle auf einen **Spalt** trifft, d. h. auf eine Öffnung in einer sonst undurchdringlichen Wand. Die Fläche der Wand steht dabei normal auf die Ebene der Wellenfläche. Der Spalt steht ebenfalls normal auf die Wellenebene. Im Idealfall wäre so ein Spalt unendlich „hoch", aber für unsere Zwecke reicht es, wenn die Breite wesentlich kleiner ist als die Höhe.

Spalt

Wenn der Spalt (Breite d) sehr klein ist gegen die Wellenlänge λ, d. h. bei $\mathbf{d \ll \lambda}$, kann in der Öffnung in jeder Höhe nur eine einzige Kugelwelle entstehen, die in den Raum hinter der Öffnung durchtritt (der große Rest der Welle wird von der Wand reflektiert). Die übereinander liegenden Wellen interferieren miteinander, sodass sich hinter der Wand eine (halbkreis)zylinderförmige Wellenfront ausbildet (Abb. 6.20a). Wenn die Öffnung nur aus einem sehr kleinen runden Loch besteht, tritt nur eine einzige Kugelwelle durch. Das ist eigentlich sehr überraschend – aus einer ebenen Welle wird eine Kugelwelle. In der Darstellung des Huyghens'schen Prinzips heißt das, dass in jeder Höhe des Spalts nur die eine elementare Kugelwelle durchtritt, die in der Spaltöffnung entsteht (Abb. 6.20a).

Wenn $\mathbf{d \gg \lambda}$, dann gibt es so viele elementare Kugelwellen, dass sie sich im Raum hinter der Öffnung wieder zu einer ebenen Welle überlagern können. Im Schattenbereich, d. h. im Bereich direkt hinter den Rändern der Öffnung, gibt es keine elementaren Wellen, mit denen Interferenz auftreten könnte. Die Kugelwellen, die direkt an den Rändern der Öffnung entstehen, gehen im Schattenraum als Viertelzylinder (mit kreisförmigem Querschnitt) weiter. Die ebene Welle wird also in den Schattenraum hinein gebeugt (daher kommt der Name des Phänomens). (Abb. 6.20b)

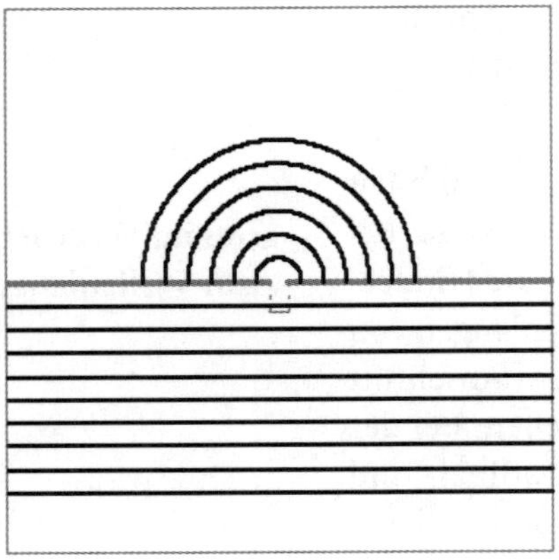

Abb. 6.20a: Beugung einer Welle an einem sehr kleinen Spalt. Die Spaltbreite ist dabei klein gegen die Wellenlänge.

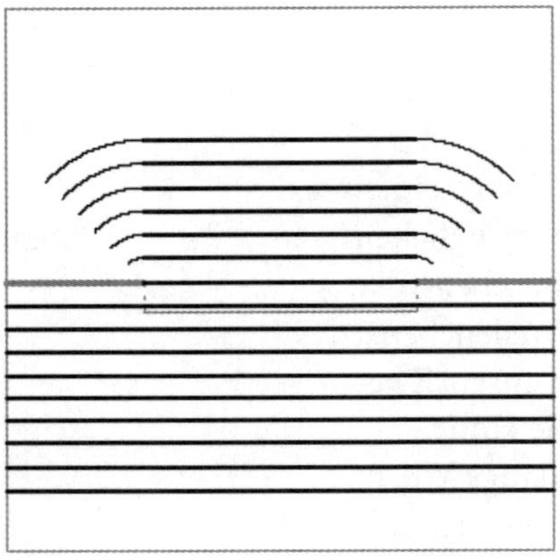

Abb. 6.20b: Beugung einer Welle an einem sehr breiten Spalt. Die Spaltbreite ist dabei sehr groß gegen die Wellenlänge.

Besonders interessant wird es bei $\mathbf{d \cong \lambda}$, d. h. wenn die Breite des Spalts etwa so groß ist wie einige wenige Wellenlängen, denn da entsteht ein kompliziertes Beugungsmuster. Jeder Punkt der Wellenfläche in der Öffnung sendet wieder Kugelwellen aus, die miteinander interferieren. Da der Spalt aber nur wenige Wellenlängen breit ist, gibt es nicht genug Kugelwellen, um als Einhüllende wieder eine ebene Welle zu bilden. In Richtung der ursprünglichen Welle ist die Intensität der gebeugten Welle maximal. Es gibt aber noch ein oder mehrere Maxima in andere Richtungen, und dazwischen liegen Bereiche, in denen sich die Elementarwellen gegenseitig völlig auslöschen. (Abb. 6.20c) Für Richtungen, in denen destruktive Interferenz auftritt, ist die Intensität gleich null. Für solche **Beugungsminima** bei Beugung am **Spalt** gilt folgende Beziehung:

Beugungsminima Spalt

$$d \sin \alpha_n = n\lambda \quad n = 1, 2, 3, \ldots$$

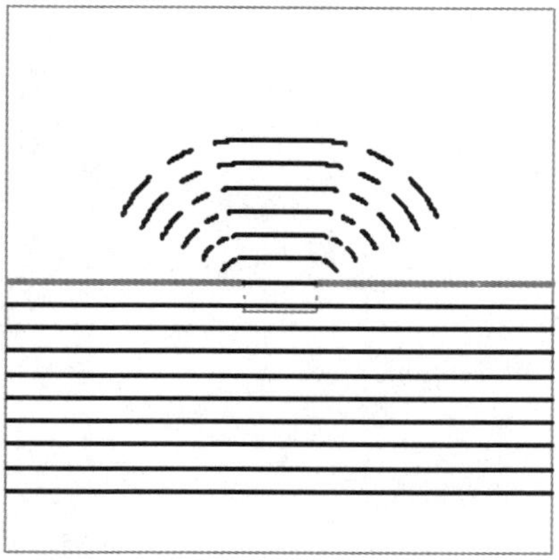

Abb. 6.20c: Beugung einer Welle an einem Spalt, dessen Breite etwas größer ist als die Wellenlänge.

Dabei ist α_n der Winkel zwischen der Vorwärtsrichtung der Welle und der Richtung des n-ten Beugungsminimums (in der Ebene normal zum Spalt), d die Breite des Spalts, λ die Wellenlänge und n eine natürliche Zahl. Bei dem Winkel α_1, der sich für n = 1 ergibt, liegt das erste Beugungsminimum. Mit n = 2 ergibt sich die Lage des zweiten Minimums u. s. w. Die Zahl der Minima ist durch die Spaltbreite begrenzt, denn der Sinus eines Winkels darf nie größer als 1 werden. Zwischen den Minima liegen Maxima, deren Intensität aber mit zunehmender **Ordnung** (d. h. zunehmender Zahl n) abnimmt.

Ordnung

Licht kann gebeugt und gebrochen werden (siehe Kap. 6.7.2), und in den Formeln für Beugung und Brechung kommt der Buchstabe n vor. Da eröffnet sich ein weites Feld für Verwechslungen! Bei der Beugung handelt es sich bei n um die Ordnung (d. h. die Ordnungszahl) von Beugungsminima und *nicht* um einen Brechungsindex oder eine Brechzahl wie bei der Brechung. **Brechung und Beugung sind unterschiedliche Phänomene** und dürfen *nie* verwechselt werden. Die Brechzahl von Luft ist zwar fast genau gleich 1, aber sie hat eine fundamental andere Bedeutung als die Beugungsordnung. Bei Prüfungen passiert es leider oft, dass bei Berechnungen von Beugungsmustern das n fälschlich als Brechungsindex interpretiert wird, und dann ist das ganze Beispiel zwar rechnerisch richtig (wenn es nur um die erste Beugungsordnung geht), aber physikalisch komplett falsch.

Brechung und Beugung

Wenn die Öffnung **kreisförmig** (mit Durchmesser d) ist, ergeben sich um das Zentrum herum ringförmige Beugungsmuster. Die **Minima** treten unter Winkeln α_1, α_2 etc. auf, die durch ähnliche Formeln wie beim Spalt gegeben sind, allerdings stehen auf der rechten Seite keine natürlichen Zahlen mehr (Abb. 6.21).

Kreisblende

Minima

$$d\sin\alpha_1 = 1{,}22\lambda, \quad d\sin\alpha_2 = 2{,}232\lambda, \quad d\sin\alpha_3 = 3{,}238\lambda \quad \text{etc.}$$

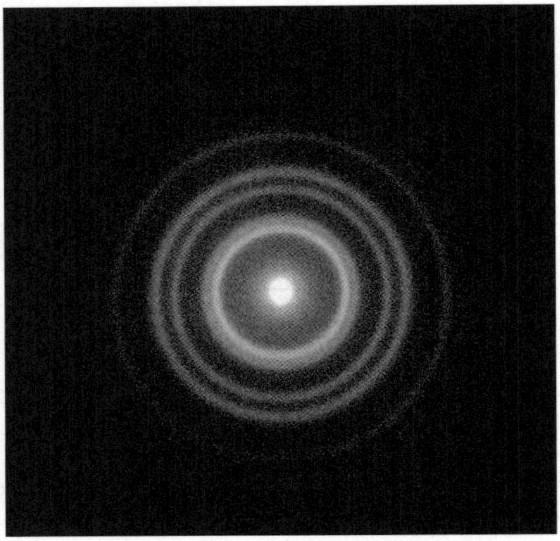

Abb. 6.21: Beugung von Licht an einer kreisförmigen Blende

Babinet'sches Prinzip

Bei der Beugung an Hindernissen ist es im Prinzip gleichgültig, ob das Hindernis eine Öffnung ist oder ein festes Hindernis, wie z. B. ein Draht oder eine kreisförmige undurchlässige Scheibe. Die Beugungsmuster sehen abgesehen vom Zentralbild genau gleich aus und hängen nur davon ab, wie groß das Hindernis im Vergleich zur Wellenlänge ist. Dieses von **Babinet** gefundene **Prinzip** ist zur Beschreibung von Beugungserscheinungen sehr nützlich, denn man erspart sich die gesonderte Beschreibung für die beiden Fälle. Wenn man einen Fall kennt, kann man den anderen auch beschreiben.

Wahrscheinlich haben Sie schon oft Beugungsspektren gesehen, aber vielleicht nicht darauf geachtet. Wenn Ihnen einzelne Haare ins Gesicht hängen und Sie sich gerade in einem relativ dunklen Raum befinden, der durch wenige, weit von Ihnen entfernte Lichtquellen erleuchtet wird, wie z. B. ein Theatersaal oder eine Kirche am Abend, dann können Sie links und rechts neben den Haaren schwache bunte Streifen sehen – Beugungsspektren, die durch Lichtbeugung am Haar (festes Hindernis, Durchmesser etwa 100 μm) entstehen. Probieren Sie es aus, wenn Sie das nächste Mal in einem Theater oder am Abend in einer Kirche sind, aber bitte diskret, sonst halten Ihre NachbarInnen Sie noch für verrückt … Auf nächtlichen Straßen können Sie ähnliche Effekte sehen. Im Licht von Natriumdampf-Lampen, die nur Licht einer Wellenlänge aussenden (ca. 590 nm; orangegelb), sehen Sie, wenn Sie genau schauen, nur helle (orangegelbe) und dunkle Striche.

6.2.2 Beugung am Gitter

Beugungsspektrum

Mit einem Spalt können Sie aus weißem Licht ein **Beugungsspektrum** erzeugen, denn für die verschiedenen Wellenlängen ergeben sich unterschiedliche Positionen der Beugungsminima. Einzelne Spalte werden in optischen Geräten z. B. für Spektralanalysen selten verwendet. Statt dessen verwendet man **optische Gitter**, die im Prinzip aus Glasplatten bestehen, in die viele parallele Striche geritzt sind. Gute Beugungsgitter haben einige hundert bis einige tausend Striche pro mm, was einem Strichabstand im Bereich von 10 bis unter 1 µm entspricht. Mit diesen Gittern erhält man nur das erste Maximum, aber das Spektrum ist sehr breit aufgefächert.

optisches Gitter

Strichgitter

Bei **Strichgittern** erfolgt die Beugung an den Rändern der Striche. Im Gegensatz zur Beugung am Spalt gibt es aber bei Gittern keine „echten" Minima, d. h. Gebiete, in denen durch destruktive Interferenz alles Licht (einer Wellenlänge) ausgelöscht ist, sondern Intensitätsmaxima (für einzelne Wellenlängen), die durch Bereiche mit sehr niedriger Intensität getrennt sind. Für die Lage der **Maxima** gilt

$$d\sin\alpha_n = n\lambda \quad n = 0, 1, 2, 3, \ldots$$

wobei d hier der Abstand zweier Striche voneinander ist (Abb. 6.22).

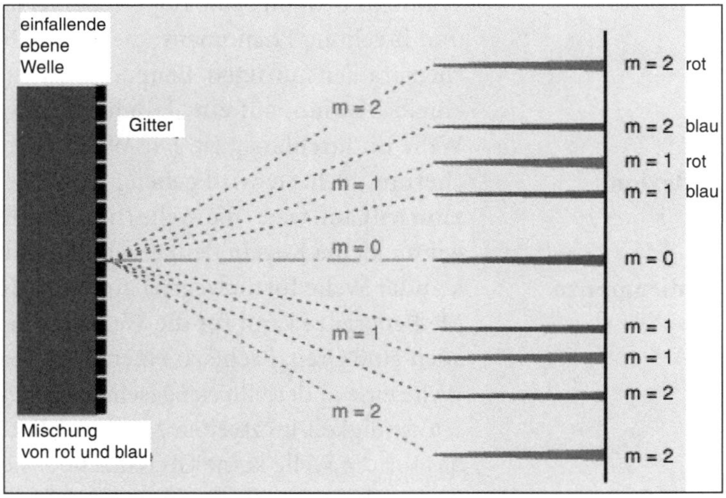

Abb. 6.22: Beugung am Gitter. Die einfallende Welle enthält eine Mischung aus rotem und blauem Licht. m bezeichnet hier die Ordnungszahl (im Text: n)

Kreuzgitter

Eine weitere Art Gitter wollen wir hier noch erwähnen, nämlich die **Kreuzgitter**. Sie bestehen aus zwei Scharen von parallelen Strichen, die zueinander normal angeordnet sind. Fliegengitter oder dünne gewebte Seidenstoffe geben ganz gute Kreuzgitter (immer für die

„richtigen" Wellenlängen, natürlich). Das Spektrum eines Kreuzgitters besteht aus einem quadratischen Muster von hellen Punkten, wenn die beiden Scharen von Strichen gleiche Strichabstände haben. Wenn Sie am Abend durch einen Regenschirm auf eine ferne Straßenlaterne schauen, sehen Sie so ein Spektrum. Der Stoff des Schirms sollte aus Seide oder Kunstseide sein, denn Baumwollfasern sind nicht glatt genug, und Stretchstoffe sind nicht wie Kreuzgitter gewebt.

räumliches Gitter

Als allerletztes Gitter wollen wir hier ein **räumliches** (d. h. dreidimensionales) **Gitter** ansprechen – die gitterförmig angeordneten Atome in kristallinen Festkörpern. Bei Atomabständen von ein paar zehntel Nanometern ist die Wellenlänge von sichtbarem Licht (400–750 nm) viel zu groß für Beugungserscheinungen, aber Röntgenstrahlen haben Wellenlängen im „richtigen" Bereich (10^{-12} bis 10^{-8} m). Durch **Beugung von Röntgenstrahlen an Kristallen** war es erstmals möglich, die Atomabstände in Festkörpern genau zu vermessen. Wenn Sie darüber Genaueres wissen wollen, finden Sie es unter den Stichworten Bragg, Debye-Scherrer und Laue in Physikbüchern oder in Lexika.

Beugung von Röntgenstrahlen an Kristallen

6.7 Reflexion und Brechung

Während Beugung eine reine Wellenerscheinung ist, sind Reflexion und Brechung Phänomene, die sowohl bei Wellen als auch bei Teilchenstrahlen auftreten. Beugung tritt dann auf, wenn eine Welle in einem Medium auf ein „Hindernis" (Spalt etc.) trifft, das für die Welle undurchlässig ist. Die Welle „geht" dann um das Hindernis „herum", d. h. sie wird gebeugt, aber sie bleibt im Medium. **Reflexion** tritt auf, wenn die Welle (oder der Teilchenstrahl – hier können wir an kleine Kugeln denken, die sich mit der Phasengeschwindigkeit der Welle fortbewegen) auf eine **Mediengrenze** trifft. So eine Mediengrenze kann für die Welle undurchlässig sein, aber sie kann auch eine Grenzfläche zu einem anderen Medium sein, in dem die Welle eine andere Phasengeschwindigkeit hat. Wenn die Phasengeschwindigkeit im zweiten Medium gleich wäre wie im ersten, wäre das für die Welle keine Grenzfläche – sie würde ungehindert übertreten, denn die Medien wären nicht unterscheidbar. Als weitere Vereinfachung können wir den Begriff „**Fortpflanzungsrichtung** der Welle" durch den Begriff „**Strahl**" ersetzen, der aus der geometrischen Optik kommt (Lichtstrahl).

Reflexion

Mediengrenze

Fortpflanzungsrichtung

Strahl

6.7.1 Reflexion

Bei jedem Auftreffen einer Welle auf eine Grenzfläche wird zumindest ein Teil der Welle reflektiert. Zur Beschreibung der Reflexion müssen wir noch das **Lot** definieren, d. h. eine gedachte Gerade, die normal zur Grenzfläche steht und die Grenzfläche an dem Punkt durchdringt, wo die Welle (oder ein Lichtstrahl) auftrifft. Wenn der Winkel zwischen dem einfallenden Strahl und dem Lot als **Einfallswinkel** α bezeichnet wird und der Winkel zwischen dem reflektierten Strahl und dem Lot als **Reflexionswinkel** β, dann lautet das **Reflexionsgesetz**

Lot

Einfallswinkel

Reflexionswinkel

Reflexionsgesetz

$$\alpha = \beta$$

Dabei liegen der einfallende Strahl, das Lot und der reflektierte Strahl in einer Ebene. (Abb. 6.23) Diese Art von Reflexion wird in der Optik **spekuläre Reflexion** genannt, d. h. eine Reflexion, die wie an einem **Spiegel** abläuft.

spekuläre Reflexion

Spiegel

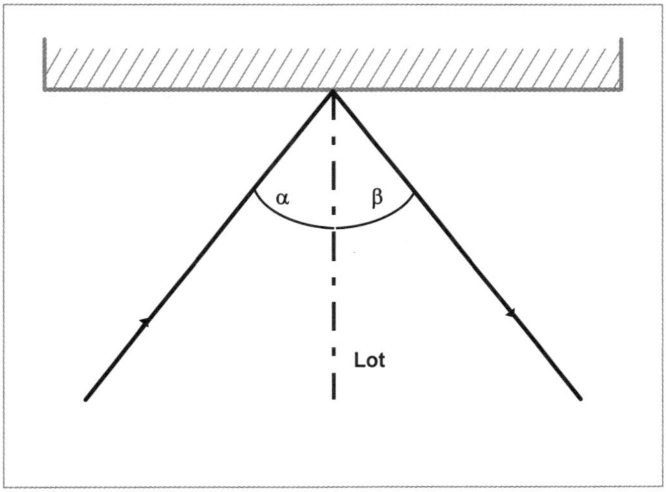

Abb. 6.23: Reflexion einer Welle an einer Grenzfläche

Achtung, hier ist wieder eine beliebte Möglichkeit für Missverständnisse. Die Winkel müssen vom Lot her gezählt werden und nicht von der reflektierenden Ebene aus. Die anders gezählten Winkel sind dann 90-α bzw. 90-β. Bei der Reflexion ist das zwar nach der Konvention falsch, aber rechnerisch egal, denn „$\alpha = \beta$" ist genau das Gleiche wie „90-α = 90-β". Bei der Brechung ist es dann auch rechnerisch falsch. Leider wird das bei Prüfungen immer wieder falsch gezeichnet. Und ganz schlimm ist es, wenn der eine Winkel (sagen wir α) vom Lot weg gezeichnet wird und der andere von der Grenzfläche weg.

Das Reflexionsgesetz gilt für alle Grenzflächen, deren **Unebenheiten viel kleiner als die Wellenlänge** sind. Für Wasserwellen wäre das eine glatte Betonwand oder für Schallwellen eine ruhige Wasseroberfläche oder ein Festkörper. Gute Spiegel für Licht sind polierte Metalloberflächen oder die Oberflächen von Kristallen, denn die Unebenheiten dieser Flächen liegen in der Größenordnung von Atomabständen (zehntel Nanometer), also ca. 1/1000 der Lichtwellenlänge.

Dämpfung

Wenn Reflexion vermieden werden soll, muss die Grenzfläche mit einer **Dämpfung** ausgestattet werden. Bei Wasserwellen wirken z. B. Algenbewuchs oder Muschelkolonien als Dämpfung. In der Badewanne können wir mit einem über den Rand gehängten Handtuch Reflexionen recht gut dämpfen. Antireflexschichten von optischen Geräten basieren allerdings auf destruktiver Interferenz in einer dünnen Schicht, die auf die Glasoberflächen aufgedampft wird.

diffuse Reflexion

Wenn die Unebenheiten der Grenzfläche nicht klein gegen die Wellenlänge sind, kommt es zu **diffuser Reflexion**. Man kann sich dabei die Grenzfläche in viele kleine ebene Stücke zerlegt denken, die zueinander in unterschiedlichsten Winkeln stehen. An jeder dieser kleinen Flächen wird die Welle spiegelnd reflektiert, aber die von der gesamten Fläche reflektierten Strahlen gehen in die Richtungen, die durch die Reflexion an den einzelnen kleinen Flächen vorgegeben sind. Eine solche diffuse Reflexion tritt bei Licht z. B. an einem Blatt Papier oder an einer weißen Wand auf. Wenn Sie einen Scheinwerfer auf die Wand richten, so erscheint die ganze Wand hell, aber Sie sehen nicht – wie in einem Spiegel – das Bild des Scheinwerfers.

6.7.2 Brechung

Bei jedem Auftreffen einer Welle auf eine Grenzfläche wird ein Teil reflektiert. Bei Grenzflächen zu Medien, in die die Welle übertreten kann, hängt der Anteil der Reflexion vom Einfallswinkel und auch vom Brechungsindex ab. Die Abhängigkeit vom Einfallswinkel kennen Sie sicher von glatten Wasseroberflächen, in denen sich z. B. entfernte Berge spiegeln, obwohl Ihr eigenes Spiegelbild recht schwach ist, wenn Sie direkt von oben auf das Wasser schauen. Strahlen, die unter einem großen Winkel (vom Lot gerechnet) auf solche Grenzflächen einfallen, werden zu einem größeren Teil reflektiert als Strahlen, die unter einem kleinen Winkel einfallen.

Brechung

Jetzt wenden wir uns der **Brechung** von Wellen beim Übergang von einem Medium in ein anderes zu. Bei diesem Übertritt ins andere

Medium ändert sich die Fortpflanzungsrichtung der Welle. Ein Lichtstrahl erhält bei der Brechung einen „Knick“ an der Grenze. Wie schon oben erwähnt, muss die Welle im anderen Medium eine andere Phasengeschwindigkeit haben (sonst „merkt“ die Welle gar nicht, dass sie auf ein anderes Medium trifft). Wenn die Phasengeschwindigkeit im ursprünglichen Medium als c_1 und im zweiten Medium als c_2 bezeichnet wird, wird das Verhältnis der beiden als **Brechungsindex** n

Brechungsindex

$$n = \frac{c_1}{c_2}$$

bezeichnet. Für Licht gibt es noch eine andere Definition, nämlich die der **Brechzahl.** Die Phasengeschwindigkeit des Lichtes in jedem Medium ist kleiner als im Vakuum. Für Medien wird daher eine Brechzahl n_i definiert, die durch das Verhältnis der Phasengeschwindigkeiten im Vakuum c_{vak} und im Medium i c_i gegeben ist.

Brechzahl

$$n_i = \frac{c_{vak}}{c_i}$$

Je kleiner die Brechzahl eines Mediums, desto kleiner ist seine **optische Dichte.** Luft ist optisch sehr dünn mit einer Brechzahl von 1,000292 (bei 20 °C, mit steigender Temperatur nimmt die Brechzahl ab), daher setzen wir die Brechzahl von Luft in den meisten Fällen gleich 1. Für optische Zwecke machen wir meist keinen Unterschied zwischen Luft und Vakuum, aber im täglichen Leben sind wir recht froh, dass Luft nicht wirklich ein Vakuum ist, denn wie sollten wir sonst atmen? Manchmal allerdings sind auch sehr kleine Brechzahlen oder besser Unterschiede in sehr kleinen Brechzahlen interessant. **Luftspiegelungen** über heißen Asphaltstraßen z. B. beruhen auf kleinen Variationen der Brechzahl in Luftschichten verschiedener Temperatur.

optische Dichte

Luftspiegelungen

Gase haben sehr niedrige Brechzahlen nahe 1. Die Brechzahlen von Flüssigkeiten sind im Allgemeinen höher und liegen näher an den Werten für Feststoffe als für Gase. Die Brechzahl von Wasser liegt mit 1,33 im mittleren Bereich. Die Brechzahl von Glas hängt von der Art des Glases ab und liegt im Bereich zwischen 1,51 (Kronglas, leicht) und 1,75 (Flintglas, schwer). Diamant hat mit 2,42 eine sehr hohe Brechzahl. Alle diese Werte gelten für Licht der Wellenlänge 589,3 nm. Für andere Wellenlängen ergeben sich leicht unterschiedliche Brechzahlen (siehe Kap. 6.7.3).

Auch bei Wasserwellen tritt Brechung auf, wenn z. B. Wellen aus dem freien Ozean ins Flachwasser laufen, denn bei großen Wassertiefen ist die Wellenlänge der Schwerewellen unabhängig von der Tiefe. Wenn die Tiefe kleiner wird als die Wellenlänge, hängt die Phasengeschwindigkeit von der Wurzel aus der Wassertiefe ab. Wellen werden also langsamer, wenn sie in flaches Wasser kommen. Die hier gemeinte Art von Brechung hat aber nichts mit den Brechern der Brandung zu tun. Wenn Wellen schräg auf eine Sandbank zulaufen, d. h. in seichteres Wasser kommen, ändern sie über der Sandbank die Richtung, und das entspricht der „echten“ Brechung von Wellen.

Lot
Einfallswinkel
Brechungsgesetz

Ganz analog zur Reflexion definieren wir wieder das Lot auf die Grenzfläche. (Abb. 6.24) Wenn der aus dem Medium 1 einfallende Strahl mit dem **Lot** den **Einfallswinkel** α einschließt, so ergibt sich der **Brechungswinkel** β zwischen dem Lot und dem gebrochenen Strahl im Medium 2 aus dem **Brechungsgesetz**

$$\frac{\sin\alpha}{\sin\beta} = \frac{c_1}{c_2} = \frac{n_2}{n_1} = n_{rel}$$

Der einfallende Strahl, das Lot und der gebrochene Strahl liegen wieder in einer Ebene. Diese Form des Brechungsgesetzes gilt für alle Arten von Wellen, auch wenn Brechzahlen und der relative Brechungsindex n_{rel} vor allem in der Optik verwendet werden. Üblicherweise wird an Grenzflächen zwischen Luft und einem anderen Medium das „relativ“ beim Brechungsindex weggelassen. Zahlenmäßig stimmt das, denn der Brechungsindex von Luft ist ja fast 1. Allerdings wird auch für „Brechzahl“ oft der Begriff „Brechungsindex“ verwendet. Bei Prüfungen raufen sich dann manche die Haare, wenn in der Angabe „Brechungsindex“ steht und nicht „Brechzahl“. Da hilft nur gesunder Pragmatismus: man denkt nach, was gemeint sein könnte, und wenn was Unsinniges herauskommt, nimmt man eine andere Interpretation.

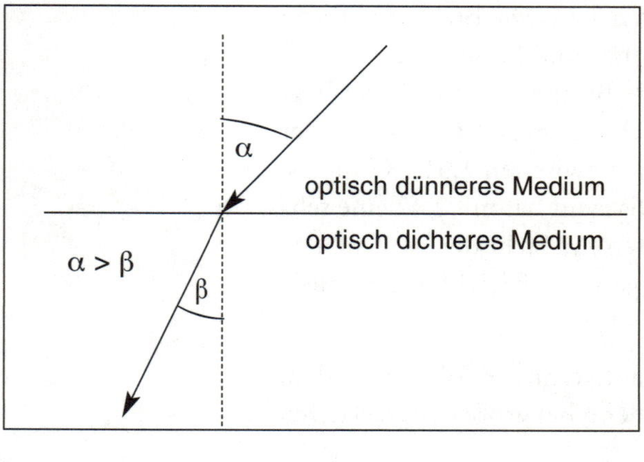

Abb. 6.24: Brechung einer Welle beim Übergang aus dem „dünneren“ Medium (oben) ins „dichtere“ Medium (unten)

Je nachdem, ob die Brechzahl n_2 größer oder kleiner ist als n_1, stellt sich ein Winkel β ein, der kleiner oder größer ist als α. In der Optik wird daraus der Merksatz, dass bei Übertritt vom **optisch dünneren** Medium (kleines n_i) ins **optisch dichtere** Medium (größeres n_i) der Strahl **zum Lot** hin gebrochen wird ($\beta < \alpha$) und beim Übertritt vom **dichten ins dünne** Medium **vom Lot**, d. h. $\beta > \alpha$.

optisch dünn
optisch dicht

Was passiert, wenn ein Lichtstrahl vom optisch dichteren Medium her auf eine Grenzfläche einfällt? Der Strahl wird vom Lot weg gebrochen, aber das geht nicht immer. Mathematisch ist das leicht zu erklären. Beim Übergang von dicht → dünn ist $n_{rel} < 1$. Der Sinus eines Winkels (in diesem Fall β) kann aber als maximalen Wert nur den Wert 1 annehmen. Für das Brechungsgesetz bedeutet das, dass es einen Winkel α_g gibt, für den der Brechungswinkel $\beta = 90°$ wird, d. h. der gebrochene Strahl würde genau entlang der Grenzfläche verlaufen. Wird $\alpha > \alpha_g$, so kann die Welle das dichtere Medium nicht mehr verlassen und wird an der Grenzfläche komplett ins dichte Medium zurückreflektiert. Es tritt **Totalreflexion** auf. Den **Grenzwinkel der Totalreflexion** erhalten wir aus dem Brechungsgesetz, wenn wir $\sin \beta = 1$ setzen als

Totalreflexion
Grenzwinkel der Totalreflexion

$$\alpha_g = \arcsin \frac{n_2}{n_1}$$

Für die Grenzfläche Glas → Luft (mit den Brechzahlen 1,5 und 1) liegt α_g bei ca. 42°. Für die Grenzfläche Wasser → Luft beträgt α_g etwa 49°.

Das Prinzip der Totalreflexion wird vor allem bei **Umkehrprismen** (Abb. 6.25a) und Lichtleitern (Abb. 6.25b) ausgenützt. Ohne Umkehrprismen würden Feldstecher Bilder erzeugen, die auf dem Kopf stehen. Das könnte zwar manchmal ganz lustig aussehen, wäre aber doch zu verwirrend. Die wichtigsten Anwendungen der Totalreflexion sind aber **Lichtleiter** oder allgemein Glasfaserkabel und -optiken. Lichtleiter sind lange zylindrische Glasfasern, die entweder von Luft oder einem Mantel mit kleinerer Brechzahl als der Glaskern umgeben sind. Wenn ein Lichtstrahl auf eine der Endflächen der Faser auftrifft, wird er in die Faser hinein gebrochen und trifft nach mehr oder minder kurzer Distanz streifend auf den Zylindermantel. Je nach relativem Brechungsindex dieser Mediengrenze wird das Licht wieder in die Faser totalreflektiert, trifft streifend auf die nächste Grenzfläche usw., bis es am Ende der Faser wieder auf eine Endfläche trifft und die Faser verlassen kann. Lichtleiter sind relativ biegsam und können auch mit mäßigen Krümmungen verlegt werden. Ohne Totalreflexion gäbe es z. B. keine schnellen Telefonlei-

Umkehrprismen
Lichtleiter

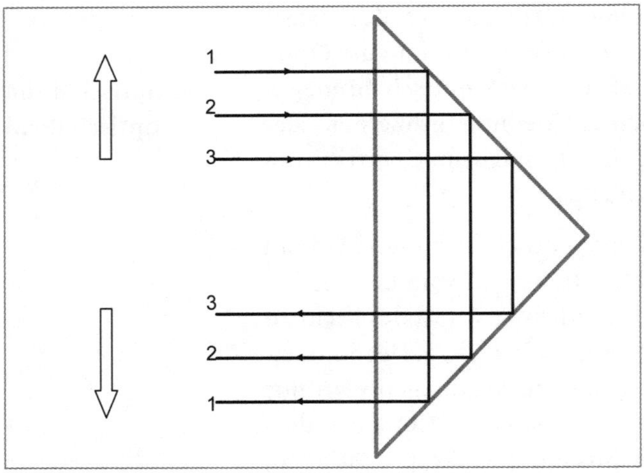

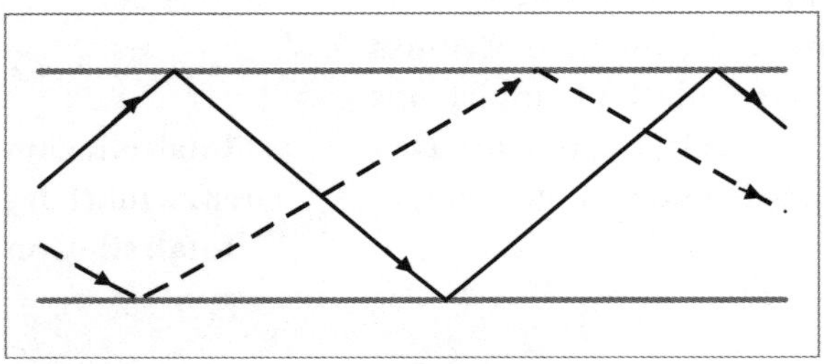

Abb. 6.25a + b: Totalreflexion im Umkehrprisma (oben, Abb. 6.25a) und Lichtleiter (unten, Abb. 6.25b)

tungen und auch kein Internet, denn so hohe Datenübertragungsraten lassen sich mit elektrischen Signalen durch Kupferkabel nie erzielen.

6.7.3 Dispersion

Der kritische Parameter für die Brechung ist das Verhältnis der Phasengeschwindigkeiten der Welle in den beteiligten Medien, denn daraus ergibt sich der Brechungswinkel. Wenn die Phasengeschwindigkeit einer Welle von ihrer Wellenlänge abhängt, spricht man von **Dispersion**.

Dispersion

Für Licht ist die Phasengeschwindigkeit im Vakuum für alle Wellenlängen gleich, aber für andere Medien trifft das nicht zu. Die Phasengeschwindigkeit (und somit der relative Brechungsindex) ist somit eine Funktion der Wellenlänge, was bedeutet, dass bei Licht verschiedener Wellenlänge auch verschiedene Brechungswinkel auftreten. Ein gutes Beispiel dafür ist Wasser oder Glas. In beiden Medien nimmt die Brechzahl mit zunehmender Wellenlänge ab. Blaues Licht wird daher stärker gebrochen als rotes. Dieses Verhalten wird als **normale Dispersion** bezeichnet, während das gegenteilige Verhalten (die Brechzahl steigt mit zunehmender Wellenlänge) als **anomale Dispersion** bezeichnet wird.

normale Dispersion
anomale Dispersion

Auch bei Wasserwellen gibt es Dispersion. Im freien Ozean hängt die Phasengeschwindigkeit der Wasserwellen von der Wurzel der Wellenlänge ab. Auch hier handelt es sich um normale Dispersion, denn eine größere Phasengeschwindigkeit entspricht einer kleineren Brechzahl.

Weißes Licht enthält alle Wellenlängen so, wie es dem Sonnenspektrum entspricht, aber wir sehen keinen Farbeffekt, da wir, bedingt durch unser neurophysiologisches Sehsystem, nur Unterschiede von diesem Spektrum als färbig erkennen können. Wenn jetzt weißes Licht durch ein Glasprisma tritt (Abb. 6.26), so verlassen die Wellen das Prisma mit Winkeln, die mit zunehmender Wellenlänge kleiner werden. Auf einem Schirm erscheint ein Spektrum, dessen Farbeindruck dem bei einem Regenbogen entspricht. Wenn Sie so ein Spektrum durch weitere Prismen schicken, wird es nur breiter, aber es kommen keine Farben dazu oder weg. Der Name **Regenbogenfarben** kommt nicht von ungefähr – ein Regenbogen entsteht ebenfalls durch Dispersion. Hier handelt es sich um Sonnenlicht, das in Regentropfen eintritt, im Innern einmal reflektiert wird und dann wieder aus den Tropfen austritt.

Regenbogenfarben

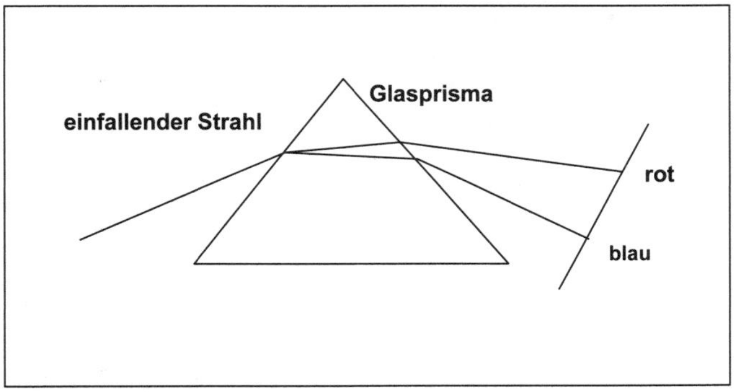

Abb. 6.26: Erzeugung eines Spektrums mit einem Prisma. Blaues Licht wird stärker gebrochen als rotes.

Bei normaler Dispersion wird blaues Licht stärker gebrochen als rotes. Bei der Beugung von Licht am Spalt ist das umgekehrt. Blaues Licht wird schwächer gebeugt als rotes. Die Farbabfolge von Beugungsspektren und Prismenspektren ist also entgegengesetzt. Man kann also ein Beugungsspektrum von einem Prismenspektrum durch die Farbfolge unterscheiden (beliebte Prüfungsfrage).

6.7.4 Polarisation bei Reflexion und Brechung; Doppelbrechung

Wenn ein Lichtstrahl auf eine Grenzfläche zwischen zwei durchsichtigen Medien fällt, wird er nicht nur reflektiert und gebrochen, sondern auch polarisiert. Wie vollständig die Polarisation ist, hängt vom Einfallswinkel und vom Brechungsindex ab. Wenn der reflektierte und der gebrochene Strahl aufeinander normal stehen, dann ist der reflektierte Strahl **vollständig polarisiert**, und zwar normal auf die Ebene, die zwischen dem Lot und der Grenzfläche aufgespannt wird. Der dazu gehörige Einfallswinkel wird **Brewster-Winkel** bezeichnet (α_B) (Abb. 6.27).

vollständig polarisiert
Brewster-Winkel

$$\tan(\alpha_B) = n_{rel} = \frac{n_2}{n_1}$$

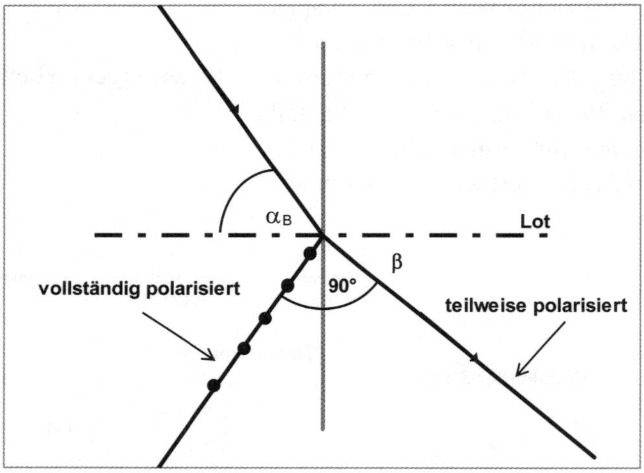

Abb. 6.27: Polarisation bei Reflexion an einem transparenten Medium. Wenn Licht unter dem Winkel α_B auf die Grenzfläche auftrifft, ist der reflektierte Strahl vollkommen polarisiert, und zwar parallel zur Grenzfläche (Die Polarisationsrichtung ist in der Zeichnung durch Punkte gegeben, da sie normal auf die Zeichenfläche steht).

Fällt Licht unter dem Brewster-Winkel (beim Übergang Luft → Wasser ist $\alpha_B = 53°$) ein, ist der reflektierte Strahl vollständig polarisiert. Auch der gebrochene Strahl ist polarisiert (parallel zu der oben definierten Ebene), aber nicht vollständig.

Im bisherigen Text war von Brechung und Brechzahlen bzw. Brechungsindizes die Rede. Mechanische Wellen werden beim Übergang in ein Medium gebrochen, in dem die Welle eine andere Phasengeschwindigkeit hat. Bei diesen Übergängen gilt das Brechungsgesetz. Für Lichtwellen gilt es nur, wenn das Medium, in das der Lichtstrahl übertritt, **optisch isotrop** ist, d. h. dass dieses Medium in allen Richtungen die gleichen optischen Eigenschaften hat. Wasser, Luft, Glas und spannungsfreies Plexiglas sind solche isotropen Medien. Kristalle sind aber meist nicht isotrop, denn ihre Atome

optisch isotrop

sind in manchmal sehr komplizierten räumlichen Mustern angeordnet. Bei der Ausbreitung im Kristall trifft eine elektromagnetische Welle (Licht) auf einer bestimmten Strecke je nach Richtung auf mehr oder weniger Atome, deren Elektronenhüllen zum Schwingen angeregt werden. Die Welle wird dadurch „gebremst", d. h. die Phasengeschwindigkeit von Licht ist im optisch **anisotropen** Kristall abhängig von der Ausbreitungsrichtung. Solche Kristalle (z. B. Kalkspat, Turmalin, Quarz, Glimmer oder auch Eis) haben eine „ausgezeichnete Achse" (**optische Achse**). Licht, das normal z. B. auf die Oberfläche eines „Doppelspats" (ein **doppelbrechender** Kalkspat) trifft, wird bei der Brechung in zwei Strahlen aufgespaltet. Der eine Strahl geht ungebrochen durch, was nach dem Brechungsgesetz zu erwarten ist, während der zweite Strahl gebrochen wird. Nach Verlassen des Kristalls werden aus dem ursprünglichen Strahl zwei parallele Strahlen, die noch dazu beide vollkommen (aufeinander normal) polarisiert sind (Abb. 6.28). Der Strahl, der dem „normalen" Brechungsgesetz folgt, wird **ordentlicher Strahl** genannt, während der andere als **außerordentlicher Strahl** bezeichnet wird (nein, nicht „unordentlicher Strahl" – die Bezeichnung kommt aus dem Französischen, und da heißen sie „rayon ordinaire" und „rayon extraordinaire").

anisotrop

optische Achse

Doppelbrechung

ordentlicher Strahl

außerordentlicher Strahl

Abb. 6.28: Polarisation von Licht beim Durchgang durch ein doppelbrechendes Medium. Der ordentliche Strahl ist parallel zur Zeichenebene polarisiert; der außerordentliche Strahl ist normal zur Zeichenebene polarisiert.

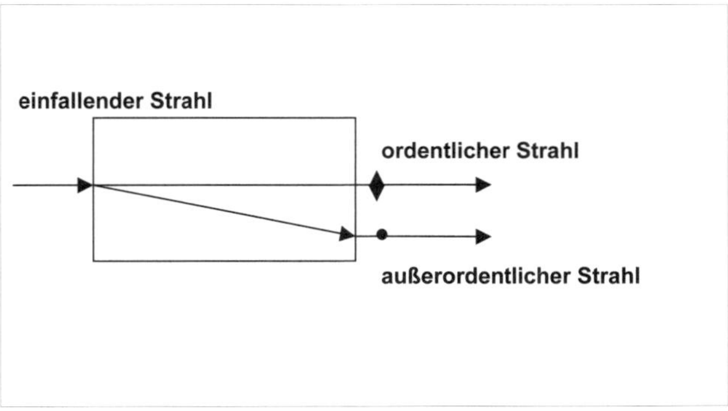

Mit Doppelbrechung ist auch noch ein weiteres Phänomen verbunden, nämlich der **Dichroismus**. In dichroitischen Materialien wird einer der Strahlen gut absorbiert, während der andere Strahl nur wenig absorbiert wird. Die Absorption hängt dazu noch von der Wellenlänge ab. Wenn diese Kristalle Licht absorbieren, dessen Frequenzen nicht im sichtbaren Bereich des Spektrums liegen, erscheinen sie ungefärbt (z. B. Doppelspat). Wenn Licht mit Frequenzen im sichtbaren Bereich absorbiert wird, erscheinen die Materialien bei Durchstrahlung mit polarisiertem Licht entweder farbig oder

Dichroismus

sie sind für Licht einer Polarisationsrichtung nur sehr wenig durchlässig.

Polaroid-Folien

Die heute am weitesten verbreiteten Polarisatoren sind doppelbrechende dichroitische Plastikfolien (**Polaroid-Folien**), die durch Streckung optisch anisotrop gemacht wurden und dazu noch sichtbares Licht einer Polarisationsrichtung gut absorbieren. Schaut man mit einer polarisierenden Sonnenbrille auf eine Wasseroberfläche, so sind die Lichtreflexe vermindert bzw. ganz weg, wenn Ihre Blickrichtung gerade dem Brewsterwinkel entspricht. Das von der Wasseroberfläche reflektierte Licht ist polarisiert, und die Folien in den Sonnenbrillen sind so eingepasst, dass das reflektierte Licht gerade nicht durchgelassen wird. Wenn Sie den Kopf (oder die Brille, das geht leichter) um 90° drehen, sind die Reflexe wieder sichtbar. Polarisationsfilter für Fotoapparate funktionieren nach dem gleichen Prinzip.

7 Sichtbares und unsichtbares Licht

7.1 Licht: Welle oder Teilchen?

Über diese Frage wurde Jahrhunderte lang diskutiert und auch ordentlich gestritten. Das Problem ist, dass sich das Verhalten von Licht nicht so einfach einordnen lässt. Brechung und Reflexion von Licht kann man gut mit der geometrischen Optik beschreiben, wo man einfach „Lichtstrahlen" definiert, sie auf eine Grenzfläche einfallen lässt und dann mit einem Geodreieck ihren weiteren Weg konstruiert. Da brauchen wir gar nicht weiter überlegen, ob Licht eine Welle ist oder ein Strahl von kleinen Partikeln. Beides (Welle und Teilchenstrahl) kann an Grenzflächen reflektiert und gebrochen werden. Wenn Licht auf ein „kleines" Hindernis trifft oder wenn Lichtstrahlen einander überlagern, können Beugungserscheinungen (Kap. 6.6) und Interferenz (Kap. 6.5.4) auftreten, und dann scheint klar zu sein, dass Licht Wellencharakter hat. Diese Erkenntnis setzte sich gegen Ende des 19. Jahrhunderts durch, und damit waren damals (fast) alle zufrieden: Licht ist eine Erscheinung, die Wellencharakter hat. Beendet war die Diskussion aber nicht, denn es gab experimentelle Befunde, die gar nicht zu Wellen passten – sie sind unter dem Namen „lichtelektrischer Effekt" in die Geschichte eingegangen (Einstein erhielt den Nobelpreis nicht für die Entwicklung der Relativitätstheorie, sondern für die theoretische Erklärung des lichtelektrischen Effekts).

lichtelektrischer (photoelektrischer) Effekt

Beim **lichtelektrischen (photoelektrischen) Effekt** passiert etwas Sonderbares, das bei seiner Entdeckung (1887 durch Heinrich Hertz bzw. direkter 1888 durch Wilhelm Halbwachs) nicht zu erklären war. Bestrahlt man eine elektrisch isoliert aufgestellte Zinkplatte mit ultraviolettem (UV) Licht, so lädt sich die Platte scheinbar „von selbst" elektrisch auf, und zwar positiv. Je intensiver das UV-Licht, desto stärker positiv wird die Platte. Bei Beleuchtung mit langwelligem Licht (z. B. im roten Bereich des Spektrums) passiert gar nichts, egal, wie intensiv die Lampe ist. Genaue Versuche ergaben, dass der Effekt nur bei Licht mit Wellenlängen unter einer bestimmten Grenzwellenlänge auftritt. Heute wissen wir, dass sich das Material positiv auflädt, weil Elektronen frei werden. Zur Zeit der Entdeckung des Effekts war die Existenz von Elektronen noch nicht bekannt (sie wurden erst zehn Jahre später von J. J. Thomson entdeckt), und somit war der lichtelektrische Effekt sehr mysteriös.

Quanten

Die Erklärung lieferte Einstein, der dabei auf Arbeiten von Planck zurückgriff: Licht besteht aus einzelnen Paketen (**Quanten**), deren Energie E nur von der Frequenz f des Lichts abhängt, d. h.

$$E = h\,f$$

Planck'sches Wirkungsquantum Planck-Konstante

Die Proportionalitätskonstante $h = 6{,}6260755(40) \cdot 10^{-34}$ Js (das **Planck'sche Wirkungsquantum** oder die **Planck-Konstante**) gehört zu den grundlegenden Konstanten der Physik (und wurde daher auch mit großem Aufwand so genau bestimmt. Für uns reicht es, wenn wir $h = 6{,}63 \cdot 10^{-34}$ Js nehmen). Aus dem Kapitel Schwingungen und Wellen (Kap. 6.5.1) wissen wir, dass die Frequenz des Lichts mit der Wellenlänge (λ) über

$$c = f\,\lambda$$

zusammenhängt. Kurze Wellenlängen entsprechen also hohen Frequenzen (c bedeutet hier die Phasengeschwindigkeit des Lichts; c = 299792458 m/s).

Nur wenn die Energie der Lichtquanten zumindest so groß ist wie die Anziehungskraft, durch die Elektronen von den positiven Atomrümpfen im Material gehalten werden, kann pro Quant ein Elektron aus dem Zink herausgeschlagen werden. Je mehr Quanten (mit ausreichender Energie) auf die Platte treffen, desto mehr Elektronen werden herausgeschlagen. Wenn die Energie der Quanten größer ist, bekommt das Elektron die „überschüssige" Energie als kinetische Energie mit und bewegt sich mehr oder weniger schnell vom Material fort. Ist die Energie der Quanten (die Frequenz des Lichts) zu klein, ist es egal, wie viele Quanten auf dem Metall auftreffen – keines hat genügend Energie. Sie können sich das auch so vorstellen: Ein Zelt wird auch durch einen sehr starken Regen (d. h. viele Regentropfen auf einmal) nicht kaputt, aber ein großes Hagelkorn kann die Zeltplane durchschlagen. In diesem Bild entspricht das Hagelkorn einem UV-Lichtquant, während die Regentropfen Quanten mit niedrigerer Energie (d. h. Licht mit größerer Wellenlänge) entsprechen. Die Auswirkungen auf das Zelt sind sehr unterschiedlich, je nachdem, ob eine bestimmte Masse als einzelner Brocken (Hagelkorn) daherkommt oder auf viele kleine Tropfen verteilt ist – sogar dann, wenn alle dieselbe Geschwindigkeit haben und somit die kinetische Energie des Hagelkorns gleich der Summe der kinetischen Energien der Tropfen ist.

Besteht Licht aus Wellen oder Teilchen? Schwierige Frage – und faszinierend für erkenntnistheoretische Überlegungen. Wir sind hier aber (leider, denn uns interessieren diese Fragen auch) sehr pragmatisch. Für jedes Phänomen nehmen wir die Beschreibung, mit der wir am besten zurecht kommen. Für **Beugung** und **Interferenz** verwenden wir das **Wellenbild** (das haben wir im Kapitel 6 ausführlich getan). Für **Brechung und Reflexion** nehmen wir **Lichtstrahlen**, denn damit geht es am leichtesten, und die Frage „Welle oder Teilchen" stellt sich gar nicht. Für **Absorption** und **Emission** von Licht brauchen wir unbedingt die **Quantenvorstellung.** Haben Sie bemerkt, dass auch beim Quantenbild die Wellen wieder sozusagen „durch die Hintertür" hereinkommen? Die Energie eines Quants ist proportional zur Frequenz, und bei Frequenz denken wir natürlich wieder an Schwingungen bzw. Wellen. Na ja, wir können mit dieser „**Dualität von Welle und Teilchen**" ganz gut leben.

Absorption
Emission
Quantenvorstellung

Dualität von Welle und Teilchen

7.2 Das elektromagnetische Spektrum

Wenn wir von „Spektrum" sprechen, dann denken wir an Wellen verschiedener Wellenlänge, also sind wir hier im Wellenbild. In diesem Bild besteht Licht aus elektromagnetischen Wellen, die von Atomen oder Plasmen emittiert werden (z. B. aus der Photosphäre der Sonne, von glühenden Drähten in Glühbirnen, angeregten Metalldämpfen in Leuchtstoffröhren etc.). **Elektromagnetische Wellen** sind periodische Veränderungen des elektrischen und magnetischen Felds, die sich mit Lichtgeschwindigkeit ausbreiten.

elektromagnetische Wellen

Eigentlich ist das physikalische Phänomen Licht schon kompliziert genug, aber wir machen es hier noch komplizierter – wir müssen einmal genauer definieren, was wir (im Wellenbild) unter „**Licht**" verstehen. Im engsten Sinn bedeutet „Licht" **sichtbares Licht**, d. h. jene Wellen, die in der Netzhaut unserer Augen einen Lichteindruck hervorrufen. (Dieser Lichteindruck entsteht aber wieder durch die Absorption von Lichtquanten passender Frequenz … – kompliziert!)

sichtbares Licht

Menschliche Augen können Lichtwellenlängen im Bereich von ca. 400 nm (violett) bis 800 nm (rot) wahrnehmen. Bienen und andere Insekten können Licht kürzerer Wellenlängen (**ultraviolett**, **UV**) sehen, und einige Tiere wie z. B. Klapperschlangen „sehen" die **infrarote** (**IR**) Wärmestrahlung ihrer Beutetiere. Solange es Lebewesen gibt, die bestimmte Wellenlängen sehen können, tun wir uns nicht schwer, von „Licht" zu sprechen, aber der Begriff „Licht" wird auch für andere Wellenlängenbereiche des elektromagnetischen Spektrums verwendet, wie z. B. **Röntgenlicht** ($\lambda < 10^{-8}$ m). Bei der Tumortherapie mit Gammastrahlung wird oft von Bestrahlung mit Photonen gesprochen, und auch da schwingt im Hintergrund die

ultraviolett, UV
infrarot, IR

Röntgenlicht

Gammastrahlen

Bedeutung „Licht" mit, obwohl **Gammastrahlen** (Wellenlängen $< 10^{-10}$ m) sicher nicht zum sichtbaren Licht gehören.

technische Wechselströme

Elektromagnetische Wellen gibt es über einen weiten **Wellenlängenbereich**, der von weniger als 1 pm (d. h. 10^{-12} m, Gammastrahlen, Kap. 1.7.1) bis zu 10 000 km (d. h. 10^7 m, **technische Wechselströme**) reicht. In der Tabelle im Anhang sehen Sie die verschiedenen Bereiche des elektromagnetischen Spektrums zusammen mit den Bezeichnungen verschiedener Spektralbereiche. Das sichtbare Licht macht in diesem Spektrum nur einen winzigen, für unser Leben aber äußerst wichtigen Teil aus. Wir werden in diesem Kapitel zuerst die Entstehung von elektromagnetischen Wellen mit Wellenlängen im Bereich des sichtbaren Lichts und der angrenzenden Bereiche des UV und IR behandeln (Kap. 7.3.1 und Kap. 7.3.2). Beim Schwarzen Körper (Kap. 7.4) sind im Prinzip alle Wellenlängen möglich. Anschließend beschäftigen wir uns mit Röntgenstrahlen (Kap. 7.5). Damit ist der kurzwellige Bereich des Spektrums abgedeckt, denn Gammastrahlung wurde schon in Kapitel 1.7.1 beschrieben. Der langwellige Bereich des elektromagnetischen Spektrums (von Mikrowellen bis zu technischen Wechselströmen) kommt am Schluss (Kap. 7.6).

7.3 Emission und Absorption von Licht in Gasen

7.3.1 Linienspektren

Erinnern Sie sich an das Bohr'sche Atommodell (Kap. 1.3.1)? Darin ist von „erlaubten Bahnen" der Elektronen die Rede. Elektronen bewegen sich auf kreisförmigen Bahnen um den Kern. Jeder dieser Bahnen entspricht eine bestimmte Energie. Das Bohr'sche Modell ist zwar schon lange überholt, aber trotzdem können wir es hier recht gut brauchen. (Das ist nicht erstaunlich, denn zur Entwicklung des Bohr'schen Modells wurden spektroskopische Beobachtungen verwendet.) Damit wir vom Bohr-Modell unabhängig sind, ersetzen wir „Bahnen" besser durch „**Energiezustände**". (Auch im heute gültigen Schalenmodell gibt es Energiezustände.) Die möglichen Energiezustände, die Elektronen in einem bestimmten Atom einnehmen können, werden durch das **Termschema** veranschaulicht (Abb. 7.1).

Energiezustände

Termschema

Das Termschema eines einfachen Atoms wird durch eine Reihe von Strichen gezeichnet, von denen jeder einen solchen erlaubten Energiezustand symbolisiert. Der unterste Zustand (mit der geringsten Energie) stellt den **Grundzustand** dar, während alle anderen Striche **angeregten Zuständen** entsprechen (mit dementsprechend hö-

Grundzustand
angeregte Zustände

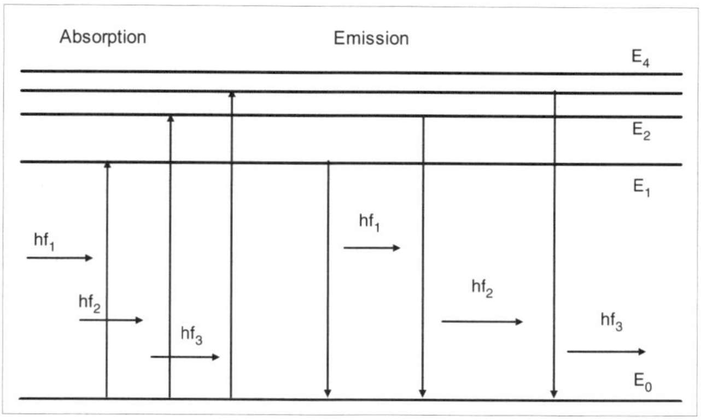

Abb. 7.1: Absorption (links) und Emission (rechts) von Lichtquanten in einem Atom. Die Linien entsprechen den erlaubten Energiezuständen eines Elektrons in der Hülle.

heren Energien). Ganz wichtig ist hier, dass Elektronen *nur* die erlaubten Energiezustände haben können. **Energien dazwischen sind „verboten"**. Sie können sich das am Bild einer Treppe vorstellen. Wenn man einen Stein eine Treppe hinunterfallen lässt, kann er nur auf einer Stufe liegen bleiben, aber nicht zwischen zwei Stufen schweben. Haben Sie so einen schwebenden Stein schon einmal gesehen? Wenn ja, dann war es sicher in einer Zaubershow oder in einem Film. Noch einmal: Nur die erlaubten Zustände sind möglich!

Energien dazwischen sind „verboten"

Emission und **Absorption** von Licht lässt sich im Termschema leicht erklären. Als Beispiel nehmen wir ein Gas, dessen Teilchen Atome eines einzigen Elements sind. Das kann z. B. verdünntes Neon-Gas sein, aber auch ein Metalldampf wie z. B. Quecksilber (Hg) unter niedrigem Druck. Leuchtstoffröhren sind z. B. mit Argon als Puffergas gefüllt (Druck nur 1000 Pa), dem geringe Mengen Hg zugesetzt wurden.

Emission Absorption

In diesem Abschnitt betrachten wir nur die Energiezustände von Elektronen der äußersten Schale, d. h. von Elektronen, die im Atom am weitesten vom Kern entfernt sind. Die Energien dieser elektronischen Zustände liegen in der Größenordnung von 1 eV bis 10 eV (Definition eV: Kap. 1.2), was Wellenlängen von 1 µm (1 eV) bis 100 nm (10 eV) entspricht, also im Bereich des nahen IR, des sichtbaren Lichts und des nahen UV.

Nehmen wir an, die Elektronen der Atome befinden sich in ihrem Grundzustand und wir schicken weißes Licht durch das Gas durch, d. h. Licht, dessen Spektralverteilung der des Sonnenlichts ähnlich ist. Wenn dieses Licht auf die Atome dieses Gases auftrifft, dann kann es sein, dass einige Quanten jene Energie haben, die genau der Differenz zwischen dem Grundzustand E_0 und dem ersten angeregten Zustand E_1 entspricht, d. h.

$$E_1 - E_0 = \Delta E = h f_1$$

wobei h das Planck'sche Wirkungsquantum und f die Frequenz bezeichnen.

Absorption

Diese Quanten können von den Atomen **absorbiert** werden, d. h. sie werden aus dem Lichtstrahl entfernt. Ihre Energie wird dazu verwendet, Elektronen aus dem Zustand E_0 in den Zustand E_1 zu „heben" (nur bildlich gesprochen!). Das Atom befindet sich jetzt in einem **angeregten Zustand**. Im Lichtstrahl fehlen dann Quanten dieser Frequenz, und Elektronen in den Atomen sind angeregt. Das Licht könnte auch andere Quanten enthalten, deren Energie einer anderen Energiedifferenz entspricht, z. B. der zwischen dem Grundzustand und dem zweiten angeregten Zustand E_2. Dann können wir schreiben:

angeregter Zustand

$$E_2 - E_0 = \Delta E = h\,f_2$$

Sie merken schon, wie es weitergeht. Alle Quanten, deren Energien Differenzen zwischen erlaubten Zuständen entsprechen, werden absorbiert. Wenn wir weißes Licht durch das Atomgas durchschicken, fehlen ganz bestimmte Frequenzen bzw. Wellenlängen, die **für das Element charakteristisch** sind. Wenn wir das Licht z. B. mit einem Prisma in seine Spektralfarben zerlegen, finden wir schwarze Striche im üblichen bunten Spektrum. Solche schwarzen Striche werden **Absorptionslinien** genannt.

für das Element charakteristisch

Absorptionslinien

Der stabilste Zustand von Elektronen ist ihr Grundzustand. Das können Sie sich wieder am Bild des Steins vorstellen. Nehmen wir jetzt eine Treppe mit sehr schmalen Stufen, auf denen der Stein gerade noch Platz hat. Wenn ein Stein auf einer der oberen Stufen liegt, genügt eine kleine Störung (z. B. durch einen vorbeifahrenden LKW), um den Stein von der Stufe fallen zu lassen. Wenn der Stein aber von der untersten Stufe schon heruntergefallen ist, kann er nicht mehr weiter fallen und befindet sich in einer stabilen Ruhelage.

angeregte Zustände

Angeregte Zustände von Elektronen sind **nicht stabil**, sondern „zerfallen" wieder. Wie beim radioaktiven Zerfall gibt es auch hier so etwas wie Halbwertszeiten (in der Größenordnung von Nanosekunden). Wenn ein Elektron von einem angeregten in einen niedrigeren Zustand übergeht, wird die überschüssige Energie als Lichtquant abgegeben, dessen Frequenz eben der Energiedifferenz entspricht. Das atomare Gas **emittiert** Licht ganz bestimmter Frequenzen (Wellenlängen), die wieder ein **Linienspektrum** ergeben, das **für das Element charakteristisch** ist. Wenn Sie es ganz genau nehmen wollen: Alle Spektrallinien haben eine bestimmte endliche Breite, d. h. sie sind nicht beliebig „scharf". Diese natürliche Breite ist durch die prinzipielle Auflösungsgrenze gegeben, die durch die Heisenberg'sche Unschärferelation beschrieben wird.

Emission
Linienspektrum
für das Element charakteristisch

Sie haben ein Linienspektrum sicher schon gesehen. Elektronen können auch durch Absorption von anderer Energie angeregt werden, z. B. durch thermische Energie oder durch elektrische Energie in Gasentladungsröhren. Gasflammen von Bunsenbrennern, Lötlampen oder Gasherden sind heiß genug, um Atome thermisch anzuregen. Wenn z. B. am Gasherd etwas überkocht, leuchtet die Flamme für kurze Zeit gelborange. Eine Spektralanalyse würde eine einzelne Spektrallinie finden (eigentlich eine Doppellinie mit den Wellenlängen 588,995 und 589,592 nm), nämlich die bekannte **Natrium-Doppellinie**. Da Kochwasser immer Natrium enthält (auch wenn Sie es nicht extra gesalzen haben, denn Biomasse enthält immer Spuren von Natrium), sehen Sie das Licht, das von den thermisch angeregten Na-Atomen ausgesendet wird. Auch die „gelben" Straßenlampen an Autobahnen emittieren Licht dieser Wellenlänge, denn sie sind mit Na-Dampf gefüllt. Wenn Sie das nächste Mal beim Licht dieser Lampen unterwegs sind, schauen Sie sich einmal genau an, welche Farben die Gegenstände haben, die Sie sehen – eigentlich sehen Sie nur Helligkeitsabstufungen, aber keine Farbunterschiede. Alles ist mehr oder weniger hellorange, da das Licht von Na-Dampflampen eben nur dieses eine Wellenlängenpaar im sichtbaren Bereich des Spektrums enthält.

Natrium-Doppellinie

7.3.2 Bandenspektren

Bis jetzt war nur von den Energiezuständen der Elektronen die Rede. Bei Molekülen können aber auch andere Energiezustände angeregt werden. Moleküle bestehen aus mehr als einem Atom (so ist der Begriff Molekül definiert), und je nach Art der Moleküle und räumlicher Anordnung der Atome können die Moleküle in sich schwingen oder um Symmetrieachsen rotieren (siehe Kap. 4.10). Schwingungsenergien sind nicht so „scharf" wie die Energiezustände der Elektronen. Eine bestimmte Schwingungsart kann durch Energien angeregt werden, die in einem gewissen Bereich des Spektrums liegen. Bei einer spektralen Zerlegung des absorbierten Lichts findet man dann keine Linien, sondern aus sehr knapp beieinander liegenden Linien bestehende Bänder, die **Absorptionsbanden**. Die Energien dieser Rotations- und Schwingungszustände sind um einiges niedriger als die von Elektronenzuständen, daher liegen die entsprechenden Banden bei niedrigeren Frequenzen bzw. größeren Wellenlängen. Vibrationsbanden liegen meist im IR-Bereich zwischen 2,5 und 50 μm (es gibt auch einige zwischen 800 nm und 2,5 μm), während Rotationsbanden bei Wellenlängen vom fernen IR bis in den Mikrowellenbereich liegen.

Absorptionsbanden

Für das Klima der Erde sind die mehr-atomigen Spurengase Wasserdampf H_2O, Kohlendioxid CO_2 und Methan CH_4 sehr wichtig. Diese Gase haben Absorptionsbanden im „**terrestrischen Infrarot**", d. h. in jenem Spektralbereich, in dem die Erde als schwarzer Körper (um 10 µm, siehe 7.4) die von der Sonne aufgenommene Energie wieder ins Weltall zurückstrahlt. H_2O, CO_2 und CH_4 absorbieren Teile dieser Wärmestrahlung und strahlen sie wieder ab. Die Abstrahlung erfolgt aber nicht nur in die Richtung der ursprünglichen Strahlung (vom Boden zum Weltall) sondern in alle Richtungen – und damit auch zurück zur Erdoberfläche. Nur durch diese atmosphärische **Gegenstrahlung** haben wir auf der Erde ein für uns Lebewesen angenehmes Klima mit einer mittleren Oberflächentemperatur von 15 °C. Ohne Gegenstrahlung wäre die mittlere Oberflächentemperatur –19 °C! Unter diesen Umständen wäre Leben auf Wasserbasis, wenn überhaupt, nur in äquatornahen Gebieten möglich. Wir haben den Namen „**Treibhauseffekt**" absichtlich nicht am Anfang des Beispiels erwähnt, da der Begriff in der Diskussion um die globale Umweltveränderung sehr negativ belegt ist. Der Treibhauseffekt durch die natürlich vorkommenden Treibhausgase (H_2O, CO_2, CH_4 und noch ein paar andere) sichert uns ein angenehmes Klima. Wenn jedoch durch menschliche Aktivitäten zusätzlich große Mengen an Treibhausgasen in die Atmosphäre gelangen, erzeugen wir einen zusätzlichen Treibhauseffekt, dessen Auswirkungen global gesehen wohl eher negativ sein werden.

terrestrisches Infrarot

Gegenstrahlung

Treibhauseffekt

7.4 Der schwarze Körper

7.4.1 Schwarze Strahlung

Jetzt fehlt uns nur noch ein kleiner Schritt zu den für uns wohl wichtigsten Lichtquellen wie der Sonne oder Glühlampen, deren Emissionsspektrum in guter Näherung dem von schwarzen Körpern entspricht. Da gibt es aber ein begriffliches Problem: Wenn die Sonne ein schwarzer Körper ist, dann müsste die Sonne doch schwarz sein – oder? Na ja, so ein Durcheinander kann schon einmal vorkommen, wenn man einen Begriff (schwarzer Körper) mit Rückgriff auf die Alltagssprache definiert und dann feststellt, dass dieses Phänomen viel allgemeiner ist als ursprünglich angenommen. Also lassen wir das Problem der „schwarzen Sonne" einmal beiseite.

Zuerst brauchen wir wieder den Energiesatz. Nehmen wir an, Strahlungsenergie fällt auf einen Körper ein, der einen Teil ρ davon reflektiert, einen anderen Teil α absorbiert und einen Teil τ durchlässt (transmittiert). Diese Symbole stehen für das relative **Absorptionsvermögen** (α), das relative **Transmissionsvermögen** (τ) und das relative **Reflexionsvermögen** (ρ). Sie sind definiert als der Bruchteil der gesamt auftreffenden Strahlung, der absorbiert, durchgelassen oder reflektiert wird. Da die Energie erhalten bleiben muss, kann in Summe nicht mehr bzw. weniger absorbiert, reflektiert oder transmittiert werden, als insgesamt auf den Körper auftrifft, also muss gelten:

Absorptionsvermögen
Transmissionsvermögen
Reflexionsvermögen

$$\alpha + \tau + \rho = 1$$

Denken wir jetzt einmal nur an Absorption. Bei *Linienspektren* können nur ganz bestimmte Frequenzen bzw. Energiequanten absorbiert werden. Im Spektrum des durchgehenden Lichts zeigen sich *schwarze Linien*. Wenn *Schwingungen* oder *Rotationen* von Molekülen angeregt werden, werden Frequenzen aus bestimmten Bereichen des Spektrums absorbiert – im Spektrum des durchgehenden Lichts (na schön, diese Bereiche liegen typischerweise im Infrarotbereich) zeigen sich *schwarze Bänder (Banden)*.

Was würde passieren, wenn ein Körper Licht jeder Frequenz (und damit Lichtquanten jeder Energie) absorbieren könnte und auch tatsächlich absorbiert? Es würde gar kein Licht durchgehen ($\tau = 0$), aber auch keines reflektiert ($\rho = 0$) werden, da ja alles absorbiert wird ($\alpha = 1$). Die „Farbe“ dieses Körpers wäre Schwarz. Ein **ideal schwarzer Körper** absorbiert alle auf ihn einfallende elektromagnetische Strahlung (d. h. Licht *jeder* Frequenz bzw. Quanten *jeder* Energie), lässt keine Strahlung durch und reflektiert auch keine. Die gesamte auffallende Strahlungsenergie ist „weg“. Energie kann aber nicht verschwinden (denken Sie an die Erhaltung der Energie), also muss die innere Energie des Körpers (seine Wärmeenergie) genau um den absorbierten Betrag zunehmen – kurz gesagt, der Körper wird wärmer. Der Körper wird als ideal schwarz bezeichnet, denn wir hatten angenommen, dass wirklich jedes Lichtquant jeder Frequenz absorbiert werden kann. In der Realität sind auch die schwärzesten schwarzen Körper nur in bestimmten Wellenlängenbereichen wirklich „schwarz“.

ideal schwarzer Körper

Gehen wir zurück zum vorigen Abschnitt (Kap. 7.3): Energiequanten, die **absorbiert** werden können, können auch **emittiert** werden, wenn der angeregte Zustand „zerfällt“, d. h. das System in einen Zustand niedrigerer Energie übergeht. Da die Quanten eine bestimmte Frequenz haben, können wir das auch auf die Wellenlänge umlegen. Für jeden Körper gilt bzgl. der Absorption und Emission von Strahlung, dass das relative Absorptionsvermögen bei einer Wellenlänge λ gleich dem relativen Emissionsvermögen bei dieser Wellenlänge ist, d. h.:

$$\alpha = \varepsilon$$

Kirchhoff'sches Strahlungsgesetz

(Diese Beziehung wird auch als **Kirchhoff'sches Strahlungsgesetz** bezeichnet.)

schwarzer Strahler
Planck'sches Strahlungsgesetz

Ein schwarzer Körper strahlt aber nicht bei jeder Frequenz gleich viel Energie ab, sondern die spektrale Verteilung des vom schwarzen Körper emittierten Lichts hängt von der Temperatur ab. Wenn man die Emission eines schwarzen Körpers in den Vordergrund stellt, spricht man auch vom „**schwarzen Strahler**". Das **Planck'sche Strahlungsgesetz**, das die spektrale Verteilung der von einem schwarzen Strahler abgestrahlten Energie beschreibt, begründete die Quantenphysik. Die Formel dazu ist recht kompliziert, aber in Abbildung 7.2 sehen Sie eine Zeichnung der Energieverteilung bei verschiedenen Temperaturen. Die gesamte Energie, die von einem schwarzen Strahler mit einer bestimmten Temperatur abgegeben wird, entspricht der Fläche unter der entsprechenden Kurve. Bei höheren Temperaturen nimmt diese Energie enorm zu, und die Wellenlänge, bei der das Maximum der Abstrahlung liegt, verschiebt sich zu kürzeren Wellenlängen. Die Abhängigkeit der abgestrahlten Leistung E pro m^2 (Einheit: W/m^2, eigentlich: Strahlungsflussdichte) von der Temperatur T wird durch das **Stefan-Boltzmann'sche Gesetz** beschrieben (Boltzmann hieß nicht Stefan mit Vornamen, sondern Ludwig. Das Gesetz ist nach ihm und Josef Stefan benannt.)

Stefan-Boltzmann'sches Gesetz

$$E = \sigma T^4$$

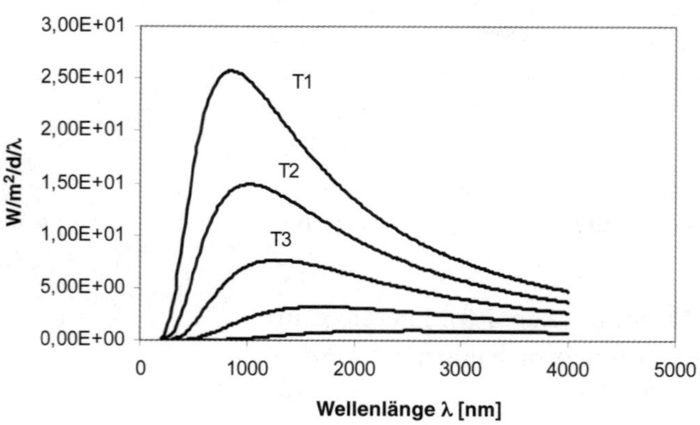

Abb. 7.2: Spektrale Verteilung der von einem schwarzen Körper mit bestimmter Temperatur abgestrahlten Energie. Die oberste Kurve entspricht der höchsten Temperatur (T1), die anderen Kurven entsprechen niedrigeren Temperaturen.

Stefan-Boltzmann-Konstante

Die **Stefan-Boltzmann-Konstante** σ hat den Wert $5{,}67\ 10^{-8}\ W/m^2\ K^4$. Die Abstrahlung steigt mit der 4. Potenz der Temperatur (in K, nicht in °C – siehe Kap. 4.3). Wir werden später sehen, welche Auswirkung unterschiedliche Temperaturen auf die Abstrahlung haben. Die **Wellenlänge** λ_{max}, bei der ein schwarzer Körper das Maximum der Abstrahlung hat, ergibt sich aus der Beziehung

$$\lambda_{max} T = \text{const} = 2{,}9\,10^{-3}\ \text{m K}$$

Wien'sches Verschiebungsgesetz

(**Wien'sches Verschiebungsgesetz**; es beschreibt die „Verschiebung" des Maximums der Abstrahlung bei einer Änderung der Temperatur). Je nach Temperatur eines schwarzen Körpers liegt die Wellenlänge der maximalen Abstrahlung in einem anderen Bereich des Spektrums.

Wärmestrahlung

Als Menschen können wir die Strahlung, die von heißen Gegenständen in unserer Umgebung abgegeben wird, als Wärmeempfindung „fühlen", aber nicht sehen. Sie wird daher mit dem Begriff „**Wärmestrahlung**" bezeichnet. Wahrscheinlich kennen Sie das angenehme Wärmegefühl, das sich einstellt, wenn Sie nach einem Spaziergang an einem kalten Wintertag in die Nähe eines Kachelofens kommen – da fühlt man sich gleich besser. Der Bereich der Wärmestrahlung liegt im Infrarotbereich des Spektrums (d. h. bei Wellenlängen über 800 nm). Dieser Bereich wird auch oft als „**thermisches Infrarot**" bezeichnet.

thermisches Infrarot

Auch wir Menschen sind schwarze Körper, allerdings nicht im sichtbaren Bereich des Spektrums (das gäbe seltsame Effekte!), sondern im thermischen Infrarot. Mit dem Wien'schen Verschiebungsgesetz können wir uns ganz leicht ausrechnen, bei welcher Wellenlänge ein schwarzer Körper mit Temperatur 37 °C maximal strahlt, nämlich bei 9,36 μm. Bei dieser Art Rechnung müssen wir *immer* die Temperatur in Kelvin einsetzen! Diese Strahlung können wir nicht sehen. Bei den Heizdrähten eines Elektroofens (ca. 700 °C) liegt λ_{max} bei ca. 3 μm. Wieso sehen wir dann, dass die Drähte glühen? Ganz einfach – die Planck-Kurve (Abb. 7.2) hat nicht nur das Maximum, sondern ist relativ breit. Wir sehen nur den Bereich des Spektrums, der in den sichtbaren Bereich hineinreicht, und so erscheint uns der Glühdraht dunkelrot. Jetzt ist klar, warum die „schwarze Sonne" nicht schwarz ist. Die Temperatur der oberen Schicht der **Sonne**, von der das Licht kommt (die Photosphäre), liegt bei ca. 5770 K. Das Maximum der Abstrahlung liegt bei 502 nm, also im sichtbaren (blau-grünen) Bereich des Spektrums. Unser Sehsystem ist an das Sonnenlicht angepasst, und uns erscheint das Spektrum eines schwarzen Körpers, das dem Sonnenspektrum entspricht, als weiß. Die Glühfäden in **Glühlampen** haben Temperaturen bis zu 2600 °C, wodurch sich ein λ_{max} von 1 μm ergibt. Das Licht von Glühlampen

Sonne

Glühlampen

erscheint rötlicher als das Sonnenlicht, da es zu längeren Wellenlängen (in den Rotbereich) hin verschoben ist. Nur ein kleiner Teil der abgestrahlten Energie (ca. 5 %) liegt im sichtbaren Bereich des Spektrums, alles andere wird als Wärmestrahlung abgegeben. Unsere wichtigsten Lichtquellen, nämlich die Sonne und Glühlampen, sind zumindest im sichtbaren Bereich des Spektrums schwarze Körper.

Für die Beispiele von schwarzen Körpern können wir auch leicht die pro m^2 abgestrahlte Leistung berechnen. Wir Menschen strahlen etwa 524 W/m^2 ab, der Elektroofen 50 kW/m^2, der Glühfaden der Glühbirne 3,8 MW/m^2 (die Fläche des Drahts ist aber winzig) und die Sonne 62,8 MW/m^2 – eine riesige Menge, vor allem, wenn wir bedenken, wie groß die Sonne ist (Durchmesser 1,39 Millionen km; gibt $9{,}7 \cdot 10^{24}$ W Gesamtleistung). Hier sehen Sie die Auswirkung der 4. Potenz der Temperatur im Stefan-Boltzmann-Gesetz.

7.4.2 Die Strahlungsbilanz

Da schließt sich gleich die nächste Frage an. Ein schwarzer Körper mit 37 °C strahlt pro Sekunde und m^2 Körperoberflache 524 J Energie ab. Die Oberflächentemperatur unserer Haut ist aber niedriger und liegt bei 29 °C, sodass unsere Abstrahlung nur mehr 470 W/m^2 beträgt. Das ist z. B. an einem Tag bei einer Körperoberfläche von 2 m^2 eine Energie von 81 MJ – eine ganze Menge. Die Energie für alle anderen Lebensfunktionen ist da noch nicht einmal eingerechnet. So viel Energie könnten wir durch die Nahrung nie aufnehmen, aber wir müssen es ja auch nicht. Wir befinden uns in einer Umgebung, die selbst eine Temperatur hat und im thermischen Infrarot wie ein schwarzer Körper strahlt. Wenn die Umgebungstemperatur auch 29 °C beträgt, strahlt die Umgebung genauso viel auf uns ein, wie wir abstrahlen – wir befinden uns im **Strahlungsgleichgewicht**. Bei dieser Temperatur wird uns ohne Bewegung nicht kalt, auch wenn wir unbekleidet sind. In kühleren Räumen brauchen wir Kleidung (oder Decken), die als Isolierschicht fungieren, sodass deren äußerste Oberflächen kühler sind als die Haut, wodurch sich die Abstrahlung deutlich vermindert. Wir sind dann bei niedrigeren Temperaturen im Strahlungsgleichgewicht mit der Umgebung.

Strahlungsgleichgewicht

Wieder gilt der Satz der Erhaltung der Energie: Im Strahlungsgleichgewicht muss die abgestrahlte Energie gleich der aufgenommenen Energie sein. Der Vergleich zwischen absorbierter und abgestrahlter Energie wird auch **Strahlungsbilanz** genannt. Wenn ein Körper mehr Energie aufnimmt, als er aufgrund seiner aktuellen Tempera-

Strahlungsbilanz

tur abstrahlt, dann muss er sich erwärmen, und zwar so weit, dass die Abstrahlung wieder der aufgenommenen Energie gleich ist. Nimmt er weniger Energie auf, als er abstrahlt, wird er abkühlen, bis die Bilanz wieder **ausgeglichen** ist. Die Strahlungsbilanz kann immer nur für kurze Zeit im Plus oder im Minus sein, denn jede Abweichung führt zu einer Erwärmung oder Abkühlung, bis das System wieder im Strahlungsgleichgewicht ist. Sie lässt sich weder überziehen noch durch kreative Buchhaltung behübschen. Überschüsse gibt es auch nicht lange. Ein ziemlicher Unterschied zur Bilanz einer Firma oder eines Bankkontos.

ausgeglichene Bilanz

7.4.3 Nicht schwarze Strahler

In der Definition des ideal schwarzen Körpers steht, dass Licht (bzw. elektromagnetische Wellen) *aller* Frequenzen absorbiert bzw. emittiert werden können. In der Realität ist das nicht der Fall, und es gibt sehr wohl Wellenlängenbereiche, in denen keine oder nur wenig Absorption stattfindet. Da hilft uns dann weiter, dass das relative Absorptionsvermögen gleich dem relativen Emissionsvermögen sein muss. Ein **nicht schwarzer Körper** emittiert auch nach dem Stefan-Boltzmann-Gesetz, aber eben weniger als ein schwarzer Körper. Aus der Formel für den schwarzen Strahler wird

nicht schwarzer Körper

$$E(\lambda) = \alpha(\lambda)\, \sigma\, T^4$$

Hier sind E und α als Funktion der Wellenlänge λ angegeben: Da das Absorptionsvermögen α von λ abhängt, hängt auch die Abstrahlung von λ ab. Schnee ist ein gutes Beispiel. Im sichtbaren Bereich des Spektrums ist frischer Schnee strahlend weiß – er reflektiert de facto alles (sichtbare) Licht, das auf ihn einfällt. α liegt nahe bei null in diesem Bereich. Im Infrarotbereich ist Schnee aber fast ein schwarzer Körper – er reflektiert fast nichts, absorbiert fast alles und strahlt in diesem Bereich wie ein schwarzer Körper. Erstaunlich, was alles unter den Begriff „schwarzer Körper" fällt.

Ideal schwarz im sichtbaren Bereich sind aber alle Gegenstände unserer Umgebung nicht – auch schwarze Gegenstände reflektieren noch ein bisschen Licht. Der einzige „Gegenstand", der wirklich im Sichtbaren fast ideal schwarz ist, ist ein Hohlraum mit einer kleinen Öffnung, z. B. eine Schachtel mit einem kleinen Loch im Deckel. Alles Licht, das durch dieses Loch einfällt, wird so oft im Inneren reflektiert, dass die Chance, dass es je wieder herauskommt, winzig ist. Versuchen Sie doch einmal, so einen „**Hohlraumstrahler**" zu bauen – es reicht eine schwarze Filmdose, in deren Boden Sie ein

Hohlraumstrahler

Loch machen. Dieses Loch sieht noch viel schwärzer aus als die schwarze Oberfläche der Dose.

In diesem Zusammenhang gibt es oft Probleme. Nehmen wir einen normalen undurchsichtigen Gegenstand aus unserer Umgebung, der nicht selbst leuchtet, und betrachten ihn einmal genauer. Wir können den Gegenstand nur sehen, weil er Licht reflektiert. Wenn er eine **Farbe** hat, die weder Schwarz noch Weiß ist, reflektiert er Wellen in einigen Wellenlängenbereichen gut. Aus der spektralen Verteilung dieses reflektierten Lichts ergibt sich die Farbe des Körpers. In diesen Bereichen ist das relative Absorptionsvermögen $\alpha(\lambda)$ klein. Wellen mit anderen Wellenlängen werden nicht so gut reflektiert, also ist dort $\alpha(\lambda)$ groß. Ein gutes Beispiel ist ein grünes Blatt. Es hat eine grüne Farbe, d. h. Licht im grünen Bereich des Spektrums wird gut reflektiert. Der rote und der blaue Bereich des Spektrums fehlen aber im reflektierten Licht (sonst wäre das Blatt weiß). Dieses Verhalten lässt sich gut durch das Absorptionsspektrum von Chlorophyll (Blattgrün) erklären. Chlorophyll absorbiert im blauen und roten Teil des sichtbaren Lichts, d. h. $\alpha(\lambda)$ ist dort groß. Nach dem Kirchhoff'schen Gesetz ist aber $\alpha(\lambda)$ gleich $\varepsilon(\lambda)$, also ist auch das relative Emissionsvermögen groß – warum strahlt das Blatt dann nicht im roten und blauen Bereich des Spektrums? Dann könnte man ja annehmen, dass die Farbeffekte verschwinden? Die Antwort hierauf ist einfach: Natürlich strahlt das Blatt in den Wellenlängenbereichen mit großen Werten von $\alpha(\lambda)$ auch gut Energie ab, aber denken Sie an die Spektralverteilung der abgestrahlten Energie (Planck'sches Strahlungsgesetz; Abb. 7.2; oder an das Wien'sche Gesetz). Blätter haben üblicherweise „normale" Umgebungstemperaturen, also nehmen wir einmal 20 °C an. Das Maximum der Abstrahlung liegt bei 9,9 µm, also so weit außerhalb des sichtbaren Bereichs, dass die abgestrahlte Energie im roten und blauen Teil des Spektrums so gering ist, dass wir sie einfach nicht sehen können.

Farbe

7.5 Röntgenstrahlen

Wie schon erwähnt, ist das sichtbare Licht nur ein kleiner Teil des elektromagnetischen Spektrums. Da Röntgenstrahlen in unserem Leben doch eine große Rolle spielen, werden sie hier kurz behandelt. **Röntgenstrahlen** entstehen bei Beschuss von Materie mit schnellen Elektronen. „Schnell" bedeutet „mit hoher kinetischer Energie" (siehe Kap. 2.4.2). Elektronen, die in Vakuumröhren durch starke elektrische Felder beschleunigt wurden, haben hohe kinetische Energie. Bei einer Beschleunigungsspannung von 10 kV beträgt

Röntgenstrahlen

die Geschwindigkeit eines Elektrons knapp 20 % der Lichtgeschwindigkeit. Bei ihrer Entdeckung waren Röntgenstrahlen etwas außerordentlich Geheimnisvolles – sie wurden daher zuerst „X-Strahlen" genannt. Im englischen Sprachraum heißen sie immer noch „**X-Rays**", während sie im deutschen Raum nach ihrem Entdecker Conrad Wilhelm Röntgen benannt sind (der dafür den ersten Nobelpreis für Physik erhielt).

X-Rays

Bei Spannungen von etlichen kV bzw. etlichen 10 kV erreichen die Elektronen Energien, die hoch genug sind, Elektronen aus inneren Schalen von Atomen mit hoher Ordnungszahl, die daher auch viele Elektronen haben, „herauszuschießen". Dann ist der Energiezustand dieses fehlenden Atoms unbesetzt, und ein Elektron aus einer äußeren Schale springt sozusagen nach. Da die Schalen weiter außen höheren Energien entsprechen, muss die Energiedifferenz abgegeben werden, d. h. es wird ein Lichtquant emittiert. Die Energie dieses Quants ist aber viel größer (und seine Wellenlänge kleiner) als die der Quanten, von denen wir im Kapitel 7.3.1 gesprochen haben. Die Energiedifferenz zwischen zwei Schalen ist um einiges höher als die zwischen Energieniveaus, die Elektronen innerhalb einer Schale einnehmen können. Beim Beschuss von Materie mit sehr schnellen Elektronen wird ein **Linienspektrum** von sehr kurzwelliger elektromagnetischer Strahlung emittiert, das **charakteristische Röntgenspektrum**.

Linienspektrum
charakteristisches Röntgenspektrum

Auch wenn keine Elektronen aus den inneren Schalen der Atome herausgeschossen werden, entsteht eine elektromagnetische Strahlung, die **Bremsstrahlung** oder das **weiße Röntgenlicht** („weiß" bedeutet hier, dass diese Strahlung ein kontinuierliches Spektrum hat und nicht aus einzelnen Emissionslinien besteht). Wenn Elektronen mit hoher Geschwindigkeit auf Materie auftreffen, werden sie von den negativen Elektronenhüllen der Atome abgebremst. Wie schon beim Bohr'schen Atommodell (Kap. 1.3.1) erwähnt, strahlen gebremste Ladungen Energie in Form von elektromagnetischen Wellen ab. Die Bremsstrahlung, die dabei entsteht, enthält alle Wellenlängen, die größer sind als eine **Grenzwellenlänge** λ_g, die durch die Energie der Elektronen gegeben ist (ein Lichtquant kann nicht mehr Energie haben, als das Elektron vor der Abbremsung hatte; wieder eine Auswirkung des Energiesatzes).

Bremsstrahlung
weißes Röntgenlicht
Grenzwellenlänge

$$\lambda_g = \frac{c\,h}{e\,U}$$

Hier bedeutet e die Elementarladung ($1{,}6 \cdot 10^{-19}$ C), h das Planck'sche Wirkungsquantum ($6{,}63 \cdot 10^{-34}$ Js), c die Lichtgeschwindigkeit

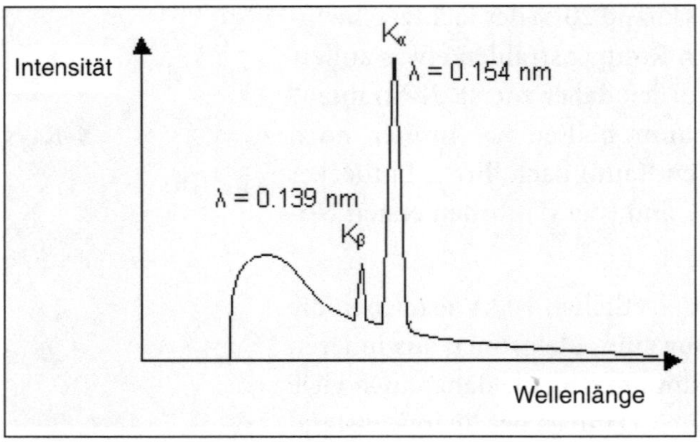

Abb. 7.3: Röntgenspektrum von Kupfer. Dem kontinuierlichen Spektrum („weißes Röntgenlicht" oder Bremsstrahlung) sind einzelne Linien des charakteristischen Spektrums überlagert.

($3 \cdot 10^8$ m/s) und U die Beschleunigungsspannung an der Elektronenröhre). In Abbildung 7.3 sehen Sie so ein weißes Röntgenspektrum, dem einige Linien der charakteristischen Strahlung überlagert sind.

Unterschied Gammastrahlung Röntgenstrahlung

Eine sehr beliebte Prüfungsfrage ist der **Unterschied** zwischen **Gamma**- und **Röntgenstrahlung**. Beide sind elektromagnetische Wellen (oder Quanten) hoher Energie und kurzer Wellenlänge. Der Unterschied im Wellenlängenbereich ist nicht gravierend, denn ultraharte (sehr energiereiche) Röntgenstrahlung hat ähnliche Wellenlängen wie weiche (nicht sehr energiereiche) Gammastrahlung. Im Grunde besteht der einzige Unterschied in der Entstehung. Röntgenstrahlen entstehen bei der Abbremsung von hochenergetischen Elektronen bzw. durch Elektronenübergänge in den inneren Schalen von Atomhüllen, und Gammastrahlen entstehen beim radioaktiven Zerfall von Atomkernen.

Bei ihrer Entdeckung waren Röntgenstrahlen absolut faszinierend – nicht nur für PhysikerInnen, sondern auch für die „interessierte Öffentlichkeit". Sie boten zum ersten Mal die Möglichkeit, Knochen oder innere Organe sichtbar zu machen, ohne die Lebewesen aufzuschneiden (ein erheblicher Fortschritt!). Aus der medizinischen Diagnostik sind Röntgenstrahlen noch immer nicht wegzudenken. Allerdings kennt man heute auch die schädliche Wirkung von Röntgenstrahlen auf lebende Materie, und so wird Röntgenstrahlung heute nicht mehr (wie am Anfang) nach Lust und Laune eingesetzt. In den 60er-Jahren des 20. Jahrhunderts gab es z. B. in jedem besseren Schuhgeschäft einen Röntgenapparat, mit dem geprüft wurde, ob Schuhe passen – heute müssen wir selber fühlen, ob sie drücken oder zu weit sind. Sollte aber nicht zu schwierig sein, oder?

7.6 Erzeugung von elektromagnetischen Wellen mit Sendern

Als letzter ist noch der langwellige Bereich des elektromagnetischen Spektrums übrig, d. h. der Bereich der Radiowellen und der von technischen Wechselströmen. In Kapitel 5.9 wurde Resonanz bei Wechselstrom besprochen. Wenn in einem Wechselstromkreis ein Kondensator mit Kapazität C und eine Spule mit Induktivität L in Serie geschaltet sind, dann tritt bei einer Kreisfrequenz ω

$$\omega = 2\pi f = \frac{1}{\sqrt{LC}}$$

Resonanz auf. Die von der Spannungsquelle zugeführte Energie pendelt laufend zwischen dem elektrischen und dem magnetischen Feld, und die Elektronen im Schwingkreis bewegen sich mit dieser Frequenz hin und her. Dabei müssen sie laufend beschleunigt und gebremst werden. Wenn Sie sich an den vorigen Abschnitt erinnern, wissen Sie schon, was kommt: Beschleunigte Ladungen strahlen Energie in Form von elektromagnetischen Wellen ab. So ein Schwingkreis aus Kondensator und Spule entspricht einem **Sender**. Die Frequenz der abgestrahlten Wellen hängt von den Zahlenwerten der Kapazität und der Induktivität ab. Wenn ein anderer Schwingkreis mit gleicher Resonanzfrequenz von elektromagnetischen Wellen getroffen wird, werden die Elektronen vom schwingenden Feld im Material zu Schwingungen angeregt und der Kreis beginnt zu schwingen, auch wenn er an gar keiner Spannungsquelle hängt. Der zweite Schwingkreis wirkt als **Empfänger**.

Resonanz

Sender

Empfänger

Um eine möglichst hohe Frequenz (und damit möglichst kleine Wellenlänge) zu erzielen, müssen L und C so klein wie möglich sein. Das ist nicht schwierig, denn L hängt von der Zahl der Windungen der Spule ab, und ein einfaches Stück Draht entspricht einer Spule mit der minimalen Zahl von Windungen. Beim Kondensator ist es ähnlich: C hängt von der Fläche der Platten ab, und so hat ein Stück Draht auch eine winzige Kapazität, die durch die Endflächen des Drahtes gegeben ist. Ein einfaches Stück Draht ist also ein Schwingkreis, der, wenn er von einer Wechselspannungsquelle mit der richtigen Frequenz angeregt wird, zum Sender wird, bzw. wenn er sich in einem elektromagnetischen Feld mit der richtigen Frequenz befindet, zum Empfänger wird. Auf diesem Prinzip funktionieren Mobiltelefone, Radio und Fernsehen, Radar, Mikrowellenfunk etc. Unsere moderne Welt wäre ohne diese Sender und Empfänger gar nicht vorstellbar.

Anhang

Abbildungsverzeichnis mit Quellenverweisen

Symbolverzeichnis

Kapitel 1: **Aufbau der Materie**

A	…	Aktivität
A	…	Massenzahl
c	…	Lichtgeschwindigkeit
E	…	Energie
eV	…	Elektronvolt
f	…	Frequenz
h	…	Planck'sches Wirkungsquantum
I(x)	…	Intensität nach Durchlaufen einer Strecke x
I_0	…	ursprüngliche Intensität
L	…	Loschmidt-Zahl
m	…	Masse
m_e	…	Masse des Elektrons
N	…	Zahl von Kernen
N_0	…	ursprüngliche Zahl von Kernen
N_A	…	Avogadro'sche Zahl
r	…	Radius
u oder amu	…	atomare Masseneinheit
v	…	Geschwindigkeit
x	…	Weg
Z	…	Kernladungszahl = Ordnungszahl
$\triangle E$	…	Energiedifferenz
λ	…	Zerfallskonstante
μ	…	Absorptionskoeffizient
$\tau_{1/2}$	…	Halbwertszeit

Kapitel 2: **Mechanik**

t	…	Zeit
$\triangle$	…	Veränderung
$\triangle\vec{s}$	…	Verschiebung
$\vec{v}$	…	Geschwindigkeit
$\vec{a}$	…	Beschleunigung
$\vec{g}$	…	Erdbeschleunigung
m	…	Masse
$\vec{F}$	…	Kraft
α	…	Winkel zwischen Kraft- und Wegvektor
W	…	Arbeit
E_{pot}	…	potenzielle Energie
E_{kin}	…	kinetische Energie
$\vec{p}$	…	Impuls
b	…	Kreisbogen
$\vec{\omega}$	…	Winkelgeschwindigkeit
T	…	Umlaufzeit
f	…	Frequenz
$\vec{\alpha}$	…	Winkelbeschleunigung
$\vec{M}$	…	Drehmoment

I	…	Trägheitsmoment
E_{rot}	…	Energie der Rotation
$\vec{L}$	…	Drehimpuls
F_n	…	Normalkraft
F_p	…	Parallelkraft
l_0	…	Ausgangslänge
σ	…	Zug- oder Druckspannung
E	…	Elastizitätsmodul
μ	…	Poissonzahl
K	…	Kompressionsmodul
τ	…	Tangential- oder Schubspannung
G	…	Schubmodul
k	…	Zeitdilatation

Kapitel 3: **Mechanik der Fluide**

A	…	Fläche
c_A	…	Auftriebsbeiwert
c_w	…	Widerstandsbeiwert
d	…	Durchmesser
F	…	Kraft
F_A	…	Auftriebskraft
F_w	…	Widerstandskraft
G	…	Gewichtskraft
g	…	Schwerebeschleunigung
h	…	Tiefe
l	…	Länge
m	…	Masse
p	…	Druck
p_0	…	Druck am Erdboden
R	…	Innenradius
t	…	Zeit
v	…	Strömungsgeschwindigkeit
V	…	Volumen
V_K	…	Volumen des Körpers
$\triangle p$	…	Druckdifferenz
η	…	Zähigkeit
ρ	…	Dichte
ρ_0	…	Luftdichte am Erdboden
ρ_K	…	Dichte eines Körpers
ρ_m	…	Dichte des Mediums
τ	…	Schubspannung

Kapitel 4: **Wärmelehre und Thermodynamik**

A	…	Flächeninhalt
a und b	…	Van-der-Waal'sche Konstanten
b	…	Eigenvolumen
c_L	…	Leistungsziffer

c_p ... spezifische Wärmekapazität bei konstantem Druck
c_v ... spezifische Wärme bei konstantem Volumen
F ... Kraft
H ... Enthalpie
k ... Boltzmannkonstante
L ... Loschmidt-Zahl
m ... Masse
n ... Stoffmenge
N_A ... Avogadro-Zahl
p ... Druck
Q_s ... Schmelzwärme
Q_v ... Verdampfungswärme
R ... universelle Gaskonstante
S ... Entropie
T ... Temperatur
U ... innere Energie
v ... Geschwindigkeit
V ... Volumen
V_0 ... Ausgangsvolumen
V_m ... Molvolumen
v_{rms} ... „root mean square"-Geschwindigkeit
v_{th} ... mittlere thermische Geschwindigkeit
v_w ... wahrscheinlichste Geschwindigkeit
W ... thermodynamische Wahrscheinlichkeit
α ... Ausdehnungskoeffizient
$\triangle Q$ ... Wärmemenge
$\triangle T$ ... Temperaturerhöhung
$\triangle W$ ... Arbeit
η ... Wirkungsgrad
θ ... Temperatur in °C
κ ... Adiabatenkoeffizient
λ_g ... mittlere freie Weglänge
φ ... Wahrscheinlichkeitsdichte

Kapitel 5: **Elektrizität und Magnetismus**

I ... elektrische Stromstärke
Q ... elektrische Ladungsmenge
U ... elektrische Spannung
W_{el} ... Arbeit des elektrischen Stroms
P_{el} ... elektrische Leistung
R ... elektrischer Widerstand
ρ ... spezifischer Widerstand
ε_0 ... Dielektrizitätskonstante des Vakuums
C ... Kapazität
ε ... Dielektrizitätskonstante
B ... magnetische Kraftflussdichte
μ ... Permeabilität
L ... Selbstinduktion
i(t) ... aktuelle Stromstärke

I_0 ... Scheitelwert der Stromstärke
U_{eff} ... effektive Spannung
I_{eff} ... effektive Stromstärke

Kapitel 6: **Schwingungen und Wellen**

A ... Amplitude
c ... Phasengeschwindigkeit
c_i ... Phasengeschwindigkeiten im Medium
c_{vak} ... Phasengeschwindigkeiten im Vakuum
d ... Abstand zweier Striche
d ... Breite des Spalts
f ... Frequenz
F ... Kraft
f_0 ... Eigenfrequenz
f_e ... Erregerfrequenz
f_S ... Schwebungsfrequenz
I ... Intensität
i ... Medium
k ... Federkonstante
L ... Länge des Fadens
m ... Masse
M ... molare Masse
n ... Brechungsindex
n_i ... Brechzahl
n_{rel} ... relativer Brechungsindex
R ... Gaskonstante
T ... Schwingungsdauer
t ... Zeit
T_S ... Schwebungsdauer
x ... Entfernung
y ... Elongation
α ... Einfallswinkel
α_B ... Brewster-Winkel
α_g ... Grenzwinkel der Totalreflexion
α_n ... Winkel des n-ten Beugungsminimums
β ... Brechungswinkel
β ... Dämpfungskonstante
β ... Reflexionswinkel
$\triangle s$ ... Gangdifferenz
θ ... Winkel
κ ... Adiabatenkoeffizient
λ ... Wellenlänge
λ_n ... Wellenlänge der n-ten Eigenschwingung
φ ... Phasenlage
ω_0 ... Kreisfrequenz
ω ... Kreisfrequenz der Eigenschwingung

Kapitel 7: **Sichtbares und unsichtbares Licht**

C	...	Kapazität
c	...	Phasengeschwindigkeit des Lichts
E	...	abgestrahlte Leistung pro m^2
e	...	Elementarladung
E	...	Energie
E_0	...	Grundzustand der Energie
E_1	...	angeregter Zustand der Energie
E_2	...	zweiter angeregter Zustand der Energie
f	...	Frequenz
h	...	Planck'sches Wirkungsquantum
L	...	Induktivität
T	...	Temperatur
U	...	Beschleunigungsspannung
α	...	relatives Absorptionsvermögen
λ	...	Wellenlänge
λ_g	...	Grenzwellenlänge
λ_{max}	...	Wellenlänge bei Maximum der Abstrahlung
ρ	...	relatives Reflexionsvermögen
σ	...	Stefan-Boltzmann-Konstante
τ	...	relatives Transmissionsvermögen
ω	...	Kreisfrequenz

Elektromagnetisches Spektrum

Art der Wellen	Frequenz in Hertz	Wellenlänge in m
Technischer Wechselstrom	30–300	10^7–10^6
Niederfrequenter Wechselstrom	$3 \cdot 10^2$–$3 \cdot 10^4$	10^5–10^4
Langwelle (LW)	$3 \cdot 10^4$–$3 \cdot 10^5$	10^4–10^3
Mittelwelle (MW)	$3 \cdot 10^5$–$3 \cdot 10^6$	10^3–10^2
Kurzwelle (KW)	$3 \cdot 10^6$–$3 \cdot 10^7$	10^2–10^1
Ultrakurzwelle (UKW)	$3 \cdot 10^7$–$3 \cdot 10^9$	10^1–10^{-1}
Mikrowellen	$3 \cdot 10^9$–10^{13}	0,1–$3 \cdot 10^{-5}$
Infrarotes Licht	10^{13}–$3{,}8 \cdot 10^{14}$	$3 \cdot 10^{-5}$–$7{,}8 \cdot 10^{-7}$
Sichtbares Licht	$3{,}8 \cdot 10^{14}$–$7{,}8 \cdot 10^{14}$	$7{,}8 \cdot 10^{-7}$–$3{,}9 \cdot 10^{-7}$
Ultraviolettes Licht	$7{,}8 \cdot 10^{14}$–$3 \cdot 10^{16}$	$3{,}9 \cdot 10^{-7}$–10^{-8}
Röntgenstrahlung	$3 \cdot 10^{16}$–$5 \cdot 10^{21}$	10^{-8}–$6 \cdot 10^{-14}$
Gammastrahlung/ kosmische Strahlung	$> 3 \cdot 10^{18}$	$< 10^{-10}$

Wichtige Naturkonstanten

Atomare Masseneinheit	$u = 1{,}66055 \cdot 10^{-27}$ kg
Avogadro-Zahl	$N_A = 6{,}02205 \cdot 10^{26}$ kmol^{-1}
Boltzmannkonstante	$k = 1{,}38066 \cdot 10^{-23}$ J K^{-1}
Elementarladung	$e = 1{,}602189 \cdot 10^{-19}$ A s
Gaskonstante	$R = 8\,314{,}3$ J K^{-1} kmol^{-1}
Gravitationskonstante	$G = 6{,}672 \cdot 10^{-11}$ N m^2 kg^{-2}
Induktionskonstante	$\mu_0 = 1{,}2566 \cdot 10^{-6}$ V s A^{-1} m^{-1}
Dielektrizitätskonstante	$\varepsilon_0 = 8{,}8542 \cdot 10^{-12}$ A s V^{-1} m^{-1}
Lichtgeschwindigkeit im Vakuum	$c = 299\,792\,458$ m s^{-1}
Masse des Elektrons	$m_e = 9{,}10953 \cdot 10^{-31}$ kg
Masse des Neutrons	$m_n = 1{,}67482 \cdot 10^{-27}$ kg
Masse des Protons	$m_p = 1{,}67261 \cdot 10^{-27}$ kg
Planck'sche Konstante	$h = 6{,}626176 \cdot 10^{-34}$ J s
Stefan-Boltzmann-Konstante	$\sigma = 5{,}6703 \cdot 10^{-8}$ W m^{-2} K^{-4}

Vielfache von Einheiten im SI-System

Vorsilbe	Zeichen	Faktor, mit dem Einheit multipliziert wird	Bedeutung
Atto-	a	10^{-18}	Trillionstel
Femto-	f	10^{-15}	Billiardstel
Pico-	p	10^{-12}	Billionstel
Nano-	n	10^{-9}	Milliardstel
Mikro-	µ	10^{-6}	Millionstel
Milli-	m	10^{-3}	Tausendstel
Centi-	c	10^{-2}	Hundertstel
Kilo-	k	10^{3}	Tausend
Mega-	M	10^{6}	Million
Giga-	G	10^{9}	Milliarde
Tera-	T	10^{12}	Billion
Peta-	P	10^{15}	Billiarde
Exa-	E	10^{18}	Trillion

Index

Edgar Wawra, Helmut Dolznig, Ernst Müllner

Chemie verstehen

Allgemeine Chemie für Mediziner und Naturwissenschafter

UTB: facultas.wuv. 5., akt. Auflage 2009
296 Seiten, zahlreiche Abbildungen, broschiert
EUR 19,90 (D) / EUR 20,50 (A) / sFr 35,90
ISBN 978-3-8252-8205-9

Sie verabscheuen Chemie? Das liegt nicht an der Chemie! Das liegt auch nicht an Ihnen! Es liegt vielleicht nur daran, dass Ihnen Chemie bisher noch nicht gut genug erklärt wurde – oder daran, dass Sie dieses Buch noch nicht gelesen haben.

Es handelt sich nicht um ein Buch für Chemiker, sondern um eine Einführung in die Chemie für alle, in deren Ausbildung Chemie eine Rolle spielt. Es werden keine Vorkenntnisse erwartet, alles wird möglichst unkonventionell und anschaulich erklärt. Im Zentrum steht das Verständnis chemischer Grundprinzipien, auf Einzelheiten und Ausnahmen, die das Gebiet für den Einsteiger oft so unübersichtlich machen, wird nicht eingegangen.

facultas.wuv UTB